B·I-HOCHSCHULTASCHENBÜCHER

752

EINFÜHRUNG IN DIE MATHEMATIK FÜR NATURWISSENSCHAFTLER

VON

GUSTAV KASTNER

STUDIENRAT IM HOCHSCHULDIENST AN DER
TECHNISCHEN HOCHSCHULE DARMSTADT

BIBLIOGRAPHISCHES INSTITUT · MANNHEIM/WIEN/ZÜRICH

B·I· WISSENSCHAFTSVERLAG

Druck und Bindearbeit: Verlag Anton Hain, Meisenheim/Glan
Printed in Germany
D

Vorwort

Das vorliegende Skriptum gibt den Inhalt der Mathematik-Vorlesung wieder, die an der Technischen Hochschule Darmstadt für Chemiker und Biologen (Diplom- und Lehramtskandidaten), Mineralogen und Gewerbelehrer gehalten wird. Für diese Studienrichtungen stehen - im Gegensatz zu den ingenieurwissenschaftlichen Fächern - nur zwei Semester Mathematik mit gekürzter Stundenzahl zur Verfügung. Schon allein dadurch erklärt sich die Stoffauswahl. Andererseits stellt für den angesprochenen Interessentenkreis die Mathematik eine Hilfswissenschaft dar, von der im wesentlichen nach einer anschaulichen Einsicht in die notwendigen Zusammenhänge nur ihre Anwendbarkeit nützlich und die Handhabung wissenswert erscheinen.

Eines der Ziele einer Einführung ist es, die unterschiedlichen Vorkenntnisse auszugleichen: die einen können z.B. gut integrieren, wissen aber nichts über Vektorrechnung, bei den anderen ist es gerade umgekehrt. Es werden keine Vorkenntnisse vorausgesetzt; selstverständlich hilft es, wenn der Stoff nicht gänzlich neu ist. Die zahlreichen Beispiele im Text und die etwa 100 Skizzen sollen das Erarbeiten erleichtern. Jedem Kapitel sind Aufgaben (insgesamt 180) angefügt, die nicht nur Übungsbeispiele darstellen, sondern manchmal Neues bringen, z. B. Grundintegrale. Im Anhang findet man die zugehörigen Lösungen.

Heppenheim, im Frühjahr 1970 G.Kastner

Inhaltsverzeichnis

§ 1 Der Zahlenbereich 5

§ 2 Vektoralgebra 19

§ 3 Determinanten und lineare Gleichungssysteme . . . 37

§ 4 Grenzwerte von Zahlenfolgen und Reihen 47

§ 5 Funktionen einer reellen Veränderlichen 59

§ 6 Differentialrechnung 77

§ 7 Integralrechnung 86

§ 8 Taylor-Reihen 113

§ 9 Funktionen mehrerer Veränderlicher 121

§ 10 Differentialgleichungen 153

Anhang I: Additionstheoreme trigonometrischer Funktionen 175

II: Binomialkoeffizienten 177

III: Lösungen der Aufgaben 179

Literaturverzeichnis 206

Stichwortverzeichnis 208

§ 1 Der Zahlenbereich

Die beiden Grundrechenarten Addition und Multiplikation sind im Bereich der natürlichen Zahlen 1,2,3,...,n-1, n, n+1, ... unbeschränkt ausführbar, denn Summe und Produkt zweier natürlicher Zahlen sind stets wieder natürliche Zahlen.
Es gelten die Grundgesetze der Addition und Multiplikation:

Kommutativgesetz $$a + b = b + a \tag{1.1}$$

$$a \cdot b = b \cdot a \tag{1.2}$$

Assoziativgesetz $$(a + b) + c = a + (b + c) \tag{1.3}$$

$$(a \cdot b) \cdot c = a \cdot (b \cdot c) \tag{1.4}$$

Distributivgesetz $$(a + b) \cdot c = a \cdot c + b \cdot c \tag{1.5}$$

Subtraktion und Division als Umkehrungen von Addition und Multiplikation sind im Bereich der natürlichen Zahlen nicht immer durchführbar. Die Differenz zweier natürlicher Zahlen ist nur dann wieder eine natürliche Zahl, wenn der Minuend größer ($>$) als der Subtrahend ist. Um alle Subtraktionen natürlicher Zahlen durchführen zu können, muß man den Zahlenbereich erweitern. Im Sonderfall, wenn Minuend und Subtrahend gleich sind, erhält man die Null als Ergänzung der natürlichen Zahlen und wenn der Minuend kleiner ($<$) als der Subtrahend ist, die negativen ganzen Zahlen als erste Erweiterung des Bereichs der natürlichen (positiven ganzen) Zahlen zum Bereich der (positiven und negativen) ganzen Zahlen (einschließlich 0).
Die Division als Umkehrung der Multiplikation erfordert als zweite Erweiterung des Zahlenbereichs die Einführung der

gebrochenen Zahlen (Brüche), denn der Quotient zweier ganzer Zahlen liefert nur dann wieder eine ganze Zahl, wenn der Dividend ein ganzzahliges Vielfaches des Divisors ist. Im Bereich der ganzen und gebrochenen Zahlen (man nennt sie die "rationalen Zahlen") sind nun alle vier Grundrechenarten unbeschränkt durchführbar - bis auf eine Ausnahme: Division durch null. Der Quotient $\frac{a}{0} = x$ (wobei a eine von 0 verschiedene Zahl sein soll) muß nämlich die Eigenschaft haben, daß $0 \cdot x = a$ wird. Diese Forderung ist aber nicht erfüllbar, weil $0 \cdot x$ für jede Zahl x stets 0 ist. Andererseits hat die Division $\frac{0}{0} = x$ beliebig viele Lösungen x, da jedes x die Bedingung $0 \cdot x = 0$ erfüllt. Folgerung: Bei der Division darf der Divisor nicht 0 sein.

Rationale Zahlen können auf zweifache Weise geschrieben werden: Entweder als gewöhnlicher Bruch $\frac{p}{q}$ (wobei immer $q \neq 0$ vorausgesetzt wird) mit ganzzahligem, teilerfremdem Zähler p und Nenner q oder als Dezimalbruch. Sollten p und q nicht teilerfremd sein, so kürze man den Bruch solange, bis sie es sind, um eine eindeutige Darstellung zu erhalten. Will man den Bruch $\frac{p}{q}$ in Dezimalbruchschreibweise angeben, z.B. $\frac{4}{7} = 0,\overline{571428}...$ (mit den Divisionsresten 5;1;3;2;6;4), so erhält man bei jedem Divisionsschritt einen Rest, und zwar können - sieht man zunächst von 0 ab - die Reste 1; 2; ...; $q-1$ auftreten. Da höchstens $q-1$ verschiedene Reste vorkommen können, wiederholt sich die Ziffernfolge der Dezimalbruchentwicklung spätestens ab der q-ten

Dezimalstelle: man erhält einen periodischen Dezimalbruch, dessen Periode maximal $q-1$ Ziffern enthalten kann. Tritt nun einmal der Divisionsrest 0 auf, dann sind auch alle weiteren Reste 0: die Dezimalbruchentwicklung bricht ab. Somit kann jeder endliche Dezimalbruch aufgefaßt werden als periodischer Dezimalbruch mit der Periode 0. Damit hat man eine gemeinsame Charakterisierung für rationale Zahlen: Jede rationale Zahl kann als periodischer Dezimalbruch geschrieben werden.

(Wie das Beispiel $\frac{1}{12} = 0{,}08\overline{3}\ldots$ zeigt, kann auch eine Vorperiode - hier 08 - auftreten. Man überlege selbst, daß ein Dezimalbruch $\left\{\begin{matrix}\text{endlich}\\ \text{reinperiodisch}\end{matrix}\right\}$ ist, wenn im Nenner $\left\{\begin{matrix}\text{nur die Faktoren 2 und 5}\\ \text{die Faktoren 2 und 5 nicht}\end{matrix}\right\}$ auftreten und eine Vorperiode dann auftritt, wenn im Nenner neben anderen auch die Faktoren 2 und/oder 5 vorhanden sind.)

Schon in der klassischen Elementarmathematik war bekannt, daß Zahlen existieren, die keine rationalen Zahlen sein können, die also nicht in der Form $\frac{p}{q}$ darstellbar sind. Das einfachste Beispiel einer nicht-rationalen Zahl ist $\sqrt{2}$ (Länge der Diagonale im Einheitsquadrat).

Die Behauptung lautet also:

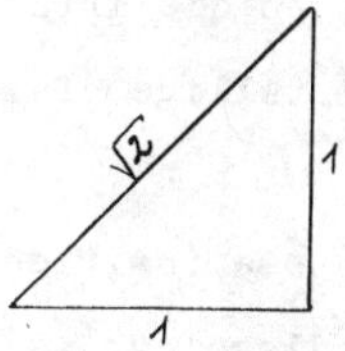

(1.6) $$\sqrt{2} \neq \frac{p}{q}$$

wobei p und q als teilerfremde ganze Zahlen vorausgesetzt werden.

Der Beweis wird "indirekt" geführt, d.h. man nimmt das Gegenteil der Behauptung an und zeigt, daß diese Annahme zu einem Widerspruch führt, also falsch ist. Folglich kann nur die ursprüngliche Behauptung richtig sein.

Indirekter Beweis: Es sei $\sqrt{2} = \frac{p}{q}$ (Annahme!)

Quadrieren und Multiplikation mit q^2 führt zu $2 \cdot q^2 = p^2$. Da auf der linken Seite eine gerade (durch 2 teilbare) Zahl steht, muß auch die rechte Seite $p^2 = p \cdot p$ gerade sein, d.h. die Produktzerlegung in Primfaktoren muß den Faktor 2 enthalten, also etwa $p = 2 \cdot r$, wobei r eine ganze Zahl ist. Setzt man dies ein, so erhält man $2 \cdot q^2 = 4 \cdot r^2$ oder $q^2 = 2 \cdot r^2$. Hier sieht man, daß mit $q^2 = q \cdot q$ auch q selbst eine gerade Zahl sein muß. Die Annahme $\sqrt{2} = \frac{p}{q}$ kann also nur dann richtig sein, wenn Zähler und Nenner gerade, d.h. p und q durch 2 teilbar sind. Das steht aber im Widerspruch zur Voraussetzung (teilerfremd!), die Annahme kann nicht aufrechterhalten werden: $\sqrt{2}$ ist keine rationale Zahl.

Damit erhält man als dritte Erweiterung des Zahlenbereichs die irrationalen Zahlen, die mit den rationalen Zahlen zusammen den Bereich der reellen Zahlen bilden. Da die rationalen Zahlen den periodischen Deziamlbrüchen entsprechen, stellen die irrationalen Zahlen nichtperiodische (unendlich-vielstellige) Dezimalbrüche dar.

Die Gesamtheit der reellen Zahlen wird im wesentlichen die Grundlage der weiteren Betrachtungen sein, wenn nicht etwas anderes ausdrücklich festgesetzt wird. Jedoch ist noch eine letzte Erweiterung des Zahlenbereichs notwendig. Ebenso wie die Erweiterung des Bereichs der natürlichen Zahlen zum Bereich der reellen Zahlen dem Bestreben entspringt, Ausnahmeerscheinungen zu beseitigen bzw. Rechenoperationen ohne Einschränkungen durchführen zu können, wird man zur Einführung neuer Zahlen genötigt durch die Forderung, jeder algebraischen Gleichung eine Lösung zuschreiben zu können.

Die recht harmlos anmutende quadratische Bestimmungsgleichung $x^2 + 1 = 0$ z.B. verlangt als Lösung $x_{1/2} = \pm\sqrt{-1}$ eine Zahl, deren Quadrat -1 ist. Im gesamten Bereich der reellen Zahlen gibt es aber keine solche Zahl, denn das Quadrat jeder reellen Zahl ist stets positiv. Während man die bisherigen Erweiterungen des Zahlenbereichs durch negative, gebrochene und irrationale Zahlen noch anschaulich erfassen konnte, versagt die Anschauung bei der Forderung nach einer Zahl, deren Quadrat -1 ist. Man führt daher zunächst rein formal eine "imaginäre" Zahl i ein mit der Eigenschaft

(1.7) $$\boxed{i^2 = -1.}$$

Die Zahlen $i \cdot b$, wobei b ein beliebiger reeller Faktor sei, nennt man "rein-imaginäre" Zahlen; ihre Quadrate sind stets negativ im Gegensatz zu den reellen Zahlen. Diese vierte Erweiterung des Zahlenbereichs stellt also den reellen Zahlen die imaginären gegenüber und beide werden unter dem Begriff "komplexe Zahlen" zusammengefaßt:

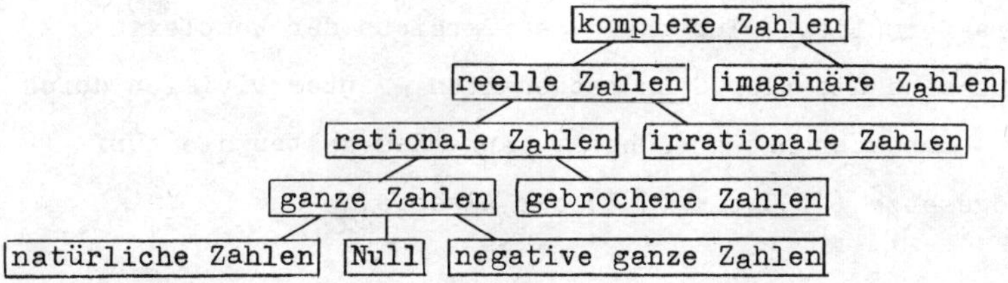

Für beliebige reelle Werte a,b stellt

(1.8) $$\boxed{z = a + i \cdot b}$$

eine komplexe Zahl dar. Ist $a = 0$, erhält man die (rein) imaginären, ist $b = 0$, die reellen Zahlen. a nennt man den Realteil der komplexen Zahl z, b deren Imaginärteil.

(1.9) $$\boxed{\bar{z} = a - i \cdot b}$$

heißt die zu $z = a + i \cdot b$ <u>konjugiert komplexe</u> Zahl.

Die vier Grundrechenarten gelten für komplexe Zahlen analog wie im reellen Bereich. Für die Summe bzw. Differenz zweier komplexer Zahlen $z_1 = a_1 + ib_1$ und $z_2 = a_2 + ib_2$ erhält man

(1.10) $$z_1 \pm z_2 = (a_1 + ib_1) \pm (a_2 + ib_2) = (a_1 \pm a_2) + i \cdot (b_1 \pm b_2),$$

für das Produkt unter Beachtung von $i^2 = -1$

(1.11) $$z_1 \cdot z_2 = (a_1 \cdot a_2 - b_1 \cdot b_2) + i \cdot (a_1 \cdot b_2 + a_2 \cdot b_1)$$

und für den Quotient

(1.12) $$\frac{z_1}{z_2} = \frac{a_1 + ib_1}{a_2 + ib_2} = \frac{(a_1 + ib_1) \cdot (a_2 - ib_2)}{(a_2 + ib_2) \cdot (a_2 - ib_2)} =$$

$$= \frac{a_1 \cdot a_2 + b_1 \cdot b_2}{a_2^2 + b_2^2} + i \cdot \frac{a_2 \cdot b_1 - a_1 \cdot b_2}{a_2^2 + b_2^2}$$

In allen vier Fällen sind die Ergebnisse also wieder komplexe Zahlen. (Bei der Division dürfen - wie man in der letzten Gleichung sieht - a_2 und b_2 nicht beide gleichzeitig null sein, d.h. der Divisor z_2 muß wie bisher ungleich null sein.) Anders formuliert: Innerhalb des Bereichs der komplexen Zahlen sind die vier Grundrechenarten - außer Division durch null - unbeschränkt ausführbar. Außerdem gelten die fünf Grundgesetze (1.1) bis (1.5) der Algebra:

Kommutativgesetz der Addition $z_1 + z_2 = z_2 + z_1$

und Multiplikation $z_1 \cdot z_2 = z_2 \cdot z_1$

Assoziativgesetz der Addition $(z_1 + z_2) + z_3 = z_1 + (z_2 + z_3)$

und Multiplikation $(z_1 \cdot z_2) \cdot z_3 = z_1 \cdot (z_2 \cdot z_3)$

und das Distributivgesetz $(z_1 + z_2)\ z_3 = z_1 \cdot z_3 + z_2 \cdot z_3$

Den Nachweis der Gültigkeit kann man einfach dadurch führen, daß man für $z_k = a_k + i\,b_k$ mit $k = 1,2,3$ die Übereinstimmung von rechter und linker Seite der Gleichungen zeigt. Die beiden Kommutativgesetze kann man sofort aus (1.10) und (1.11) ablesen, da ja für die reellen Zahlen a_k und b_k das Kommutativgesetz gilt. Während man das Assoziativgesetz der Addition auf ähnliche Weise leicht als richtig erkennt, macht das Assoziativgesetz der Multiplikation schreibtechnisch etwas Mühe. Als Übung für das Rechnen mit komplexen Zahlen zeige man die Übereinstimmung auf diese Weise. Auf Seite 14 werden wir einen kürzeren Beweis nachtragen. Für das Distributivgesetz rechne man übungshalber selbst nach, daß beide Seiten $(a_1a_3 + a_2a_3 - b_1b_3 - b_2b_3) + i(a_1b_3 + a_2b_3 + a_3b_1 + a_3b_2)$ ergeben.

Obwohl man bereits um 1600 mit imaginären und komplexen Zahlen formal zu rechnen verstand, dauerte es zwei Jahrhunderte bis ein wesentlicher Fortschritt in der Behandlung komplexer Zahlen erzielt wurde. Carl Friedrich Gauß (1777-1855) gab u.a. eine geometrische Deutung komplexer Zahlen in der nach ihm benannten "GAUSSschen Zahlenebene": In einem rechtwinkligen Achsenkreuz (kartesisches Koordinatensystem) mit der Abszis-

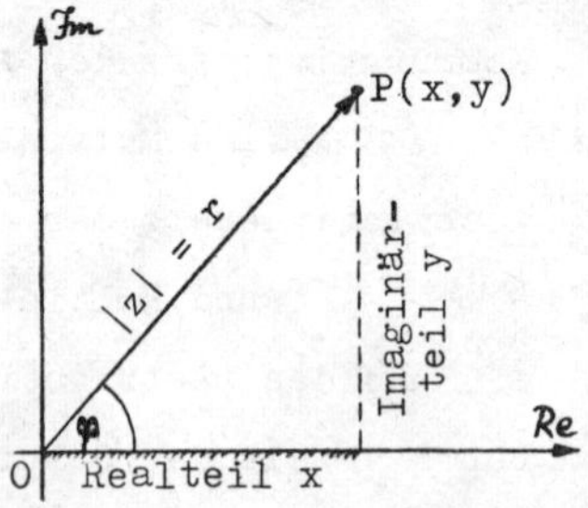

GAUSSsche Zahlenebene

senachse als reelle Achse Re und der Ordinatenachse als imaginäre Achse Im repräsentiert jeder Punkt der Ebene mit den kartesischen Koordinaten (x,y) die komplexe Zahl $z = x + iy$ und umgekehrt. Statt des Punktes P als Repräsentant kann man auch den vom Koordinatenursprung O zu P weisenden Pfeil (Vektor) wählen. Legt man den Punkt P nicht durch kartesische Koordinaten fest, sondern durch Polarkoordinaten, so erhält man für komplexe Zahlen eine neue und in viele Fällen geeignetere Schreibweise.

Bei Polarkoordinaten verwendet man zur Festlegung eines Punktes P seinen Abstand $\overline{OP} = r$ vom Koordinatenursprung und den Winkel φ zwischen der Strecke $\overline{OP}$ und der Abszissenachse. Der Zusammenhang mit den kartesischen Koordinaten ist durch die "Transformationsgleichungen" gegeben:

(1.13) $$x = r \cdot \cos\varphi \quad \text{und} \quad y = r \cdot \sin\varphi$$ bzw.

(1.14) $$r = +\sqrt{x^2 + y^2} \quad \text{und} \quad \tan\varphi = \frac{y}{x}$$

Man nennt r den "Betrag" der komplexen Zahl z ($r = |z|$) und den Winkel φ das "Argument" von z ($\varphi = \arg z$).

Es ist wichtig festzuhalten, daß das Argument einer komplexen Zahl nur bis auf beliebige Vielfache von $2\pi \triangleq 360^\circ$ bestimmt ist. Der "Drehzeiger" $\overrightarrow{OP}$ kann nämlich mit der reellen Achse z.B. den Winkel 30° bilden, oder 390° oder 750°, also allgemein:

(1.15) $$\arg z = \varphi + 2\pi \cdot n,$$ mit $n = 0,1,2,3,\ldots$

Setzt man in die komplexe Zahl $z = x + iy$ die Gleichungen (1.13) ein, so erhält man die Polarkoordinatendarstellung von z:

$$z = r \cdot (\cos \varphi + i \cdot \sin \varphi) \tag{1.16}$$

Der erste Faktor (r) gibt den Betrag der komplexen Zahl an, der zweite Faktor ($\cos \varphi + i \cdot \sin \varphi$) ist nur vom Drehwinkel abhängig; man nennt ihn oft auch"Drehfaktor" von z. Es ist nun naheliegend für diesen relativ umständlichen Ausdruck eine Abkürzung einzuführen. Besonders in der englischen Literatur ist es üblich, dafür $\text{cis}\,\varphi = \underline{c}\text{os}\,\varphi + \underline{i} \cdot \underline{s}\text{in}\,\varphi$ zu setzen. Wir wollen hier eine für die nachfolgende Rechnung nützlichere Bezeichnung einführen, auch wenn der Beweis dieser EULERschen Formel (Leonhard Euler 1707-1783) erst im § 8 erbracht werden kann:

$$\cos \varphi + i \cdot \sin \varphi = e^{i\varphi} \tag{1.17}$$

Der Vorteil dieser Abkürzung liegt auf der Hand: während $\text{cis}\,\varphi$ nichts weiter als eine verkürzte Schreibweise bedeutet, gehorcht - was allerdings an dieser Stelle unbewiesen ist - $e^{i\varphi}$ den bekannten Potenzgesetzen ($a^p \cdot a^q = a^{p+q}$; $\frac{a^p}{a^q} = a^{p-q}$; $(a^p)^q = a^{p \cdot q}$). Hierbei ist $e \approx 2,71828\ldots$ die Basis der "natürlichen Logarithmen", auch EULERsche Zahl genannt.

Unter Verwendung der Eulerschen Formel erhält man für die komplexen Zahlen die sehr vorteilhafte Schreibweise:

$$z = r \cdot e^{i\varphi} \tag{1.18}$$

Der Zusammenhang mit Realteil und Imaginärteil ist durch die Transformationsgleichungen (1.13,14) gegeben.

Die Multiplikation und Division zweier komplexer Zahlen zeigt sich nun in dieser Schreibweise wesentlich einfacher als in (1.11) und (1.12) und auch die Gülitgkeit des Assoziativgesetzes der Multiplikation ist ohne Mühe erkennbar:

(1.19) $$z_1 \cdot z_2 = r_1 e^{i\varphi_1} \cdot r_2 e^{i\varphi_2} = r_1 \cdot r_2 e^{i(\varphi_1 + \varphi_2)} = r_2 \cdot r_1 e^{i(\varphi_2 + \varphi_1)} = z_2 \cdot z_1$$

(1.20) $$\frac{z_1}{z_2} = \frac{r_1 e^{i\varphi_1}}{r_2 e^{i\varphi_2}} = \frac{r_1}{r_2} e^{i(\varphi_1 - \varphi_2)}$$

In Worten: Multipliziert (dividiert) man zwei komplexe Zahlen, so werden die Beträge multipliziert (dividiert) und die Winkel addiert (subtrahiert).

Wir wollen zeigen, daß man ohne Verwendung der Eulerschen Formel zum gleichen Ergebnis kommt. Die Polarkoordinatendarstellung (1.16) $z_1 = r_1(\cos\varphi_1 + i\sin\varphi_1)$ und $z_2 = r_2(\cos\varphi_2 + i\sin\varphi_2)$ zweier komplexer Zahlen ergibt für das Produkt

$$z_1 \cdot z_2 = r_1 \cdot r_2(\cos\varphi_1 \cdot \cos\varphi_2 - \sin\varphi_1 \cdot \sin\varphi_2 + i[\cos\varphi_1 \cdot \sin\varphi_2 + \sin\varphi_1 \cdot \cos\varphi_2])$$

und unter Verwendung der Additionstheoreme (s.S. 175)

(1.21) $$z_1 \cdot z_2 = r_1 \cdot r_2(\cos[\varphi_1 + \varphi_2] + i\sin[\varphi_1 + \varphi_2])$$

in Übereinstimmung mit obigem Ergebnis (1.19). Für den Quotient zweier komplexer Zahlen rechne man übungshalber selbst.

Die Multiplikation einer komplexen Zahl mit sich selbst ist bei Kenntnis dieser Multiplikationsregel problemlos:

$z \cdot z = z^2 = r^2 e^{i2\varphi}$, $z^3 = r^3 e^{i3\varphi}$, ... $z^m = r^m e^{im\varphi}$.

Schreibt man aber diese Gleichung vollständig hin:

(1.22) $$z^m = r^m \cdot (\cos\varphi + i\sin\varphi)^m = r^m e^{im\varphi} = r^m \cdot (\cos m\varphi + i\sin m\varphi),$$

so findet man die recht merkwürdige und nützliche MOIVREsche Formel

$$(\cos\varphi + i\sin\varphi)^m = \cos m\varphi + i\sin m\varphi \tag{1.23}$$

Diese Identität gilt nicht nur für natürliche Zahlen m, sondern auch für negative und rationale Zahlen m. Zunächst zeigen wir, daß m auch negativ sein darf: mit m = -p wird

$$(\cos\varphi + i\sin\varphi)^m = (\cos\varphi + i\sin\varphi)^{-p} = \frac{1}{(\cos\varphi + i\sin\varphi)^p}$$

$$= \frac{1}{\cos p\varphi + i\sin p\varphi} = \frac{\cos p\varphi - i\sin p\varphi}{(\cos p\varphi + i\sin p\varphi)(\cos p\varphi - i\sin p\varphi)}$$

$$= \frac{\cos p\varphi - i\sin p\varphi}{\cos^2 p\varphi + \sin^2 p\varphi} = \frac{\cos(-m\varphi) - i\sin(-m\varphi)}{1} =$$

$$= \cos m\varphi + i\sin m\varphi .$$

Bei rationalem $m = \frac{p}{q}$ erhält man zunächst aus

$$\left(\cos\frac{p}{q}\varphi + i\sin\frac{p}{q}\varphi\right)^q = \cos p\varphi + i\sin p\varphi = (\cos\varphi + i\sin\varphi)^p$$

und wenn man auf beiden Seiten die q-te Wurzel zieht:

$$\cos\frac{p}{q}\varphi + i\sin\frac{p}{q}\varphi = (\cos\varphi + i\sin\varphi)^{p/q}.$$

Damit gilt also die Moivresche Formel für alle rationalen Zahlen. Sie gestattet nun auch alle Werte einer Wurzel zu bestimmen. Während man weiß, daß $\sqrt[2]{1}$ nur die beiden Werte ± 1 und $\sqrt[4]{1}$ die vier verschiedenen Werte ± 1 und $\pm i$ annehmen kann, kennt man im allgemeinen von $\sqrt[3]{1}$ nur den reellen Wert +1, obwohl es zwei weitere noch geben muß. Die Moivresche Formel und die komplexe Schreibweise des Radikanden in Betrag und Argument (1.17) liefert sofort das Gewünschte:

Da $1 = e^{i\,2\pi n}$ (Betrag r = 1, Argument $\varphi = 2\pi n$) mit n = 0,1,2..

hat $\sqrt[3]{1} = 1^{1/3} = e^{i\,2\pi n/3} = \cos\frac{2\pi n}{3} + i\sin\frac{2\pi n}{3}$

drei verschiedene Werte:

für $n = 0$ ist $\sqrt[3]{1} = \cos 0 + i \sin 0 = 1$,

für $n = 1$ ist $\sqrt[3]{1} = \cos 120^\circ + i \sin 120^\circ = -\frac{1}{2} + \frac{i}{2}\sqrt{3}$,

für $n = 2$ ist $\sqrt[3]{1} = \cos 240^\circ + i \sin 240^\circ = -\frac{1}{2} - \frac{i}{2}\sqrt{3}$.

Für $n = 3$ erhält man wegen $\cos 2\pi = \cos 0$ und $\sin 2\pi = \sin 0$ den gleichen Wert wie für $n = 0$ und entsprechend für $n > 3$ einen der obigen drei Werte, insgesamt also nur drei verschiedene dritte Wurzeln. (Man überzeuge sich davon, daß die beiden konjugiert komplexen Wurzeln in der dritten Potenz tatsächlich den Radikand 1 ergeben, daß also $(-\frac{1}{2} \pm \frac{i}{2}\sqrt{3})^3 = 1$ ist.)

Allgemein: Die p-te Wurzel hat genau p verschiedene Werte, da

(1.24) $$\boxed{\sqrt[p]{1} = e^{i\,2\pi n/p} = \cos\frac{2\pi n}{p} + i\sin\frac{2\pi n}{p}}$$

mit $p = 2,3,4,\ldots$ und $n = 0,1,2,\ldots,p-1$.

Überträgt man die "Einheitswurzeln" in die Gaußsche Zahlenebene, so sieht man, daß sie auf dem Einheitskreis (Radius 1) liegen, die Ecken eines regelmäßigen p-Ecks bilden (jeweils um den Winkel $\frac{2\pi}{p}$ verdreht), beginnend bei $z = 1$, und infolgedessen mit jedem komplexen Wert auch der konjugiert komplexe auftritt.

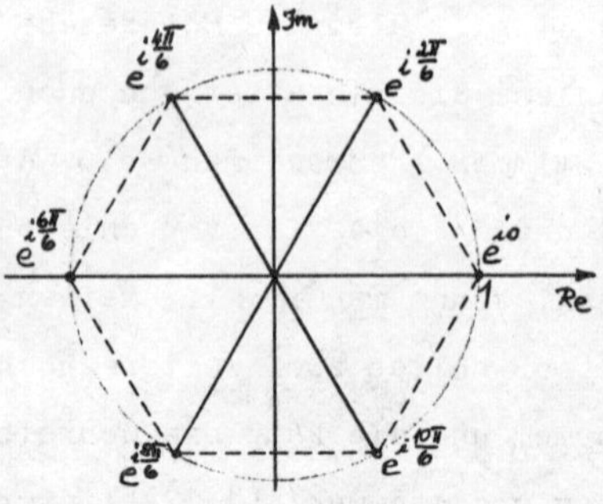

Ist der Radikand nicht die reelle Einheit 1, so gilt selbstverständlich:

(1.25) $$\sqrt[p]{z} = \sqrt[p]{r\cdot e^{i\varphi}} = \sqrt[p]{r}\cdot e^{i\varphi/p} = \sqrt[p]{r}\cdot\left(\cos\frac{\varphi+2\pi n}{p} + i\sin\frac{\varphi+2\pi n}{p}\right)$$

Aufgabe 1: Welche der beiden Zahlen $\frac{\sqrt{2}+\sqrt{6}}{\sqrt{2}-\sqrt{6}}$ und $\frac{4\sqrt{2}-2\sqrt{3}}{\sqrt{3}-\sqrt{8}}$ ist rational bzw. irrational und welchen Wert haben sie?

Aufgabe 2: Wann ist der Wert des Bruches $\frac{a+b\sqrt{2}}{c+d\sqrt{2}}$ bei rationalen Zahlen a,b,c,d rational?

Aufgabe 3: Man berechne mit $i^2 = -1$ die Ausdrücke i^n für $n = \pm 1, \pm 2, \pm 3, \pm 4$. Für welche Exponenten $n > 4$ ist i^n reell? Welche verschiedenen Werte kommen bei ganzzahligen Exponenten nur vor? Was ist i^7, i^{13}, i^{18}, $\frac{1}{i^9}$?

Aufgabe 4: Man bilde für die beiden komplexen Zahlen $z_1 = 3 + 4i$ und $z_2 = 12 + 5i$ Summe, Differenz, Produkt und Quotient ($z_1 \pm z_2$, $z_1 \cdot z_2^{\pm 1}$).

Aufgabe 5: Man bestimme Betrag, Argument, Real- und Imaginärteil von a) $3 + 4i$, b) $e^{-i\pi/4}$, c) $(1+i)^3$, d) $\frac{1+i}{1-i}$, e) $7\cdot e^{i\,2\pi/3}$, f) $1 + i\sqrt{3}$, g) $\frac{5-i}{2-3i}$, h) $\cos\alpha - i\sin\alpha$, i) $1 + i\cdot\tan\alpha$, j) i^i, k) $z + \frac{1}{z}$ für $z = \frac{2+i}{1-i}$.

Aufgabe 6: a) Man berechne $(a+ib)(a-ib)$ und formuliere das Ergebnis in Worten (a,b reell).

b) Man beweise $\left|\frac{a+ib}{a-ib}\right| = 1$. (In Worten?)

Aufgabe 7: Mit Hilfe der Binomialkoeffizienten (siehe S.177) $\binom{n}{k} = \frac{n\cdot(n-1)\ldots(n-k+1)}{k!}$ und unter Verwendung der Ergebnisse von Aufgabe 3 berechne man Real- und Imaginärteil von $(a+ib)^7$.

Aufgabe 8: Man bestimme alle Werte folgender Wurzeln:

a) $\sqrt[3]{8}$, b) $\sqrt[6]{-64}$, c) $\sqrt[5]{1}$, d) $\sqrt[5]{32}$,

e) $\sqrt[5]{-32}$, f) $\sqrt{3+4i}$, g) $\sqrt{i}$, h) $\sqrt[3]{i}$,

i) $\sqrt[3]{-i}$, j) $\sqrt[4]{-1}$, k) $\sqrt{1-i\sqrt{3}}$ und

skizziere sie in der Gaußschen Zahlenebene.

Aufgabe 9: Man löse die Gleichungen und mache die Probe durch Einsetzen: a) $x^2+4x+13=0$,

b) $x^2+(5-2i)\cdot x+5\cdot(1-i)=0$,

c) $x^4+4=0$, d) $x^6+\frac{1}{64}=0$.

Aufgabe 10: Mit Hilfe der Moivreschen Formel (1.23) drücke man die Sinus- und Cosinusfunktion des doppelten und dreifachen Winkels ($m=2$ bzw. 3) durch die (Potenzen der) trigonometrischen Funktionen des einfachen Winkels aus. (Additionstheoreme für die trigonometrischen Funktionen mehrfacher Winkel; vgl. Anhang I)

Aufgabe 11: a) Ist $z=\cos\varphi+i\sin\varphi$, so zeige man, daß gilt $z^n+z^{-n}=2\cdot\cos n\varphi$ und $z^n-z^{-n}=2i\cdot\sin n\varphi$, n sei eine natürliche Zahl. Hiermit beweise man:

$16\cdot\sin^5\varphi = \sin 5\varphi - 5\cdot\sin 3\varphi + 10\cdot\sin\varphi$ und

$32\cdot\cos^6\varphi = \cos 6\varphi + 6\cdot\cos 4\varphi + 15\cdot\cos 2\varphi + 10$.

b) Man bestimme alle Lösungen der Gleichung

$\cos 5\varphi + 5\cdot\cos 3\varphi + 10\cdot\cos\varphi = \frac{1}{2}$, φ reell.

§ 2 Vektoralgebra

Geschwindigkeit, Kraft, Feldstärke - um nur einige Beispiele aus der Physik zu nennen - sind nicht eindeutig festgelegt, indem man nur ihre Größe (Betrag) bestimmt, sondern man muß noch deren Richtung angeben. Für einen Bewegungsvorgang z.B. ist es nicht gleichgültig, in welcher Richtung eine Kraft von bestimmtem Betrag auf den bewegten Körper wirkt. Im Gegensatz zu diesen "Vektoren" stehen die "Skalare", die durch Angabe einer Maßzahl allein eindeutig charakterisiert sind: z.B. Volumen, Masse, Arbeit.

Geometrisch veranschaulichen lassen sich Vektoren durch gerichtete Strecken (Pfeile). Wir wollen sie zunächst auf den zweidimensionalen Koordinatenraum beschränken, eine dreidimensionale Erweiterung wird dann ohne Schwierigkeit möglich sein.

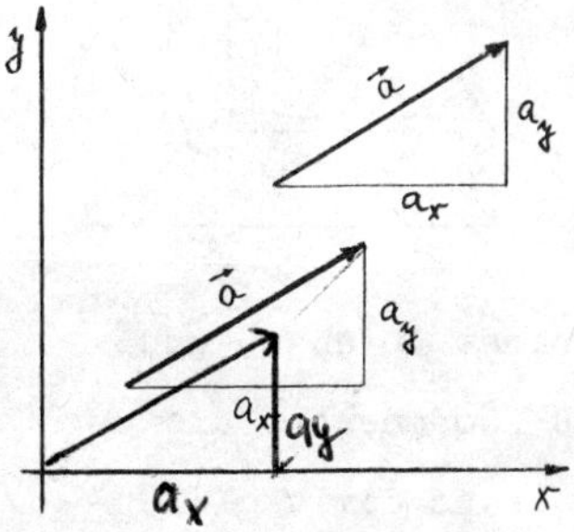

Die Länge des Pfeiles repräsentiert den Betrag des Vektors, seine Richtung kann man durch den Winkel zur positiven Abszissenachse (x-Achse) angeben. Für die Rechnung geeigneter ist die Angabe seiner "Komponenten" in einem rechtwinkligem Koordinatensystem: darunter versteht man die Länge der Projektionen a_x und a_y des Vektors $\vec{a}$ in Richtung der Koordinatenachsen. Die Komponenten a_x und a_y sind reelle Zahlen, so daß man einen (zweidimensionalen) Vektor definiert als ein Paar reeller Zahlen:

(2.1) $\vec{a} = (a_x; a_y)$

Zwei Vektoren sind gleich, wenn ihre jeweiligen Komponenten gleich sind. Man sieht, daß die Veranschaulichung von (2.1) nicht eindeutig ist, sondern daß eine ganze Schar (unendlich viele) gleichgerichteter Vektoren von gleichem Betrag erfaßt wird: Die Wahl des Anfangspunktes ist noch frei. Man spricht daher von "freien" Vektoren im Gegensatz zu "gebundenen" Vektoren. Wählt man als Anfangspunkt den Koordinatenursprung, dann spricht man von "Ortsvektoren". Bei den Ortsvektoren stimmen die Vektorkomponenten mit den Koordinaten des Endpunktes überein.

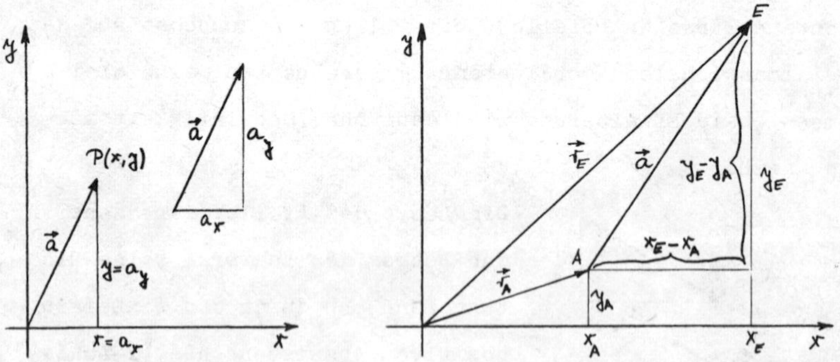

Ist ein Vektor durch die Koordinaten seines Anfangs- und Endpunktes gegeben, so erhält man seine Komponenten als Differenz der Punkte-Koordinaten, oder - was damit gleichbedeutend ist - der Vektor $\vec{a}$ vom Punkte A zum Punkte E ist gleich der Differenz der Ortsvektoren $\vec{r}_E$ und $\vec{r}_A$:

(2.2) $\vec{a} = \vec{r}_E - \vec{r}_A = (x_E; y_E) - (x_A; y_A) = (x_E - x_A; y_E - y_A) = (a_x; a_y)$

Für den Betrag (Länge der Hypotenuse im rechtwinkligen Dreieck mit den Vektorkomponenten a_x und a_y als Katheten) erhält man:

(2.3) $$|\vec{a}| = +\sqrt{a_x^2 + a_y^2} = +\sqrt{(x_E - x_A)^2 + (y_E - y_A)^2}$$

und die Richtung kann man durch den Winkel α_x zwischen Vektor und x-Achse angeben:

(2.4) $$\tan \alpha_x = \frac{a_y}{a_x} = \frac{y_E - y_A}{x_E - x_A}$$

Für die Vektoraddition gilt:

(2.5) $$\vec{a} + \vec{b} = (a_x;a_y) + (b_x;b_y) = (a_x + b_x;a_y + b_y) = (c_x;c_y) = \vec{c}$$

d.h. man addiert komponentenweise und die Summe zweier Vektoren ist wieder ein Vektor.

Die Vektoraddition ist kommutativ

(2.6) $$\vec{a} + \vec{b} = (a_x + b_x;a_y + b_y) = (b_x + a_x;b_y + a_y) = \vec{b} + \vec{a},$$

da ja die Komponenten die Summe reeller Zahlen sind und hierfür das Kommutativgesetz gilt.

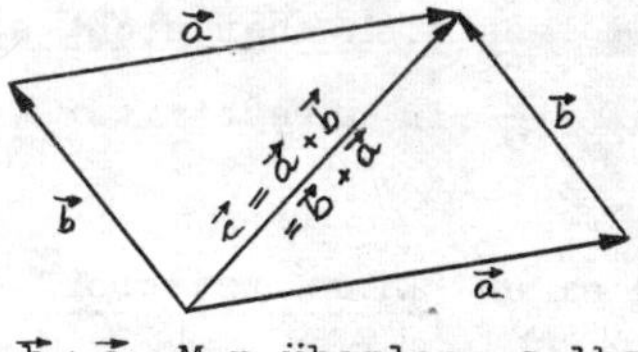

Die geometrische Bedeutung des Kommutativgesetzes der Vektoraddition sieht man im sogenannten Vektorparallelogramm: $\vec{a} + \vec{b} = \vec{c} = \vec{b} + \vec{a}$. Man überlege selbst, daß die "Nebendiagonale" $\vec{b} - \vec{a}$ bzw. $\vec{a} - \vec{b}$ ist.

Ebenso rasch erkennt man aus der Komponentendarstellung die Gültigkeit des Assoziativgesetzes:

(2.7) $$(\vec{a} + \vec{b}) + \vec{c} = \vec{a} + (\vec{b} + \vec{c})$$

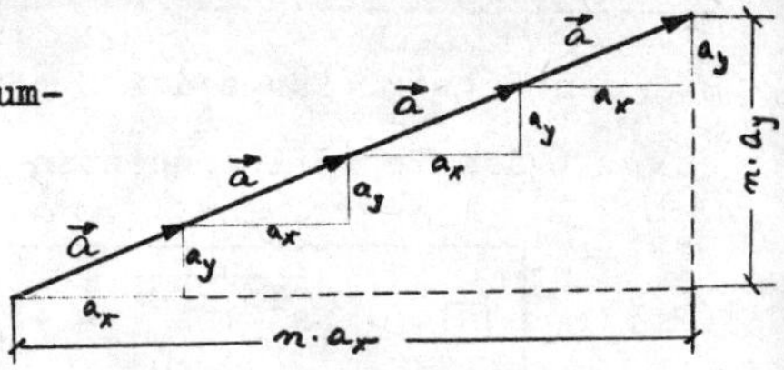

Mehrfachaddition des gleichen Summanden führt zur Multiplikation eines Vektors mit einer natürlichen Zahl:

$\vec{a}+\vec{a}+\ldots+\vec{a}=n\cdot\vec{a}=(a_x+a_x+\ldots+a_x;\ a_y+a_y+\ldots+a_y)=(n\cdot a_x\ ;\ n\cdot a_y)$

Läßt man die Einschränkung, daß der Multiplikator eine natürliche Zahl sei, fallen und verlangt nur, daß er eine reelle Zahl p ist, so gilt für die Multiplikation eines Vektors mit einem Skalar:

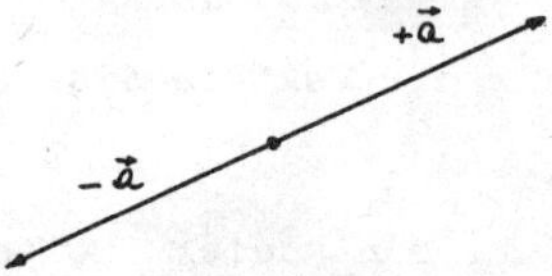

(2.8) $\quad p\vec{a}=p(a_x;a_y)=(p\,a_x;p\,a_y)$

Sonderfall: $p=-1$

(2.9) $\quad -\vec{a}=-(a_x;a_y)=(-a_x;-a_y)$

Der Vektor $-\vec{a}$ hat zu $(+)\vec{a}$ entgegengesetzte Richtung.

Addition dieser beiden Vektoren ergibt den "Nullvektor":

(2.10) $\quad \vec{a}+(-\vec{a})=\vec{a}-\vec{a}=(0\ ;\ 0)=\vec{o}$

Der Betrag des Nullvektors ist wegen (2.3) null, seine Richtung läßt sich aber nicht angeben, denn nach (2.4) wird $\tan\alpha=\frac{0}{0}$ ein unbestimmter Ausdruck.

Für einen "Einheitsvektor" $\vec{e}$ ist sein Betrag gleich 1:

(2.11) $\quad |\vec{e}|=1$

Es läßt sich zu jedem beliebigen Vektor $\vec{a}$ der Einheitsvektor angeben. Im allgemeinen wird natürlich $\sqrt{a_x^2+a_y^2}\neq 1$ sein. Die Gleichung (2.8) liefert den Lösungsweg: p ist so zu wählen, daß $p\,\vec{a}=\vec{e}$ wird, also

(2.12) $\quad 1=|\vec{e}|=|p\,\vec{a}|=\sqrt{(p\,a_x)^2+(p\,a_y)^2}=p\cdot\sqrt{a_x^2+a_y^2}=p\cdot|\vec{a}|$

also $\quad p=\frac{1}{|\vec{a}|}$

Folglich erhält man den Einheitsvektor in Richtung von $\vec{a}$, wenn man $\vec{a}$ durch seinen Betrag dividiert (mit dem Skalar $\frac{1}{|\vec{a}|}$ multipliziert):

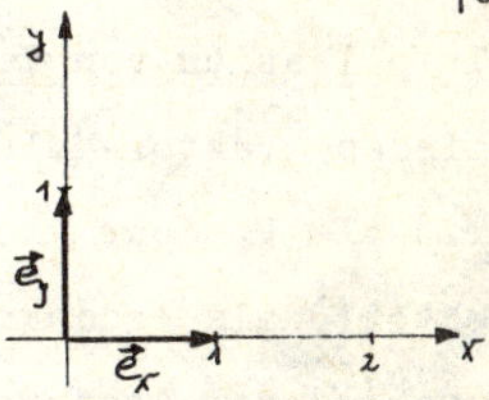

(2.13) $$\frac{\vec{a}}{|\vec{a}|} = \vec{e}$$

Durch das kartesische Koordinatensystem sind die beiden orthogonalen (d.h. $\vec{e}_x \perp \vec{e}_y$) Einheitsvektoren

(2.14) $$\vec{e}_x = (1;0),\ \vec{e}_y = (0;1)$$ ausgezeichnet.

Sind zwei verschiedene Vektoren $\vec{a}$ und $\vec{b}$ in der Ebene gegeben, so läßt sich jeder Vektor $\vec{c}$ der Ebene als "Linearkombination" $p\vec{a} + q\vec{b}$ (p,q-reelle-Skalare) schreiben.

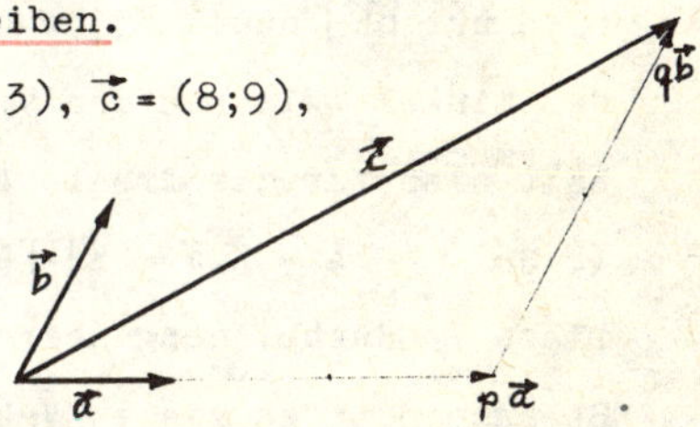

z.B.: Gegeben sind $\vec{a} = (2;1)$, $\vec{b} = (1;3)$, $\vec{c} = (8;9)$, gesucht sind p und q so, daß $p(2;1) + q(1;3) = (8;9)$ wird.

Lösung: $(2p+q;\ p+3q) = (8;9)$, also

muß sein $2p + q = 8$
und $p + 3q = 9$
Das sind zwei lineare Bestimmungsgleichungen für p und q mit den Lösungen $p = 3$, $q = 2$.

Folgerung für die Darstellung und Schreibweise von Vektoren:

(2.15) $$\boxed{\vec{a} = (a_x ; a_y) = a_x\vec{e}_x + a_y\vec{e}_y},$$

denn $a_x\vec{e}_x + a_y\vec{e}_y = a_x(1;0) + a_y(0;1) = (a_x;0) + (0;a_y) = (a_x;a_y)$.

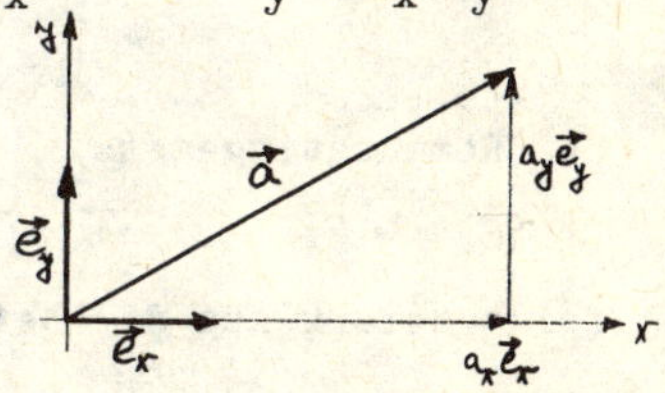

Jeder Vektor läßt sich als Linearkombination der orthogonalen Einheitsvektoren (2.14) schreiben; dabei sind die entsprechenden Vektorkomponenten die zugehörigen Skalarfaktoren.

Multiplikation von Vektoren: Die Physik benötigt zwei verschiedene Vektor-Multiplikationen, z.B. für die Arbeit (Skalar!) als Produkt "Kraft mal Weg" und für das Drehmoment (Vektor!) als Produkt "Hebelarm mal Kraft". Wie diese beiden verschiedenen Produkte, das "Skalarprodukt" und das "Vektorprodukt", zu bilden sind, schreibt die Physik ebenfalls vor. Für die Berechnung der Arbeit ist nur die in Richtung des Weges $\vec{s}$ wirkende Kraftkomponente maßgebend, also nur $|\vec{K}|\cdot\cos(\vec{K},\vec{s})$, wobei $(\vec{K},\vec{s})$ der Winkel zwischen den Vektoren $\vec{K}$ und $\vec{s}$ sein soll. Man erhält also für die Arbeit A:

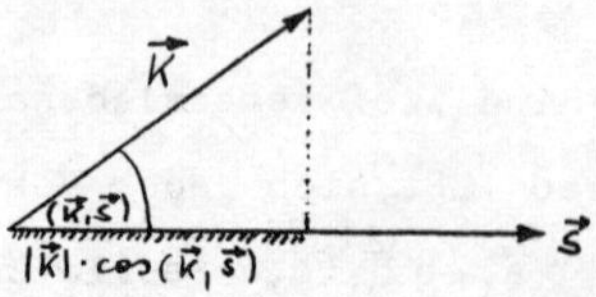

(2.16) $$A = \vec{K}\cdot\vec{s} = |\vec{K}|\cdot|\vec{s}|\cdot\cos(\vec{K},\vec{s})$$

Diese Produktbildung übernehmen wir als Definition des Skalarproduktes zweier Vektoren $\vec{a}$ und $\vec{b}$:

(2.17) $$\boxed{\vec{a}\cdot\vec{b} = |\vec{a}|\cdot|\vec{b}|\cdot\cos(\vec{a},\vec{b})}$$

(Das Skalarprodukt wird auch "Inneres Produkt" oder "Punktprodukt" genannt im Gegensatz zum Vektorprodukt, das oft auch als "Äußeres Produkt" oder "Kreuzprodukt" bezeichnet wird. Ebenso uneinheitlich ist die Verwendung der Rechensymbole.)

Das Kommutativgesetz

(2.18) $$\vec{a}\cdot\vec{b} = \vec{b}\cdot\vec{a}$$

folgt sofort aus der Definition (2.17) durch Vertauschung

der Faktoren. Auch das Distributivgesetz gilt:

(2.19) $$(\vec{a} + \vec{b})\circ\vec{c} = \vec{a}\circ\vec{c} + \vec{b}\circ\vec{c}$$

Beweis: $\vec{a}\cdot\vec{c} + \vec{b}\cdot\vec{c} = |\vec{a}|\cdot|\vec{c}|\cdot\cos(\vec{a},\vec{c}) + |\vec{b}|\cdot|\vec{c}|\cdot\cos(\vec{b},\vec{c}) =$

$= |\vec{c}|\cdot\left\{|\vec{a}|\cdot\cos(\vec{a},\vec{c}) + |\vec{b}|\cdot\cos(\vec{b},\vec{c})\right\} =$

$= |\vec{c}|\cdot\left\{|\vec{a}+\vec{b}|\circ\cos(\vec{a}+\vec{b},\vec{c})\right\}$

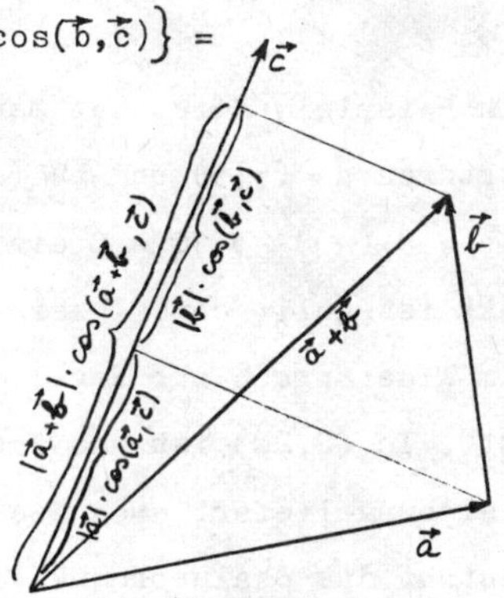

Die Gleichheit der geschweiften Klammern der letzten beiden Zeilen erkennt man aus nebenstehender Figur. Also gilt: $\vec{a}\circ\vec{c} + \vec{b}\circ\vec{c} =$

$= |\vec{c}|\cdot|\vec{a}+\vec{b}|\cdot\cos(\vec{a}+\vec{b},\vec{c}) =$

$= \vec{c}\circ(\vec{a} + \vec{b}) = (\vec{a} + \vec{b})\circ\vec{c}$

Für die Skalarprodukte orthogonaler Einheitsvektoren gilt:

(2.20) $$\vec{e}_x\circ\vec{e}_y = \vec{e}_y\circ\vec{e}_x = 1\cdot1\cdot\cos 90^\circ = 0 \quad \text{wegen } \cos 90^\circ = 0$$

(2.21) $$\vec{e}_x\circ\vec{e}_x = \vec{e}_y\circ\vec{e}_y = 1\circ1\cdot\cos 0^\circ = 1 \quad \text{wegen } \cos 0^\circ = 1$$

Hieraus folgt unter Verwendung der Schreibweise (2.15) für zwei beliebige Vektoren $\vec{a}$ und $\vec{b}$ und wegen (2.19):

$\vec{a}\circ\vec{b} = (a_x\vec{e}_x + a_y\vec{e}_y)\circ(b_x\vec{e}_x + b_y\vec{e}_y) =$

$= a_x b_x \vec{e}_x\circ\vec{e}_x + (a_x b_y + a_y b_x)\vec{e}_x\circ\vec{e}_y + a_y b_y \vec{e}_y\circ\vec{e}_y$, also:

(2.22) $$\boxed{\vec{a}\cdot\vec{b} = a_x\cdot b_x + a_y\cdot b_y}$$

In Worten: Das Skalarprodukt zweier Vektoren ist gleich der Summe der Produkte entsprechender Komponenten.

Zusammen mit der Definitionsgleichung (2.17) erhält man die Möglichkeit, den Winkel zwischen zwei Vektoren zu berechnen, wenn von den Vektoren nur die Komponenten bekannt sind:

$|\vec{a}| \circ |\vec{b}| \cdot \cos(\vec{a},\vec{b}) = \vec{a}\circ\vec{b} = a_x b_x + a_y b_y$ oder

$$(2.23) \qquad \cos(\vec{a},\vec{b}) = \frac{\vec{a}\cdot\vec{b}}{|\vec{a}|\cdot|\vec{b}|} = \frac{a_x \cdot b_x + a_y \cdot b_y}{\sqrt{a_x^2 + a_y^2}\,\sqrt{b_x^2 + b_y^2}}$$

Ein Beispiel: Berechnet man das Skalarprodukt der beiden Vektoren $\vec{a} = (5;3)$ und $\vec{b} = (-6;10)$, so erhält man mit $\vec{a}\cdot\vec{b} = 5\circ(-6) + 3\cdot 10 = 0$ ein unerwartetes Ergebnis. Das Produkt ist null, obwohl keiner der beiden Faktoren null ist (im Widerspruch zur Regel,die man von reellen Zahlen gewohnt ist). In (2.20) ist uns das schon begegnet und die Definitionsgleichung liefert auch die Begründung: in dieser Schreibweise besteht das Skalarprodukt aus drei Faktoren; da $|a| \neq 0 \neq |b|$ muß der dritte Faktor $\cos(\vec{a},\vec{b}) = 0$ sein, d.h. der Winkel zwischen den beiden Vektoren beträgt 90° (oder 270°), $\vec{a}$ steht also auf $\vec{b}$ senkrecht. Damit folgt die

<u>Orthogonalitätsbedingung</u>: Sind $\vec{a} \neq o$ und $\vec{b} \neq o$, dann ist für $\vec{a} \perp \vec{b}$

$$(2.24) \qquad \boxed{\vec{a}\circ\vec{b} = 0}$$

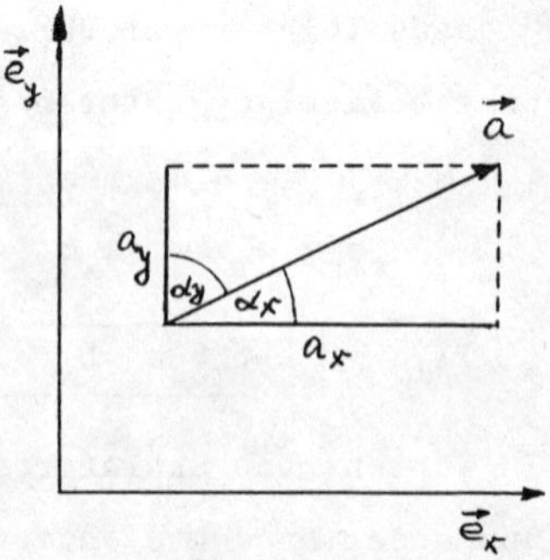

Setzt man in (2.23) für $\vec{b}$ die Einheitsvektoren $\vec{e}_x$ bzw. $\vec{e}_y$, so erhält man die "Richtungscosinus"

$$(2.25) \qquad \boxed{\begin{aligned}\cos\alpha_x &= \frac{a_x}{|\vec{a}|}\\ \cos\alpha_y &= \frac{a_y}{|\vec{a}|}\end{aligned}}$$

$$(2.26) \qquad \boxed{\cos^2\alpha_x + \cos^2\alpha_y = 1} \quad \text{wegen } |a|^2 = a_x^2 + a_y^2$$

Die Beschränkung auf zweidimensionale Vektoren war zwar eine zulässige Vereinfachung, um den Vektorkalkül kennen zu lernen, aber für die Anwendung auf z.B. physikalische Vorgänge nicht sinnvolle Einschränkung, da sich diese im dreidimensionalen Raum abspielen. Die Erweiterung liegt auf der Hand: statt der bisherigen zwei Vektorkomponenten muß man für einen Vektor im Raume nun drei Komponenten zulassen.

(2.27) $$\vec{a} = (a_x; a_y; a_z) = a_x\vec{e}_x + a_y\vec{e}_y + a_z\vec{e}_z$$

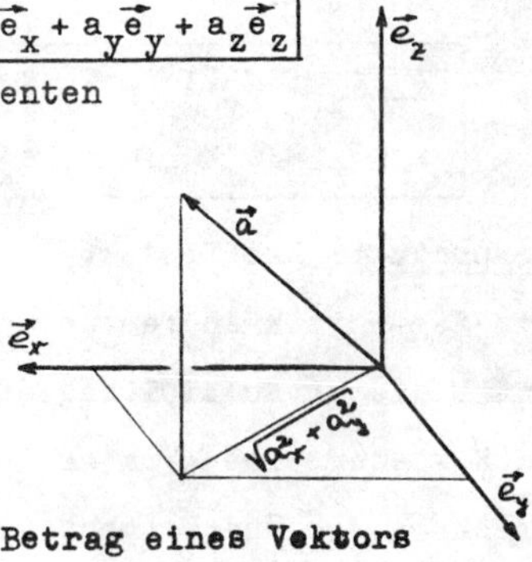

wobei $\vec{e}_x$, $\vec{e}_y$, $\vec{e}_z$ mit den Komponenten

(2.28) $$\vec{e}_x = (1;0;0) \qquad \vec{e}_y = (0;1;0) \qquad \vec{e}_z = (0;0;1)$$

ein rechtwinkliges Koordinatensystem im Raume repräsentiert.

Statt (2.3) gilt jetzt für den Betrag eines Vektors

(2.29) $$|\vec{a}| = \sqrt{a_x^2 + a_y^2 + a_z^2}$$

und in Ergänzung von (2.25) und (2.26) erhält man für die Richtungscosinus (Winkel zwischen Vektor $\vec{a}$ und den Koordinatenachsen):

(2.30) $$\cos\alpha_x = \frac{a_x}{|\vec{a}|} \qquad \cos\alpha_y = \frac{a_y}{|\vec{a}|} \qquad \cos\alpha_z = \frac{a_z}{|\vec{a}|}$$

Die drei Winkel α_x, α_y, α_z sind nicht unabhängig voneinander (hat man zwei festgelegt, dann ist damit auch der dritte bestimmt):

(2.31) $$\cos^2\alpha_x + \cos^2\alpha_y + \cos^2\alpha_z = 1 \quad \text{wegen (2.29)}$$

Für das Skalarprodukt gilt nun:

(2.32) $$\vec{a}\cdot\vec{b} = |\vec{a}|\cdot|\vec{b}|\cdot\cos(\vec{a},\vec{b}) = a_x b_x + a_y b_y + a_z b_z = \vec{b}\cdot\vec{a}$$

und speziell für die orthogonalen Einheitsvektoren:

$$\boxed{\begin{aligned} \vec{e}_x\cdot\vec{e}_x = \vec{e}_y\cdot\vec{e}_y = \vec{e}_z\cdot\vec{e}_z = 1 \\ \vec{e}_x\cdot\vec{e}_y = \vec{e}_y\cdot\vec{e}_z = \vec{e}_z\cdot\vec{e}_x = 0 \end{aligned}}$$

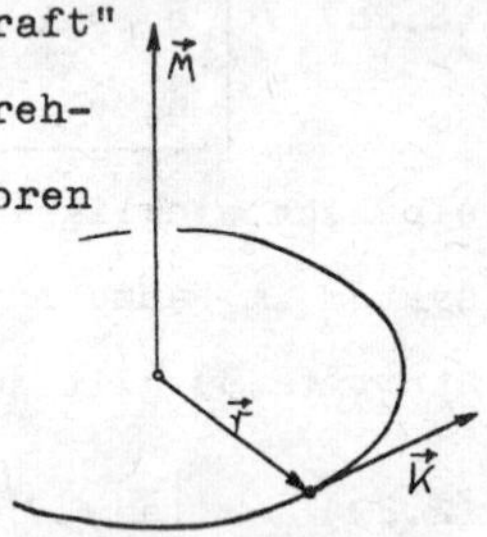

Vektorprodukt: Das Produkt "Hebelarm mal Kraft" ist in der Physik so festgelegt, daß das Drehmoment $\vec{M}$ dieser Multiplikation zweier Vektoren $\vec{r}$ und $\vec{K}$ wieder einen Vektor darstellt, der senkrecht auf $\vec{r}$ und $\vec{K}$ steht, die drei Vektoren $\vec{r},\vec{K}$ und $\vec{M}$ eine "Rechtsschraube" beschreiben (bei der Linksschraube zeigt $\vec{M}$ in entgegengesetzte Richtung) und $|\vec{M}|$ der Flächeninhalt des von $\vec{r}$ und $\vec{K}$ gebildeten Parallelogramms ist. Im Unterschied zum skalaren Multiplikationszeichen $\cdot$ verwenden wir $\times$ als Multiplikationszeichen für das Vektorprodukt (Kreuzprodukt). Die von der Physik geforderten Eigenschaften übernehmen wir zur Definition des Vektorprodukts zweier Vektoren $\vec{a}$ und $\vec{b}$:

(2.34) $\vec{a}\times\vec{b} = \vec{c}$ mit 1) $\vec{c}\perp\vec{a}$ und $\vec{c}\perp\vec{b}$, 2) $\vec{a},\vec{b},\vec{c}$ bilden ein Rechtssystem, 3) $|\vec{c}| = |\vec{a}\times\vec{b}|$ ist Flacheninhalt des von a,b gebildeten Parallelogramms.

Folgerung: Wegen der Eigenschaft 2) ist $\vec{a}\times\vec{b}$ nicht kommutativ.

Denn:

(2.35) $\boxed{\vec{b}\times\vec{a} = -\vec{c} = -(\vec{a}\times\vec{b})}$

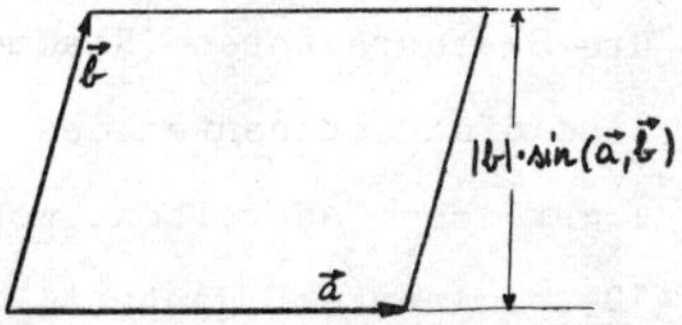

Die dritte Eigenschaft liefert:

(2.36) $\boxed{|\vec{a}\times\vec{b}| = |\vec{a}|\cdot|\vec{b}|\cdot\sin(\vec{a},\vec{b})}$

Sonderfall:

(2.37) $\vec{a}\times\vec{a} = o$,denn $|\vec{a}\times\vec{a}| = |\vec{a}|\cdot|\vec{a}|\cdot\sin(\vec{a},\vec{a}) = |\vec{a}|\cdot|\vec{a}|\cdot 0 = 0.$

Folgerung: Wenn $\vec{a}\neq o$ und $\vec{b}\neq o$ und

(2.38) $\vec{a}\times\vec{b} = \vec{o}$

dann muß mit $|\vec{a}\times\vec{b}| = 0$ wegen (2.36) $\sin(\vec{a},\vec{b}) = 0$ sein, d.h. der Winkel zwischen $\vec{a}$ und $\vec{b}$ beträgt 0° oder 180°, die beiden Vektoren $\vec{a}$ und $\vec{b}$ sind also (gleich- oder entgegengesetztgerichtet) <u>parallel</u>.

Aus (2.34-37) folgt speziell für orthogonale Einheitsvektoren:

$$\vec{e}_x\times\vec{e}_x = \vec{e}_y\times\vec{e}_y = \vec{e}_z\times\vec{e}_z = o$$

(2.39)
$$\left.\begin{aligned}\vec{e}_x\times\vec{e}_y &= -(\vec{e}_y\times\vec{e}_x) = \vec{e}_z\\ \vec{e}_y\times\vec{e}_z &= -(\vec{e}_z\times\vec{e}_y) = \vec{e}_x\\ \vec{e}_z\times\vec{e}_x &= -(\vec{e}_x\times\vec{e}_y) = \vec{e}_y\end{aligned}\right.$$

"Zyklische Vertauschung"

(Mnemotechnische Hilfe für die letzten drei Zeilen: solange man die zyklische Reihenfolge xyzxy nicht verläßt, bleibt das Vorzeichen erhalten.)

Aus dem Distributivgesetz

(2.40) $(\vec{a}+\vec{b})\times\vec{c} = \vec{a}\times\vec{c} + \vec{b}\times\vec{c}$,

dessen Gültigkeit wir ohne Beweis annehmen wollen, folgt mit den Gleichungen (2.39):

$$(2.41)\quad \vec{a}\times\vec{b} = (a_x\vec{e}_x + a_y\vec{e}_y + a_z\vec{e}_z)\ (b_x\vec{e}_x + b_y\vec{e}_y + b_z\vec{e}_z) = \\ = (a_yb_z - a_zb_y)\vec{e}_x - (a_xb_z - a_zb_x)\vec{e}_y + (a_xb_y - a_yb_x)\vec{e}_z$$

Die Skalarfaktoren (Klammern) bei den drei Einheitsvektoren sind die Komponenten des Vektors $\vec{a}\times\vec{b}$. Man kann sie übersichtlicher schreiben, wenn man quadratische Rechenschemata, "Determinanten" genannt, der Gestalt $\begin{vmatrix} a & b \\ c & d \end{vmatrix} = a\cdot d - b\cdot c$ einführt, wobei vom Produkt der "Hauptdiagonale" (links oben nach rechts unten) das Produkt der "Nebendiagonale" (links unten nach rechts oben) subtrahiert werden soll. Aus (2.41) wird dann:

$$(2.42)\quad \vec{a}\times\vec{b} = \begin{vmatrix} a_y & a_z \\ b_y & b_z \end{vmatrix}\vec{e}_x - \begin{vmatrix} a_x & a_z \\ b_x & b_z \end{vmatrix}\vec{e}_y + \begin{vmatrix} a_x & a_y \\ b_x & b_y \end{vmatrix}\vec{e}_z = \begin{vmatrix} \vec{e}_x & \vec{e}_y & \vec{e}_z \\ a_x & a_y & a_z \\ b_x & b_y & b_z \end{vmatrix}$$

Diese letzte dreireihige Determinante ist eine weitere schreibtechnische Vereinfachung: in der ersten Zeile stehen Einheitsvektoren (2.28), in der zweiten und dritten Zeile die Komponenten der beiden zu multiplizierenden Vektoren. Die Komponenten als zweireihige Determinanten erhält man, indem man die Zeile und Spalte (horizontale und vertikale Reihe) wegläßt, in der der zugehörige Einheitsvektor steht. Zu beachten ist das negative Vorzeichen bei $\vec{e}_y$ (vgl. "Entwicklungssatz" für Determinanten S. 38).

Ein Beispiel: $\vec{e}_x\times\vec{e}_y = (1\,;0\,;0)\times(0\,;1\,;0) = \begin{vmatrix} \vec{e}_x & \vec{e}_y & \vec{e}_z \\ 1 & 0 & 0 \\ 0 & 1 & 0 \end{vmatrix} =$

$= \begin{vmatrix} 0 & 0 \\ 1 & 0 \end{vmatrix}\vec{e}_x - \begin{vmatrix} 1 & 0 \\ 0 & 0 \end{vmatrix}\vec{e}_y + \begin{vmatrix} 1 & 0 \\ 0 & 1 \end{vmatrix}\vec{e}_z = 0\vec{e}_x - 0\vec{e}_y + 1\vec{e}_z = \vec{e}_z$, in Übereinstimmung mit (2.39).

Mehrfachprodukte: Da bei Multiplikation von Vektoren zwei verschiedene Produktbildungen möglich sind, muß man bei drei Vektorfaktoren folgende Produkte untersuchen: $\vec{a}\cdot\vec{b}\cdot\vec{c}$, $\vec{a}\times\vec{b}\cdot\vec{c}$, $\vec{a}\cdot\vec{b}\times\vec{c}$ und $\vec{a}\times\vec{b}\times\vec{c}$.

Man sieht sofort, daß der erste Ausdruck $\vec{a}\cdot\vec{b}\cdot\vec{c}$ nicht sinnvoll ist, denn multipliziert man zunächst die ersten beiden Faktoren $(\vec{a}\cdot\vec{b})\cdot\vec{c} = p\cdot\vec{c}$, so stellt der Klammerausdruck keinen Vektor mehr dar, es kann also nicht das Skalarprodukt zweier Vektoren gebildet werden. Dagegen sind die übrigen drei Produkte sinnvoll, und für $\vec{a}\times\vec{b}\cdot\vec{c}$ und $\vec{a}\cdot\vec{b}\times\vec{c}$ sieht man, daß zunächst das Vektorprodukt $\vec{a}\times\vec{b}$ bzw $\vec{b}\times\vec{c}$ gebildet werden muß, damit man für das Skalarprodukt zwei Vektorfaktoren bekommt.

"Spatprodukt": $(\vec{a}\times\vec{b})\cdot\vec{c}$ gibt das Volumen des von den drei Vektoren $\vec{a},\vec{b},\vec{c}$ aufgespannten Parallelflachs (in der Mineralogie "Spat" genannt) an, denn wegen (2.17) ist

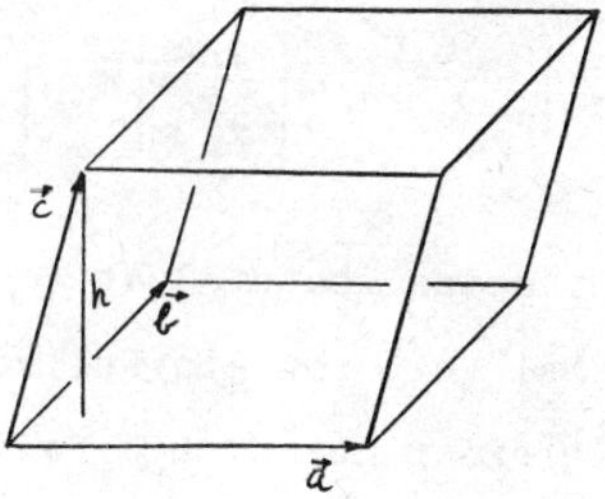

(2.43) $$(\vec{a}\times\vec{b})\cdot\vec{c} = \underbrace{|\vec{a}\times\vec{b}|}_{\text{Fläche}}\cdot\underbrace{|\vec{c}|\cdot\cos(\vec{a}\times\vec{b},\vec{c})}_{\text{Höhe } h}$$

Da das Volumen $(\vec{a}\times\vec{b})\cdot\vec{c}$ unabhängig ist von der gewählten Standfläche (Parallelogramm $\vec{a},\vec{b}$), muß gelten:

(2.44) $$(\vec{a}\times\vec{b})\cdot\vec{c} = (\vec{b}\times\vec{c})\cdot\vec{a} = (\vec{c}\times\vec{a})\cdot\vec{b} =$$
$$-(\vec{b}\times\vec{a})\cdot\vec{c} = -(\vec{c}\times\vec{b})\cdot\vec{a} = -(\vec{a}\times\vec{c})\cdot\vec{b} = (\vec{a}\,\vec{b}\,\vec{c})$$

Wegen der Nichtgültigkeit des Kommutativgesetzes (2.35) muß auf die Reihenfolge der Vektoren geachtet werden: $\vec{a}$, $\vec{b}$ und $\vec{c}$ müssen eine Rechtsschraube beschreiben, d.h. man darf sie nur zyklisch vertauschen, wie in der ersten Zeile von (2.44). Da $(\vec{a}\times\vec{b})\cdot\vec{c} = \vec{a}\cdot(\vec{b}\times\vec{c})$ ist, es also bei Beibehaltung der Reihenfolge gleichgültig ist, welche beiden Faktoren man vektoriell multipliziert, läßt man die Multiplikationszeichen $\times$ und $\cdot$ weg und schreibt für das Spatprodukt einfacher $(\vec{a}\,\vec{b}\,\vec{c})$.

Unter Verwendung von (2.32) und (2.42) erhält man zur Berechnung des Spatprodukts aus den Komponenten der drei Vektoren:

(2.45) $$(\vec{a}\,\vec{b}\,\vec{c}) = (\vec{b}\times\vec{c})\cdot\vec{a} =$$

$$= \left(\begin{vmatrix} b_y & b_z \\ c_y & c_z \end{vmatrix}\vec{e}_x - \begin{vmatrix} b_x & b_z \\ c_x & c_z \end{vmatrix}\vec{e}_y + \begin{vmatrix} b_x & b_y \\ c_x & c_y \end{vmatrix}\vec{e}_z\right)\cdot(a_x\vec{e}_x + a_y\vec{e}_y + a_z\vec{e}_z) =$$

$$= \begin{vmatrix} b_y & b_z \\ c_y & c_z \end{vmatrix} a_x - \begin{vmatrix} b_x & b_z \\ c_x & c_z \end{vmatrix} a_y + \begin{vmatrix} b_x & b_y \\ c_x & c_y \end{vmatrix} a_z = \begin{vmatrix} a_x & a_y & a_z \\ b_x & b_y & b_z \\ c_x & c_y & c_z \end{vmatrix} = (\vec{a}\,\vec{b}\,\vec{c})$$

Wird das Spatprodukt (das Volumen) null und ist keiner der drei Vektoren ein Nullvektor, so liegen die drei Vektoren in einer Ebene. Die Bedingung für die "Komplanarität" dreier Vektoren lautet somit:

(2.46) $$\boxed{(\vec{a}\,\vec{b}\,\vec{c}) = 0.}$$

Beispiel: Kann man den Vektor $\vec{a} = (3\,;1\,;-4)$ als Linearkombination von $\vec{b} = (3\,;8\,;1)$ und $\vec{c} = (1\,;5\,;2)$ schreiben?

Antwort: Wegen $\begin{vmatrix} 3 & 1 & -4 \\ 3 & 8 & 1 \\ 1 & 5 & 2 \end{vmatrix} = 3\cdot\begin{vmatrix} 8 & 1 \\ 5 & 2 \end{vmatrix} - 1\cdot\begin{vmatrix} 3 & 1 \\ 1 & 2 \end{vmatrix} + (-4)\cdot\begin{vmatrix} 3 & 8 \\ 1 & 5 \end{vmatrix} =$ $= 3\cdot 11 - 1\cdot 5 - 4\cdot 7 = 0$ sind die drei Vektoren komplanar, d.h. sie liegen in einer Ebene, folglich kann $\vec{a}$ durch $p\vec{b} + q\vec{c}$ ersetzt werden. Durch Vergleich der Komponenten (s.S. 23) findet man $p = 2$ und $q = -3$.

Für das letzte, noch ausstehende Dreifachprodukt von Seite 31 gilt die "Identität von Legendre":

(2.47) $$\vec{a} \times (\vec{b} \times \vec{c}) = (\vec{a} \cdot \vec{c})\vec{b} - (\vec{a} \cdot \vec{b})\vec{c}$$

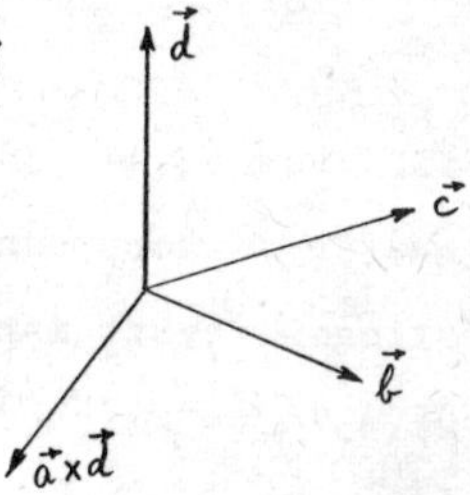

Bevor wir diese Gleichung beweisen, wollen wir zeigen, daß sie von der Geometrie nahegelegt wird: $\vec{b} \times \vec{c} = \vec{d}$ steht senkrecht auf $\vec{b}$ und $\vec{c}$, $\vec{a} \times \vec{d}$ steht senkrecht auf $\vec{d}$, also liegen $\vec{b}$, $\vec{c}$ und $\vec{a} \times \vec{d} = \vec{a} \times (\vec{b} \times \vec{c})$ in derselben (zum Vektor $\vec{d}$ senkrechten) Ebene; folglich kann man als Linearkombination schreiben: $\vec{a} \times (\vec{b} \times \vec{c}) = p\vec{b} + q\vec{c}$. Jetzt sind nur noch die Skalarfaktoren p und q zu bestimmen.

Beweis von (2.47): Wir wählen ein Koordinatensystem o.B.d.A. so, daß der Vektor $\vec{c}$ in der x-Achse und $\vec{b}$ in der x-y-Ebene liegt: $\vec{c} = c_x\vec{e}_x$, $\vec{b} = b_x\vec{e}_x + b_y\vec{e}_y$, $\vec{a} = a_x\vec{e}_x + a_y\vec{e}_y + a_z\vec{e}_z$. Damit wird aus der linken Seite

$$\vec{a} \times (\vec{b} \times \vec{c}) = \vec{a} \times \begin{vmatrix} \vec{e}_x & \vec{e}_y & \vec{e}_z \\ b_x & b_y & 0 \\ c_x & 0 & 0 \end{vmatrix} = \vec{a} \times (-b_y c_x \vec{e}_z) = \begin{vmatrix} \vec{e}_x & \vec{e}_y & \vec{e}_z \\ a_x & a_y & a_z \\ 0 & 0 & -b_y c_x \end{vmatrix} =$$

$$= -a_y b_y c_x \vec{e}_x + a_x b_y c_x \vec{e}_y$$

Und für die rechte Seite erhält man:

$$(\vec{a} \cdot \vec{c})\vec{b} - (\vec{a} \cdot \vec{b})\vec{c} = a_x c_x (b_x \vec{e}_x + b_y \vec{e}_y) - (a_x b_x + a_y b_y) c_x \vec{e}_x =$$

$$= -a_y b_y c_x \vec{e}_x + a_x b_y c_x \vec{e}_y$$ in Übereinstimmung mit der linken Seite.

Dieses Produkt ist natürlich nicht assoziativ, denn $(\vec{a} \times \vec{b}) \times \vec{c} = -\vec{c} \times (\vec{a} \times \vec{b}) = -(\vec{c} \cdot \vec{b})\vec{a} + (\vec{c} \cdot \vec{a})\vec{b}$ ist eine Linearkombination von $\vec{a}$ und $\vec{b}$, während $\vec{a}\times(\vec{b}\times\vec{c})$ in der Ebene von $\vec{b}$ und $\vec{c}$ liegt.

Mit Hilfe von (2.44) und (2.47) läßt sich das Skalarprodukt zweier Vektorprodukte umformen und in eine einfachere Form bringen: setzt man für $\vec{a}\times\vec{b} = \vec{f}$, so wird aus

$$(\vec{a}\times\vec{b})\cdot(\vec{c}\times\vec{d}) = \vec{f}\cdot(\vec{c}\times\vec{d}) = (\vec{f}\times\vec{c})\cdot\vec{d} = ((\vec{a}\times\vec{b})\times\vec{c})\cdot\vec{d} =$$

$$= ((\vec{a}\cdot\vec{c})\vec{b} - (\vec{b}\cdot\vec{c})\vec{a})\cdot\vec{d} = (\vec{a}\cdot\vec{c})(\vec{b}\cdot\vec{d}) - (\vec{a}\cdot\vec{d})(\vec{b}\cdot\vec{c}) = \begin{vmatrix} \vec{a}\cdot\vec{c} & \vec{b}\cdot\vec{c} \\ \vec{a}\cdot\vec{d} & \vec{b}\cdot\vec{d} \end{vmatrix}$$

Ähnlich erhält man für das Vektorprodukt zweier Vektorprodukte:

$$(\vec{a}\times\vec{b})\times(\vec{c}\times\vec{d}) = \vec{f}\times(\vec{c}\times\vec{d}) = (\vec{f}\cdot\vec{d})\vec{c} - (\vec{f}\cdot\vec{c})\vec{d} =$$

$$= ((\vec{a}\times\vec{b})\cdot\vec{d})\vec{c} - ((\vec{a}\times\vec{b})\cdot\vec{c})\vec{d} = (\vec{a}\vec{b}\vec{d})\vec{c} - (\vec{a}\vec{b}\vec{c})\vec{d}$$

Andererseits gilt aber auch:

$$(\vec{a}\times\vec{b})\times(\vec{c}\times\vec{d}) = (\vec{a}\times\vec{b})\times\vec{g} = -(\vec{b}\cdot\vec{g})\vec{a} + (\vec{a}\cdot\vec{g})\vec{b} =$$

$$= -(\vec{b}\cdot(\vec{c}\times\vec{d}))\vec{a} + (\vec{a}\cdot(\vec{c}\times\vec{d}))\vec{b} = -(\vec{b}\vec{c}\vec{d})\vec{a} + (\vec{a}\vec{c}\vec{d})\vec{b}$$

d.h. der Vektor $(\vec{a}\times\vec{b})\times(\vec{c}\times\vec{d})$ liegt sowohl in der von $\vec{c}$ und $\vec{d}$ als auch in der von $\vec{a}$ und $\vec{b}$ aufgespannten Ebene, folglich liegt er in der beiden Ebenen gemeinsamen Schnittgeraden. Dies läßt sich auch geometrisch leicht einsehen:

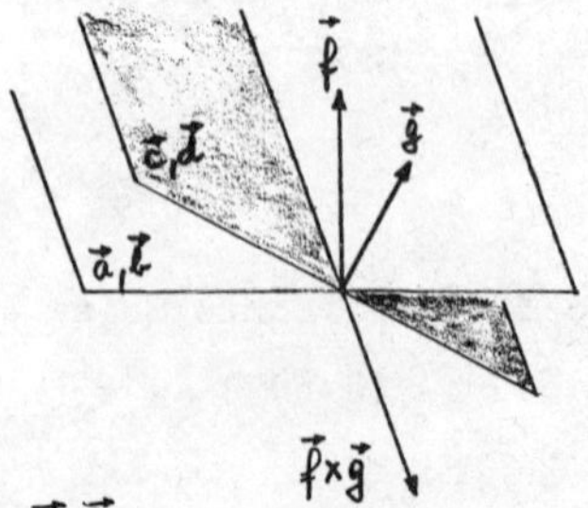

$\vec{a}\times\vec{b} = \vec{f}$ steht senkrecht auf der Ebene $\vec{a},\vec{b}$
$\vec{c}\times\vec{d} = \vec{g}$ steht senkrecht auf der Ebene $\vec{c},\vec{d}$
} also steht

$(\vec{a}\times\vec{b})\times(\vec{c}\times\vec{d}) = \vec{f}\times\vec{g}$ senkrecht auf $\vec{f}$ und auf $\vec{g}$.

Aufgabe 1: Man bestimme die Fläche des von den Punkten A(6;0;1), B(0;6;1) und C(0;0;5) aufgespannten Dreiecks sowie den Richtungsvektor $\vec{r}$ des Lotes der Dreiecksebene.

Aufgabe 2: Der Kraftvektor $\vec{K} = (1;-2;1)$[kp] wird geradlinig vom Punkt $P_1(3;4;-1)$ [m] zum Punkt $P_2(2;6;3)$ [m] verschoben. Wie groß ist die dabei geleistete Arbeit $A = \vec{K} \cdot \vec{s}$?

Aufgabe 3: Die Kanten OA und OB eines Würfels sind mit A(6;7;6) und B(2;6;-9) gegeben. Man ermittle den Endpunkt C der dritten von O ausgehenden Würfelkante (Rechtssystem).

Aufgabe 4: Die Punkte A(1;-4), B(3;0) und O(0;0) legen ein Dreieck fest. Man bestimme den Winkel zwischen der Seitenhalbierenden OM und der Seite AB, sowie die Koordinaten des Lotfußpunktes L von O auf AB.

Aufgabe 5: Von einem Parallelflach (Spat) sind eine Ecke A(13;0;2) und ihre drei benachbarten Ecken B(1;5;2), C(1;0;2) und D(-2;0;-6) gegeben. Man berechne die übrigen vier Ecken des Spates, sein Volumen und das Volumen des Tetraeders ABCD. Wie groß ist der Abstand d der Ebene ABC von der durch die Ecke D verlaufenden Parallelebene?

Aufgabe 6: Man beweise, daß gilt $(\vec{a} - \vec{b}) \times (\vec{a} + \vec{b}) = 2\,(\vec{a} \times \vec{b})$ und erläutere die Geometrische Bedeutung.

Aufgabe 7: Man berechne Größe und Richtung der "Lorentz-Kraft" $\vec{K} = e_o \vec{v} \times \vec{B}$, die von einem Magnetfeld mit der Kraftflußdichte $\vec{B} = (3;-2;-2)$ [Gauß] auf eine mit der Geschwindigkeit $\vec{v} = (5;-9;8)\left[\frac{cm}{sec}\right]$ dahinfliegende Elementarladung $e_o = 1{,}6 \cdot 10^{-19}$ [Asec] ausgeübt wird. (1 Gauß $= 10^{-8}$ Vsec$\cdot$cm^{-2} ; 1 pond $\approx 9{,}81 \cdot 10^{-5}$ VAsec$\cdot$cm^{-1})

Aufgabe 8: Man berechne denjenigen Einheitsvektor durch den Koordinatenursprung, der mit allen drei Koordinatenachsen gleiche spitze Winkel bildet.

Aufgabe 9: Eine Kraft $\vec{K} = (-5;-15;16)$ kp greift an einem aus drei Stäben a, b, c bestehenden System an. Man berechne die Stabkräfte $\vec{K}_a$, $\vec{K}_b$, $\vec{K}_c$, wenn die Stabrichtungen durch $\vec{a} = (3;-4;12)$, $\vec{b} = (12;9;-8)$ und $\vec{c} = (-2;1;2)$ gegeben sind.

Aufgabe 10: In einem Punkt greifen drei Kräfte vom Betrag 2 bzw. 4 bzw. 6 in Richtung der Kanten eines regelmäßigen Tetraeders an. Wie groß ist der Betrag der Resultierenden $\vec{R} = \vec{K}_a + \vec{K}_b + \vec{K}_c$?

Aufgabe 11: Gegeben sind die Vektoren $\vec{c} = (\vec{a} \cdot \vec{b})\,\vec{a}$ und $\vec{d} = (\vec{a} \times \vec{b}) \times \vec{a}$, wobei $|\vec{a}| = 1$; man vereinfache ihre Resultierende $\vec{c} + \vec{d}$ und zeige ferner, daß $\vec{c}$ und $\vec{d}$ orthogonal sind.

Aufgabe 12: Man beweise die "Identität von Lagrange":

$$(\vec{a} \cdot \vec{b})^2 + (\vec{a} \times \vec{b})^2 = \vec{a}^2 \vec{b}^2 .$$

§ 3 Determinanten und lineare Gleichungssysteme

Das lineare Gleichungssystem

$$(3.1)\qquad \begin{aligned} a\cdot x + b\cdot y &= r \\ c\cdot x + d\cdot y &= s \end{aligned}$$

bestehend aus zwei (in x und y) linearen Gleichungen mit den Unbekannten x und y und den gegebenen Koeffizienten a,b,c,d und den rechten Seiten r,s löst man durch Elimination der Unbekannten und erhält:

$$(3.2)\qquad x = \frac{r\cdot d - b\cdot s}{a\cdot d - b\cdot c} = \frac{\begin{vmatrix} r & b \\ s & d \end{vmatrix}}{\begin{vmatrix} a & b \\ c & d \end{vmatrix}}, \quad y = \frac{a\cdot s - r\cdot c}{a\cdot d - b\cdot c} = \frac{\begin{vmatrix} a & r \\ c & s \end{vmatrix}}{\begin{vmatrix} a & b \\ c & d \end{vmatrix}}$$

Im Nenner steht beidesmal die Koeffizientendeterminante $D = \begin{vmatrix} a & b \\ c & d \end{vmatrix}$, im Zähler der ersten Unbekannten sind die Koeffizienten der ersten Spalte ersetzt durch die rechten Seiten; analog für die zweite Unbekannte.

Allgemein: Es sei ein lineares Gleichungssystem für die n Unbekannten $x_1, x_2, \ldots, x_n$ gegeben:

$$(3.3)\qquad \begin{aligned} a_{11}x_1 + a_{12}x_2 + a_{13}x_3 + \ldots + a_{1n}x_n &= r_1 \\ a_{21}x_1 + a_{22}x_2 + a_{23}x_3 + \ldots + a_{2n}x_n &= r_2 \\ \ldots\ldots\ldots\ldots\ldots\ldots&\ldots \\ a_{n1}x_1 + a_{n2}x_2 + a_{n3}x_3 + \ldots + a_{nn}x_n &= r_n \end{aligned}$$

(Die Koeffizienten sind zwecks leichterer Zuordnung mit Doppelindes versehen: der erste Index gibt an, in welche Zeile er gehört, der zweite, bei welcher Unbekannten er steht.)

In Kurzschreibweise kann man das Gleichungssystem (3.3) unter Verwendung des Summenzeichens $\sum$ so schreiben:

$$\sum_{k=1}^{n} a_{ik}x_k = r_i \quad \text{für } i = 1,2,\ldots,n \tag{3.4}$$

(Jedes i liefert eine Zeile von (3.3); summiert wird über k von 1 bis n.)

Die Erweiterung der Lösungsformel von (3.2) führt zur "Cramerschen Regel":

$$x_k = \frac{\begin{vmatrix} a_{11} & \ldots r_1 \ldots & a_{1n} \\ a_{21} & \ldots r_2 \ldots & a_{2n} \\ \ldots & \ldots & \ldots \\ a_{n1} & \ldots r_n \ldots & a_{nn} \end{vmatrix}}{\begin{vmatrix} a_{11} & \ldots\ldots & a_{1n} \\ a_{21} & \ldots\ldots & a_{2n} \\ \ldots & \ldots & \ldots \\ a_{n1} & \ldots\ldots & a_{nn} \end{vmatrix}} = \frac{D_k}{D} \tag{3.5}$$

Im Nenner steht die Determinante D der Koeffizienten a_{ik}, im Zähler ist diese so abgeändert, daß für die k-te Unbekannte x_k in der k-ten Spalte die Koeffizienten a_{1k} bis a_{nk} durch die rechten Seiten r_1 bis r_n ersetzt sind.

<u>Sätze über Determinanten.</u>

Erklärung: a) Eine Determinante vom Grade n hat n Elemente je Zeile und Spalte.

b) In der zum Element a_{ik} gehörigen Unterdeterminante ist die Zeile und Spalte, in der a_{ik} steht, weggelassen.

1. (Entwicklungssatz): Eine Determinante vom Grade n kann

man nach den Elementen einer Reihe (Zeile oder Spalte) in seine Unterdeterminanten vom Grade n-1 entwickeln, indem man die mit alternierenden Vorzeichen versehenen Reihenelemente mit den zugehörigen Unterdeterminanten multipliziert und dann summiert. Für die alternierenden Vorzeichen gilt: signum $a_{11} > 0$. (Vgl. nebenstehendes Schema.)

$$\begin{matrix} + & - & + & - & \dots \\ - & + & - & + & \dots \\ + & - & + & - & \dots \\ - & + & - & + & \dots \\ \dots & & & & \end{matrix}$$

z.B. $$\begin{vmatrix} a_{11} & a_{12} & a_{13} \\ a_{21} & a_{22} & a_{23} \\ a_{31} & a_{32} & a_{33} \end{vmatrix} = -a_{21} \cdot \begin{vmatrix} a_{12} & a_{13} \\ a_{32} & a_{33} \end{vmatrix} + a_{22} \cdot \begin{vmatrix} a_{11} & a_{13} \\ a_{31} & a_{33} \end{vmatrix} - a_{23} \cdot \begin{vmatrix} a_{11} & a_{12} \\ a_{31} & a_{32} \end{vmatrix}$$

2. Sind alle Elemente einer Reihe null, so hat die Determinante den Wert null.

Beweis: Man entwickelt die Determinante nach dieser Reihe, da bei jeder Unterdeterminante der Faktor null steht, ist die ganze Summe null.

3. Ein gemeinsamer Faktor der Elemente einer Reihe kann vor die Determinante gezogen werden und umgekehrt.

Beweis: Man entwickelt nach dieser Reihe, der gemeinsame Faktor kann ausgeklammert werden.

z.B. $$\begin{vmatrix} b \cdot a_{11} & b \cdot a_{12} & b \cdot a_{13} \\ a_{21} & a_{22} & a_{23} \\ a_{31} & a_{32} & a_{33} \end{vmatrix} = b \cdot a_{11} \begin{vmatrix} a_{22} & a_{23} \\ a_{32} & a_{33} \end{vmatrix} - b \cdot a_{12} \begin{vmatrix} a_{21} & a_{23} \\ a_{31} & a_{33} \end{vmatrix} +$$

$$+ b \cdot a_{13} \begin{vmatrix} a_{11} & a_{12} \\ a_{31} & a_{32} \end{vmatrix} = b \cdot (a_{11} \dots - a_{12} \dots + a_{13} \dots) = b \cdot \begin{vmatrix} a_{11} & a_{12} & a_{13} \\ a_{21} & a_{22} & a_{23} \\ a_{31} & a_{32} & a_{33} \end{vmatrix}$$

4. Sind zwei Parallelreihen gleich oder proportional, so ist der Wert der Determinante null.

Beweis: Nach Satz 3 kann ein Proportionalitätsfaktor vor die Determinante gezogen werden; es genügt also für gleiche Reihen die Behauptung zu beweisen. Aus schreibtechnischen Gründen beschränken wir uns auf $n = 3$.

$$\begin{vmatrix} a_{11} & a_{12} & a_{13} \\ a_{21} & a_{22} & a_{23} \\ a_{21} & a_{22} & a_{23} \end{vmatrix} = a_{11} \cdot \underbrace{\begin{vmatrix} a_{22} & a_{23} \\ a_{22} & a_{23} \end{vmatrix}}_{0} - a_{12} \cdot \underbrace{\begin{vmatrix} a_{21} & a_{23} \\ a_{21} & a_{23} \end{vmatrix}}_{0} + a_{13} \cdot \underbrace{\begin{vmatrix} a_{21} & a_{22} \\ a_{21} & a_{22} \end{vmatrix}}_{0} = 0$$

5. Der Wert der Determinante bleibt ungeändert, wenn man zu den Elementen einer Reihe das Vielfache einer Parallelreihe addiert.

Beweis: Zur ersten Zeile einer dreireihigen Determinante sei das b-fache der zweiten addiert; die Unterdeterminanten bezeichnen wir kurz mit U_1, U_2, U_3.

$$\begin{vmatrix} a_{11}+b \cdot a_{21} & a_{12}+b \cdot a_{22} & a_{13}+b \cdot a_{23} \\ a_{21} & a_{22} & a_{23} \\ a_{31} & a_{32} & a_{33} \end{vmatrix} =$$

$$= (a_{11}+b \cdot a_{21}) \cdot U_1 - (a_{12}+b \cdot a_{22}) \cdot U_2 + (a_{13}+b \cdot a_{23}) \cdot U_3 =$$

$$= a_{11} \cdot U_1 - a_{12} \cdot U_2 + a_{13} \cdot U_3 + b \cdot (a_{21} \cdot U_1 - a_{22} \cdot U_2 + a_{23} \cdot U_3) =$$

$$= \begin{vmatrix} a_{11} & a_{12} & a_{13} \\ a_{21} & a_{22} & a_{23} \\ a_{31} & a_{32} & a_{33} \end{vmatrix} + b \cdot \underbrace{\begin{vmatrix} a_{21} & a_{22} & a_{23} \\ a_{21} & a_{22} & a_{23} \\ a_{31} & a_{32} & a_{33} \end{vmatrix}}_{0 \text{ wegen Satz 4.}}$$

Anwendung: Zur bequemen Berechnung versucht man möglichst viele Nullen in eine Reihe zu bekommen.

z.B. $\begin{vmatrix} 2 & 3 & 4 \\ -4 & 5 & 1 \\ 3 & -9 & -3 \end{vmatrix} = \begin{vmatrix} 18 & -17 & 0 \\ -4 & 5 & 1 \\ -9 & 6 & 0 \end{vmatrix} = -1 \cdot \begin{vmatrix} 18 & -17 \\ -9 & 6 \end{vmatrix} = -1 \cdot \begin{vmatrix} 0 & -5 \\ -9 & 6 \end{vmatrix} = +45$

6. Ist eine Reihe eine Linearkombination der übrigen, dann hat die Determinante den Wert null.

Beweis: Es sei die dritte Spalte einer dreireihigen Determinante die Summe aus dem b-fachen der ersten und dem c-fachen der zweiten Spalte, also

$$\begin{vmatrix} a_{11} & a_{12} & b \cdot a_{11} + c \cdot a_{12} \\ a_{21} & a_{22} & b \cdot a_{21} + c \cdot a_{22} \\ a_{31} & a_{32} & b \cdot a_{31} + c \cdot a_{32} \end{vmatrix} = \begin{vmatrix} a_{11} & a_{12} & 0 \\ a_{21} & a_{22} & 0 \\ a_{31} & a_{32} & 0 \end{vmatrix} = 0$$

(erstes „=“: wegen Satz 5; „= 0“: wegen Satz 2)

Mögliche Lösungsfälle bei linearen Gleichungssystemen

Nach der Cramerschen Regel hat das lineare Gleichungssystem $\sum_{k=1}^{n} a_{ik} x_k = r_i$ mit $i = 1, 2, \ldots, n$ die Lösungen (3.5) $x_k = \frac{D_k}{D}$. Die Berechnung kann aber auf Schwierigkeiten stoßen, wenn $D = 0$ wird, da ja dann die Division nicht durchführbar ist.

1. Fall: Koeffizientendeterminante $D \neq 0$

Das inhomogene (nicht alle $r_i = 0$) Gleichungssystem ist nach (3.5) auflösbar. Das homogene (alle $r_i = 0$) Gleichungssystem hat nur die "trivialen" Lösungen, d.h. alle $x_i = 0$, da in der Zählerdeterminante von (3.5) in der k-ten Spalte die r_i, also lauter 0, stehen, folglich alle Zähler null sind.

Geometrische Deutung: Für $n = 2$ stellen die Gleichungen Geraden (für $n = 3$ Ebenen) dar, die Lösungen sind die

Schnittpunktskoordinaten. Sind alle $r_i = 0$, dann gehen alle Geraden (Ebenen) durch den Koordinatenursprung, die Schnittpunktskoordinaten sind also alle 0.

2. Fall: Koeffizientendeterminante $D = 0$

Das inhomogene Gleichungssystem hat im allgemeinen, da der Zähler in (3.5) $D_k \neq 0$, keine Lösungen. Beim homogenen Gleichungssystem erscheinen die Lösungen zunächst in der unbestimmten Form $x_k = \frac{0}{0}$, da mit $r_i = 0$ alle $D_k = 0$; es gibt also "nichttriviale" (von null verschiedene) Lösungen (im Gegensatz zu Fall 1.)

Veranschaulichung: $2x_1 - 5x_2 = 10$ und

$4x_1 - 10x_2 = 6$ stellen zwei Geraden dar, $D = \begin{vmatrix} 2 & -5 \\ 4 & -10 \end{vmatrix} = 0$ bedeutet Parallelität der beiden Geraden. Wenn r_1 und r_2 nicht beide 0 sind, schneiden sich die beiden Geraden im Endlichen nicht. Bei $r_1 = r_2 = 0$ gehen beide Geraden durch den Nullpunkt und fallen zusammen: es gibt keinen eindeutigen Schnittpunkt, vielmehr erfüllen die Koordinaten aller Geradenpunkte das homogene Gleichungssystem.

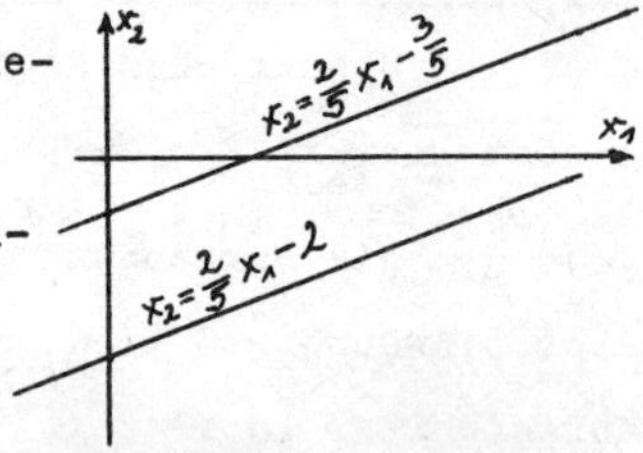

Nähere Erörterung bei verschwindender Koeffizientendeterminante: $D = 0$ bedeutet nach Determinantensatz 6, daß auf der linken Seite des Gleichungssystems eine Zeile eine Linearkombination der übrigen ist (obiges Beispiel: zweite Zeile ist das zweifache der ersten; aber nicht für die rechten Seiten!). Im inhomogenen Gleichungssystem tritt also hier ein Widerspruch auf (für unser Beispiel: dividiert man die zweite Zeile durch 2, so soll $2x_1 - 5x_2$ einerseits 10 andererseits 3 ergeben, beide Bedingungen sind aber nicht gleichzeitig erfüllbar). Eine Ausnahme tritt nur ein, wenn auch die rechten Seiten dieselbe Linearkombination wie die linken darstellen. Trifft dies zu, für homogene Gleichungssysteme ist dies immer (!) der Fall, so stellt diese "linear abhängige" Gleichung keine neue Bedingung für die Unbekannten x_k dar, man kann sie also weglassen. Dadurch erhält man für die n Unbekannten x_k nur n-1 Gleichungen. Dividiert man jede Gleichung etwa durch x_n, so bekommt man n-1 inhomogene lineare Gleichungen für die n-1 neuen Unbekannten $\frac{x_1}{x_n}, \frac{x_2}{x_n}, \ldots, \frac{x_{n-1}}{x_n}$:

$$a_{11}\cdot\frac{x_1}{x_n} + a_{12}\cdot\frac{x_2}{x_n} + a_{13}\cdot\frac{x_3}{x_n} + \ldots + a_{1,n-1}\cdot\frac{x_{n-1}}{x_n} = -a_{1n}$$

$$a_{21}\cdot\frac{x_1}{x_n} + a_{22}\cdot\frac{x_2}{x_n} + a_{23}\cdot\frac{x_3}{x_n} + \ldots + a_{2,n-1}\cdot\frac{x_{n-1}}{x_n} = -a_{2n}$$

....

$$a_{n-1,1}\cdot\frac{x_1}{x_n} + \ldots\ldots\ldots\ldots + a_{n-1,n-1}\cdot\frac{x_{n-1}}{x_n} = -a_{n-1,n}$$

Aus diesem "reduzierten" Gleichungssystem lassen sich nun die Verhältnisse $x_1 : x_2 : x_3 : \ldots : x_n$ (nicht die Unbekannten x_k selbst!) bestimmen. Für das ursprüngliche Gleichungssystem heißt dies: Wenn man ein solches "n-tupel" von Lösungen x_1 bis x_n kennt, kann man auch unendlichviele solcher Lösungs-n-tupel angeben, sie müssen nur den durch das reduzierte Gleichungssystem bestimmten Verhältnissen genügen.

Beispiel:
$$x_1 + 2x_2 + 5x_3 = 0$$
$$3x_1 + 3x_2 + 2x_3 = 0 \qquad D = D_k = 0,\ k = 1,2,3.$$
$$-10x_1 + 16x_2 + 2x_3 = 0$$

Reduziertes Gleichungssystem

$$\frac{x_1}{x_3} + 2\cdot\frac{x_2}{x_3} = -5$$
$$3\cdot\frac{x_1}{x_3} - 3\cdot\frac{x_2}{x_3} = -2 \qquad \text{mit } x_1 : x_2 : x_3 = 19:13:(-9)$$

Lösungstripel für das ursprüngliche Gleichungssystem sind z.B. $x_1 = -38$; $x_2 = -26$; $x_3 = +18$ oder $x_1 = 6$; $x_2 = 4$; $x_3 = -3$; wie man sich durch Einsetzen überzeugt.

Zusammenfassung: Das homogene Gleichungssystem hat nur dann nichttriviale Lösungen (neben $x_1 = x_2 = \ldots = x_n = 0$), wenn die "Verträglichkeitsbedingung" $D = 0$ erfüllt ist.

Anwendungsbeispiel: Bei gekoppelten Schwingungssystemen in der Physik bestehen zwischen den Ausschlägen x , y und der Kreisfrequenz $\omega = \sqrt{p}$ die beiden Gleichungen
$$(5-p)\cdot x + 2\cdot y = 0$$
$$2\cdot x + (2-p)\cdot y = 0.$$
Bei welchen Kreisfrequenzen existieren nichttriviale Lösungen und wie groß sind dan x und y?

Antwort: Die Koeffizientendeterminante muß null sein, also

$$\begin{vmatrix} 5-p & 2 \\ 2 & 2-p \end{vmatrix} = 0 = (5-p)\cdot(2-p) - 2\cdot 2 = p^2 - 7\cdot p + 6 \text{ mit den}$$

Lösungen $p_{1,2} = \frac{7}{2} \pm \sqrt{\frac{49}{4} - 6} = \frac{7}{2} \pm \frac{5}{2} = \begin{cases} 6 \\ 1 \end{cases}$

Für $p_1 = 6$ wird $x = 2\cdot y$ und für $p_2 = 1$ wird $x = -\frac{1}{2}\cdot y$

Deutung der Verträglichkeitsbedingung als Linearkombination (lineare Abhängigkeit) von Vektoren für $n = 3$:

Hilfssatz: Der zur Ebene $ax + by + cz = r$ gehörige Normalenvektor (senkrecht auf der Ebene) hat die Komponenten $\vec{n} = (a\,;\,b\,;\,c)$.

Beweis: $A(\frac{r}{a},0,0)$, $B(0,\frac{r}{b},0)$, $C(0,0,\frac{r}{c})$ sind drei Punkte der Ebene, da sie die Ebenengleichung erfüllen. Der Vektor $\vec{AB} \times \vec{AC}$ steht senkrecht auf der Ebene, kann sich also vom Normalenvektor $\vec{n}$ nur durch einen Skalarfaktor unterscheiden:

$$\vec{AB} \times \vec{AC} = \begin{vmatrix} e_x & e_y & e_z \\ -\frac{r}{a} & \frac{r}{b} & 0 \\ -\frac{r}{a} & 0 & \frac{r}{c} \end{vmatrix} = \frac{r^2}{bc}\vec{e}_x + \frac{r^2}{ac}\vec{e}_y + \frac{r^2}{ab}\vec{e}_z =$$

$$= \frac{r^2}{abc}\cdot(a\vec{e}_x + b\vec{e}_y + c\vec{e}_z) = \frac{r^2}{abc}\vec{n}.$$

In der Koeffizientendeterminante D stehen also in jeder Zeile die Komponenten eines Ebenen-Normalenvektors. Nach (2.45) ist das aber gerade das Spatprodukt, und $D = 0$ bedeutet nach (2.46) Komplanarität der drei Vektoren, d.h. die Normalenvektoren $\vec{n}_1$, $\vec{n}_2$, $\vec{n}_3$ der drei Ebenen E_1, E_2, E_3 liegen selbst in einer Ebene: die drei Schnittgeraden g_{12}, g_{23}, g_{31} der Ebenen E_1

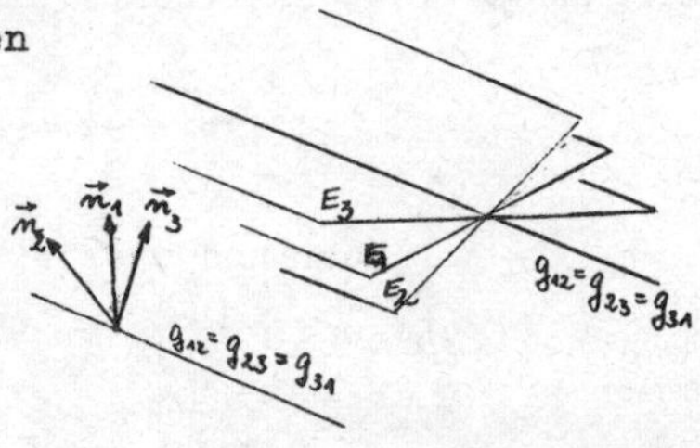

und E_2 bzw. E_2 und E_3 bzw. E_3 und E_1 fallen zusammen, d.h. die drei Ebenen haben nicht nur einen gemeinsamen Punkt, sondern unendlich viele auf der gemeinsamen Schnittgerade.

Aufgabe 1: Man berechne den Wert der Determinante a) durch Entwickeln nach Unterdeterminanten, b) nach Vereinfachung durch Erzeugen von Nullen.

$$\begin{vmatrix} 1 & -3 & 4 & -2 \\ 6 & 3 & 2 & 8 \\ 3 & 4 & 1 & 7 \\ 4 & 1 & 4 & 5 \end{vmatrix}$$

Aufgabe 2: Man beweise, daß gilt:

$$\begin{vmatrix} a_1 & a_2 & a_3 \\ c_1 & c_2 & c_3 \\ d_1 & d_2 & d_3 \end{vmatrix} + \begin{vmatrix} b_1 & b_2 & b_3 \\ c_1 & c_2 & c_3 \\ d_1 & d_2 & d_3 \end{vmatrix} = \begin{vmatrix} a_1+b_1 & a_2+b_2 & a_3+b_3 \\ c_1 & c_2 & c_3 \\ d_1 & d_2 & d_3 \end{vmatrix}$$

Aufgabe 3: Man berechne die Determinanten

a) $\begin{vmatrix} n & n+1 & n-1 \\ n+1 & n-1 & n \\ n-1 & n & n+1 \end{vmatrix}$ b) $\begin{vmatrix} \sin 2x & -\cos 2x & 1 \\ \sin x & -\cos x & \cos x \\ \cos x & \sin x & \sin x \end{vmatrix}$

und begründe, warum der Wert der zweiten Determinante null ist.

Aufgabe 4: Man löse das Gleichungssystem a) durch Elimination, b) nach der Cramerschen Regel.

$$\begin{aligned} 2x + y - 6z &= 4 \\ x - y + z &= 0 \\ x + 2y - 10z &= 1 \end{aligned}$$

Aufgabe 5: Ist das lineare Gleichungssystem

a) $\begin{aligned} 4x + y + 3z &= 0 \\ 3x - 18y - 4z &= -12 \\ x + 4y + 2z &= 16 \end{aligned}$ b) $\begin{aligned} 4x + y + 3z &= 34 \\ 3x - 18y - 4z &= -12 \\ x + 4y + 2z &= 16 \end{aligned}$

lösbar und wie lautet gegebenenfalls eine Lösung?

§ 4 Grenzwerte von Zahlenfolgen und Reihen

Der Wert des Bruches $\frac{9}{11}$ in Dezimalbruchschreibweise ist 0,818181..., ein unendlicher, periodischer Dezimalbruch. Man wird ihn auf diese Weise nie exakt und vollständig hinschreiben können. Während des Schreibens erhält man mit den Gliedern der Zahlenfolge 0,8 - 0,81 - 0,818 usw. Näherungswerte für $\frac{9}{11}$; je weiter man fortschreitet, umso mehr nähern sie sich dem Grenzwert.

Allgemein: Eine Zahlenfolge ist eine Menge von (unendlich vielen) Zahlen a_1, a_2, a_3, ..., die durch ein Bildungsgesetz gegeben sind. Der Grenzwert dieser Zahlenfolge ist diejenige Zahl A, welcher sich die Glieder der Folge beliebig nähern.

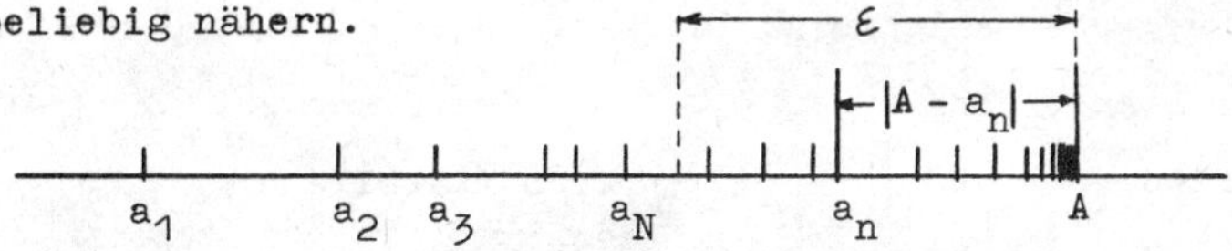

Aus dieser anschaulichen Darstellung ergibt sich folgende Definition:

(4.1) $\quad A = \lim\limits_{n\to\infty} a_n \quad$ für $n = 1,2,3,...,$

wenn bei beliebigem $\varepsilon > 0$

(4.2) $\quad |A - a_n| < \varepsilon \quad$ für alle $n > N(\varepsilon)$.

In Worten: Die Zahl A ist der Grenzwert (ließ (4.1): "A ist der limes - oder Grenzwert - von a_n für n gegen unendlich"), wenn die Abweichung (geometrisch der Abstand) $|A - a_n|$ für alle Glieder der Zahlenfolge, deren Index n größer ist als ein von ε abhängiger Index N, kleiner gemacht werden kann als eine beliebige, noch so kleine positive Zahl ε.

Besitzt eine Zahlenfolge einen Grenzwert, dann nennt man sie konvergent, andernfalls divergent.

Divergent ist z.B. die Zahlenfolge 1,2,3,..., denn wie groß A auch gewählt wird, $A - a_n$ wird jede positive Zahl überschreiten. Auch +1, -1, +1, -1,... ist divergent. Wäre sie nämlich konvergent, so müßte eine Zahl A existieren, deren Abweichung von +1 beliebig klein ist, dann aber ist für das nächste Glied -1 die Abweichung fast +2 und somit nicht mehr beliebig klein.
Eine konvergente Zahlenfolge ist z.B. $a_n = \frac{1}{n}$, also die Folge der Stammbrüche 1, $\frac{1}{2}$, $\frac{1}{3}$,... mit dem Grenzwert $\lim\limits_{n\to\infty} \frac{1}{n} = 0$, denn (4.2) $\left|0 - \frac{1}{n}\right| = \frac{1}{n}$ kann für alle $n > \varepsilon = N(\varepsilon)$ erfüllt werden. Gibt man etwa $\varepsilon = \frac{1}{100}$ vor und verlangt, daß die Abweichung vom Grenzwert für alle a_n kleiner sein soll als $\frac{1}{100}$, so braucht man n nur größer als 100 zu wählen.

Eine Zahlenfolge, für die $\lim\limits_{n\to\infty} a_n = 0$, nennt man eine "Nullfolge". Damit kann man die Konvergenz einer Zahlenfolge so definieren: Eine Zahlenfolge b_n mit $n = 1,2,3,...$ ist konvergent, wenn es eine Zahl B so gibt, daß die Zahlenfolge $B - b_n = a_n$ eine Nullfolge ist. B heißt der Grenzwert der Zahlenfolge b_n.

Ein Beispiel aus der Physik: Das Spektrum eines leuchtenden Gases setzt sich zusammen aus einer großen Zahl von einzelnen Linien (Linienspektrum), die man zu Serien zusammenfassen kann und für deren Frequenzen f_n folgende Formeln gelten: "Lyman-Serie" $f_n = R\cdot(\frac{1}{1^2} - \frac{1}{n^2})$, "Balmer-Serie" $f_n = R\cdot(\frac{1}{2^2} - \frac{1}{n^2})$, "Paschen-Serie" $f_n = R\cdot(\frac{1}{3^2} - \frac{1}{n^2})$ usw. (R ist eine nach Rydberg benannte Konstante, die Serien sind nach ihren Entdeckern benannt). Für $n = 1, 2, 3, \ldots$ erhält man die einzelnen Linien, die sich der zugehörigen Grenzfrequenz $\lim_{n\to\infty} R\cdot(1-\frac{1}{n^2}) = R$ bzw. $\lim_{n\to\infty} R\cdot(\frac{1}{4}-\frac{1}{n^2}) = \frac{R}{4}$ bzw. $\lim_{n\to\infty} R\cdot(\frac{1}{9}-\frac{1}{n^2}) = \frac{R}{9}$ beliebig nähern.

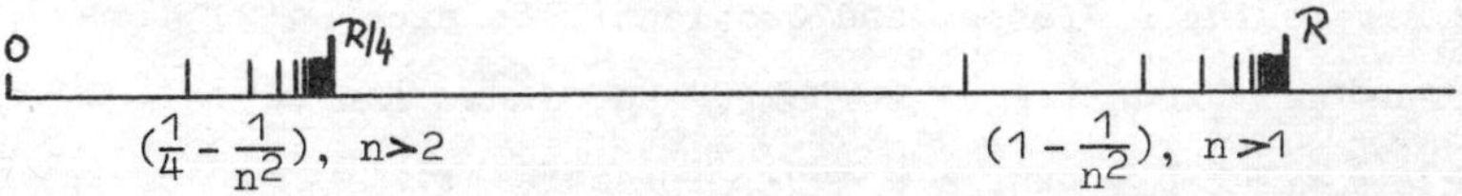

Mit konvergenten Zahlenfolgen und deren Grenzwerten kann man die vier Grundrechenarten nach folgenden Regeln durchführen:

Ist $\lim_{n\to\infty} a_n = A$ und $\lim_{n\to\infty} b_n = B$ so gilt:

(4.3) $\lim_{n\to\infty}(a_n \pm b_n) = \lim_{n\to\infty} a_n \pm \lim_{n\to\infty} b_n = A \pm B$

(4.4) $\lim_{n\to\infty}(a_n \cdot b_n) = (\lim_{n\to\infty} a_n)\cdot(\lim_{n\to\infty} b_n) = A\cdot B$

(4.5) $\lim_{n\to\infty} \frac{a_n}{b_n} = \frac{\lim_{n\to\infty} a_n}{\lim_{n\to\infty} b_n} = \frac{A}{B}$, falls B und alle $b_n \neq 0$.

Das bedeutet: Die Grenzwertbildung und die rationalen Rechenoperationen sind vertauschbar.

Beweis: Nach Voraussetzung gilt: $|A - a_n| < \varepsilon_a$ für $n > N(\varepsilon_a)$

und $|B - b_n| < \varepsilon_b$ für $n > N(\varepsilon_b)$

Die Behauptungen für Summe und Produkt lauten

$$|(A+B)-(a_n+b_n)| < \varepsilon \qquad \text{bzw.} \qquad |A\cdot B - a_n\cdot b_n| < \varepsilon$$

Es ist $|(A+B)-(a_n+b_n)| = |(A-a_n)+(B-b_n)| \leq$ +)

$$\leq |A-a_n| + |B-b_n| = \varepsilon_a + \varepsilon_b = \varepsilon$$

bzw. $|A\cdot B - a_n\cdot b_n| = |A\cdot(B-b_n)+b_n\cdot(A-a_n)| \leq$

$$\leq |A\cdot(B-b_n)| + |b_n\cdot(A-a_n)| = |A|\cdot\underbrace{|B-b_n|}_{\varepsilon_b} + |b_n|\cdot\underbrace{|A-a_n|}_{\varepsilon_a}$$

Da $|A|$ und $|b_n|$ (wegen $\lim\limits_{n\to\infty} b_n = B$) endliche Zahlen sind, können die beiden Summanden $|A|\cdot|B-b_n|$ und $|b_n|\cdot|A-a_n|$ und damit auch die Summe beliebig klein gemacht werden, es muß eben nur $|B-b_n|$ und $|A-a_n|$ klein genug gewählt werden.

Der Beweis für Differenz und Quotient läßt sich auf die Summen- und Produktregel zurückführen, indem man für $a_n - b_n = a_n + (-b_n)$ bzw. $\frac{a_n}{b_n} = a_n \cdot \frac{1}{b_n}$ schreibt.

Auf Grund dieser Regeln über das Rechnen mit Grenzwerten bestimmen sich viele Grenzwerte besonders einfach. Z.B. wird

$$\lim_{n\to\infty} \frac{n^2-1}{n^2+n+1} = \lim_{n\to\infty} \frac{1-1/n^2}{1+1/n+1/n^2} = \frac{\lim 1 - \lim 1/n^2}{\lim 1 + \lim 1/n + \lim 1/n^2} = 1.$$

Die obige Definition der Konvergenz einer Zahlenfolge hat einen Nachteil: Sie setzt die Kenntnis des Grenzwertes voraus. Im allgemeinen wird aber nur die Zahlenfolge gegeben sein und der Grenzwert soll - falls er überhaupt existiert - berechnet werden. Das setzt voraus, daß man

---

+) In $|p+q| \leq |p| + |q|$ gilt das Gleichheitszeichen, wenn p und q gleiches, $<$ wenn sie verschiedenes Vorzeichen haben.

eine vom Grenzwert unabhängige Bedingung für die Konvergenz, sogenannte Konvergenzkriterien, hat. (Hierzu verweisen wir auf die Lehrbücher; z.B. R.Courant oder A.Ostrowski Vorlesungen über Differential- und Integralrechnung, Bd. I.) Besonders einfach läßt sich die Frage nach der Konvergenz bei in der Praxis häufig auftretenden "monotonen" Zahlenfolgen beantworten mit folgendem

Satz: Eine monoton wachsende (fallende), nach oben (unten) beschränkte Zahlenfolge ist konvergent. Der Grenz-Wert ist höchstens gleich der oberen (unteren) Schranke.

Erklärungen: Eine Zahlenfolge heißt monoton wachsend, wenn $a_1 \leq a_2 \leq a_3 \leq \ldots$ (z.B. 1, 2, 3, ...); monoton fallend, wenn $a_1 \geq a_2 \geq a_3 \geq \ldots$ (z.B. 1, $\frac{1}{2}$, $\frac{1}{3}$, ...). Eine Zahlenfolge ist nach oben beschränkt, wenn alle Glieder der Zahlenfolge kleiner sind als eine feste Zahl S, genannt obere Schranke (z.B. sind für die Zahlenfolge 0,3 - 0,33 - 0,333 usw. die Zahlen 2 oder 1 oder 0,4 obere Schranken). Eine Zahlenfolge ist nach unten beschränkt, wenn alle $a_n > S$, S ist eine untere Schranke.

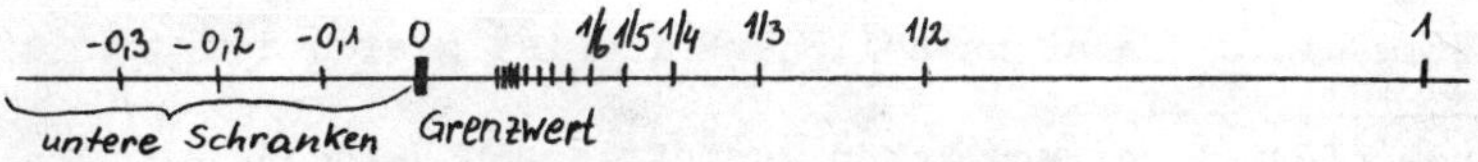

Da dieser Satz anschaulich evident ist, verzichten wir auf einen Beweis und wollen ihn gleich an einem wichtigen Beispiel anwenden.

Behauptung: Die Zahlenfolge

(4.6) $$a_n = 1 + \frac{1}{1!} + \frac{1}{2!} + \ldots + \frac{1}{n!}$$ ist konvergent.

Beweis: Die Zahlenfolge ist monoton wachsend wegen

$a_{n+1} = a_n + \frac{1}{(n+1)!} \quad a_n$; außerdem ist sie nach oben beschränkt, denn wegen $n! = 1 \cdot 2 \cdot 3 \cdot \ldots \cdot n \quad 1 \cdot 2 \cdot 2 \cdot \ldots \cdot 2 = 2^{n-1}$

für $n > 2$ wird $\frac{1}{n!} < \frac{1}{2^{n-1}}$, also

$$a_n < 1 + \frac{1}{1} + \frac{1}{2} + \frac{1}{2^2} + \frac{1}{2^3} + \frac{1}{2^4} + \ldots + \frac{1}{2^{n-1}} \overset{*)}{=} 1 + \frac{1 - 1/2^n}{1 - \frac{1}{2}} <$$

$$< 1 + \frac{1}{1/2} = 3 \text{ ist eine obere Schranke.}$$

Der Grenzwert ist die sogenannte EULERsche Zahl (s.S.13) sie spielt in der gesamten Naturwissenschaft eine wichtige Rolle. Man kann zeigen, daß auch die Zahlenfolge $a_n = (1 + \frac{1}{n})^n$ den Grenzwert e hat (z.B. Ostrowski, Bd. I, S.68):

$$\boxed{\lim_{n \to \infty} (1 + \frac{1}{n})^n = e} \tag{4.7}$$

Will man den Grenzwert e nach (4.6) näherungsweise berechnen, so erhält man mit $s_1 = 1 \qquad s_2 = 1 + \frac{1}{1!} = 2$

$s_3 = 1 + \frac{1}{1!} + \frac{1}{2!} = 2{,}5 \qquad s_4 = 1 + \frac{1}{1!} + \frac{1}{2!} + \frac{1}{3!} = 2{,}666\ldots$

$s_5 = 1 + \frac{1}{1!} + \frac{1}{2!} + \frac{1}{3!} + \frac{1}{4!} = 2{,}708333\ldots$ usw. eine Folge von Teilsummen (Partialsummen) der unendlichen Reihe $\sum_{k=0}^{\infty} \frac{1}{k!}$.

Der Summenwert dieser unendlichenReihe ist gleich dem

---

*) Summenformel der endlichen geometrischen Reihe:

$$s = 1 + q + q^2 + q^3 + \ldots + q^{n-1} \tag{4.8}$$

$$(-) \quad q \cdot s = \quad q + q^2 + q^3 + \ldots + q^{n-1} + q^n$$

$$(1-q) \cdot s = 1 - q^n \text{ also}$$

$$s = \frac{1-q^n}{1-q}. \tag{4.9}$$

Im obigen Beispiel ist $q = \frac{1}{2}$.

Grenzwert der Folge der Partialsummen.

Allgemein: Aus einer gegebenen Zahlenfolge $a_1, a_2, a_3, \ldots$ bildet man eine neue Folge (die Folge der Partialsummen) $s_1 = a_1,\ s_2 = a_1 + a_2,\ s_3 = a_1 + a_2 + a_3, \ldots s_n = a_1 + \ldots + a_n = \sum_{k=1}^{n} a_k, \ldots$; die unendliche Reihe $a_1 + a_2 + a_3 + \ldots = \sum_{k=1}^{\infty} a_k$ heißt dann konvergent, wenn die Folge der Partialsummen konvergiert; ihr Summenwert S ist gleich dem Grenzwert der Partialsummen:

(4.10) $$S = \lim_{n\to\infty} s_n = \lim_{n\to\infty} \sum_{k=1}^{n} a_k = \sum_{k=1}^{\infty} a_k$$

Divergiert die Folge der Partialsummen, dann heißt auch die unendliche Reihe divergent.

Die n-te Partialsumme der unendlichen geometrischen Reihe

(4.11) $$a + a\cdot q + a\cdot q^2 + a\cdot q^3 + \ldots = \sum_{k=1}^{\infty} a\cdot q^k = a\cdot\left(\sum_{k=1}^{\infty} q^k\right)$$

ist wegen (4.8 und 9) gegeben durch

(4.12) $$a\cdot(1 + q + q^2 + \ldots + q^{n-1}) = a\cdot\frac{1-q^n}{1-q} = s_n$$

Für $|q| > 1$ ist die Folge s_n divergent, denn q^n wächst für $|q| > 1$ über alle Grenzen und für $q = 1$ wird $s_n = a\cdot(1 + 1^1 + 1^2 + 1^3 + \ldots + 1^{n-1}) = a\cdot n$, also auch unendlich. Die unendliche geometrische Reihe (4.11) konvergiert also nur für $|q| < 1$ und wegen $\lim_{n\to\infty} q^n = 0$ wird dann ihr Summenwert

(4.13) $$S = \sum_{k=1}^{\infty} a\cdot q^k = \lim_{n\to\infty} s_n = \lim_{n\to\infty} a\cdot\frac{1-q^n}{1-q} = a\cdot\frac{1}{1-q}$$

(Man sieht schon in (4.9), daß q nicht 1 sein darf, da sonst Division durch null!)

Drei Beispiele:

1) Behauptung : $\sum_{k=1}^{\infty} \frac{1}{k.(k+1)} = 1$ (4.14)

Es ist also zu zeigen, daß die Folge der Partialsummen

$$s_1 = \frac{1}{1.2} = 1 - \frac{1}{2}, \qquad s_2 = \frac{1}{1\cdot 2} + \frac{1}{2\cdot 3} = 1 - \frac{1}{2} + \frac{1}{2} - \frac{1}{3} = 1 - \frac{1}{3},$$

$$s_3 = \frac{1}{1\cdot 2} + \frac{1}{2\cdot 3} + \frac{1}{3\cdot 4} = 1 - \frac{1}{2} + \frac{1}{2} - \frac{1}{3} + \frac{1}{3} - \frac{1}{4} = 1 - \frac{1}{4}, \ldots$$

$$s_n = \frac{1}{1\cdot 2} + \ldots + \frac{1}{n.(n+1)} = 1 - \frac{1}{2} + - \ldots + \frac{1}{n} - \frac{1}{n+1} = 1 - \frac{1}{n+1}$$

den Grenzwert $S = 1$ hat. Nach (4.2) muß für alle $n > N(\varepsilon)$ $|S - s_n| < \varepsilon$ werden, also $\left|1 - (1 - \frac{1}{n+1})\right| = \frac{1}{n+1} < \varepsilon$. Das ist aber für alle $n > \frac{1}{\varepsilon} - 1$ der Fall.

2) Behauptung: $\sum_{k=1}^{\infty} \frac{1}{k^m}$ ist für $m > 1$ konvergent. (4.15)

Wir beweisen dies, indem wir zeigen, daß die Folge der Partialsummen monoton wächst und nach oben beschränkt ist: $s_{n+1} = s_n + \frac{1}{(n+1)^m} > s_n$, also monoton wachsend. Eine obere Schranke findet man durch folgende Abschätzung: $s_3 = 1 + \frac{1}{2^m} + \frac{1}{3^m} < 1 + \frac{2}{2^m} = 1 + \frac{1}{2^{m-1}}$,

$$s_7 = s_3 + \frac{1}{4^m} + \frac{1}{5^m} + \frac{1}{6^m} + \frac{1}{7^m} < s_3 + \frac{4}{4^m} < 1 + \frac{1}{2^{m-1}} + \frac{1}{4^{m-1}},$$

$$s_{15} = s_7 + \frac{1}{8^m} + \ldots + \frac{1}{15^m} < s_7 + \frac{8}{8^m} < 1 + \frac{1}{2^{m-1}} + \frac{1}{4^{m-1}} + \frac{1}{8^{m-1}},$$

usw., also ist $\lim_{n\to\infty} s_n < 1 + \frac{1}{2^{m-1}} + \frac{1}{4^{m-1}} + \ldots$

Die rechte Seite dieser Ungleichung ist eine geometrische Reihe mit $q = \frac{1}{2^{m-1}} < 1$, da $m > 1$, folglich nach (4.13) $\lim_{n\to\infty} s_n < \frac{1}{1 - (1/2)^{m-1}}$, also konvergent für $m > 1$.

3) Die "harmonische Reihe"

(4.16) $\sum_{k=1}^{\infty}\frac{1}{k} = 1 + \frac{1}{2} + \frac{1}{3} + \ldots$ ist divergent.

Beweis: Die Folge der Partialsummen wächst über alle Grenzen, denn $s_4 = 1 + \frac{1}{2} + \frac{1}{3} + \frac{1}{4} > 1 + \frac{1}{2} + \frac{1}{4} + \frac{1}{4} = 1 + \frac{2}{2}$,

$s_8 = 1 + \frac{1}{2} + \frac{1}{3} + \frac{1}{4} + \frac{1}{5} + \frac{1}{6} + \frac{1}{7} + \frac{1}{8} > 1 + \frac{1}{2} + (\frac{1}{4} + \frac{1}{4}) + (\frac{1}{8} + \frac{1}{8} + \frac{1}{8} + \frac{1}{8}) =$

$s_8 > 1 + \frac{3}{2}$, allgemien wird $s_{2n} = 1 + \frac{1}{2} + \ldots + \frac{1}{2n} > 1 + \frac{n}{2}$

und mit $n \to \infty$ geht auch die Folge der Partialsummen gegen unendlich.

Da die harmonische Reihe ein Sonderfall (m = 1) des vorigen Beispiels 2) ist, sieht man, daß (4.15) für m = 1 nicht mehr konvergiert.

Die Konvergenz einer unendliche Reihe $\sum_{k=1}^{\infty} a_k$ ist erklärt durch die Konvergenz der Folge seiner Partialsummen. Schreibt man die Definition für den Grenzwert $S = \lim_{n\to\infty} s_n$ der Partialsummen, so wird aus (4.2) $|S - s_n| < \varepsilon$ (für alle $n > N$) wegen $\sum_{k=1}^{\infty} a_k = a_1 + \ldots + a_n + a_{n+1} + \ldots = s_n + \sum_{k=n+1}^{\infty} a_k = S$

mit $S - s_n = \sum_{k=n+1}^{\infty} a_k$ (genannt "Reihenrest")

(4.17) $\left|\sum_{k=n+1}^{\infty} a_k\right| < \varepsilon$ für alle $n > N(\varepsilon)$.

Das ist die Bedingung des"allgemeinen Konvergenzkriteriums" für unendliche Reihen: Es besagt, daß der Reihenrest für konvergente Reihen beliebig klein gemacht werden kann, man muß dazu nur n groß genug wählen, d.h. in der n-ten Partialsumme müssen genügend - aber endlich (!) - viele Summanden addiert werden und die Abweichung vom Summenwert wird beliegig klein. Man sieht, daß (4.17) nur erfüllt werden kann, wenn die Summanden a_k eine Nullfolge bilden, also

(4.18) $$\lim_{k\to\infty} a_k = 0.$$

Das Beispiel der harmonischen Reihe zeigt, daß (4.18) nur eine notwendige, keineswegs aber hinreichende Bedingung für die Konvergenz einer Reihe ist.

Leibniz'sches Konvergenzktiterium: Die alternierende Reihe $\sum_{k=1}^{\infty}(-1)^{k+1}\cdot a_k = a_1 - a_2 + a_3 - a_4 + - \ldots$ mit $a_k > a_{k+1} > 0$ ist konvergent, falls (4.18) erfüllt ist.

Beweis: Es gilt für die Partialsummen

$$s_{2m} = (a_1 - a_2) + (a_3 - a_4) + \ldots + (a_{2m-1} - a_{2m}) > 0 \quad \text{und}$$

$$s_{2m+1} = a_1 - (a_2 - a_3) - (a_4 - a_5) - \ldots - (a_{2m} - a_{2m+1}) < a_1 ,$$

da wegen $a_k > a_{k+1}$ alle Klammern positiv sind. Mit $s_{2m+1} = s_{2m} + a_{2m+1} > s_{2m}$ folgt somit $0 < s_{2m} < s_{2m+1} < a_1$, also sind die Partialsummen mit geradem bzw. ungeradem Index jeweils eine monoton wachsende bzw. fallende, nach oben bzw. unten beschränkte Zahlenfolgen. Es existieren somit Grenzwerte $\lim_{m\to\infty} s_{2m} = S$ und $\lim_{m\to\infty} s_{2m+1} = \bar{S}$. Zu zeigen bleibt noch, daß die beiden Grenzwerte gleich sind:

$$\bar{S} = \lim_{m\to\infty} s_{2m+1} = \lim_{m\to\infty} (s_{2m} + a_{2m+1}) = \lim_{m\to\infty} s_{2m} + \lim_{m\to\infty} a_{2m+1} = S + 0 = S.$$

Veranschaulicht man sich dies geometrisch, so wird der Sachverhalt besonders eindrucksvoll: Die Folge der Partialsummen pendeln um den Summenwert S der Reihe und nähern sich ihm immer mehr; die s_{2m} von links als wachsende, die s_{2m+1} von rechts als fallende Folge. Die n-te Partialsumme unterscheidet sich vom Summenwert höchstens um den ersten nicht berücksichtigten Summand $(-1)^n \cdot a_{n+1}$. Damit hat man ein besonders einfaches Mittel, um den Reihenrest $S - s_n = (-1)^n \cdot (a_{n+1} - a_{n+2} + a_{n+3} - + \ldots)$ abzuschätzen, d.h. der Fehler, den man macht, wenn man den Summenwert näherungsweise durch die n-te Partialsumme berechnet, ist höchsten so groß wie der erste nicht berücksichtigte Summand.

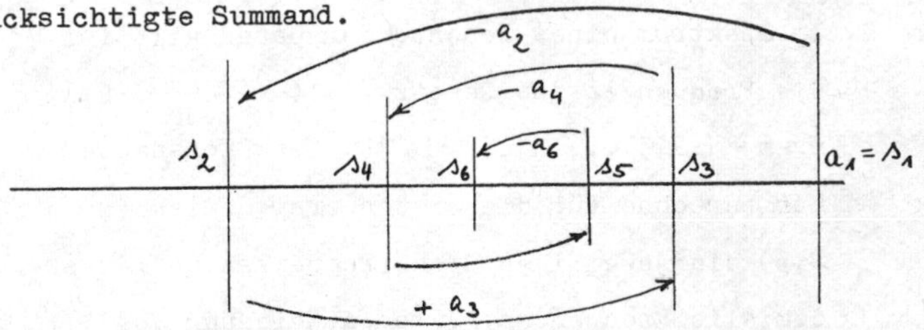

Das einfachste Beispiel einer konvergenten alternierenden Reihe ist die "Leibniz'sche Reihe" mit dem Summenwert ln 2 (wie auf S.113 gezeigt wird):

(4.19) $$1 - \frac{1}{2} + \frac{1}{3} - \frac{1}{4} + - \ldots = \ln 2$$

Eine nicht-konvergente Reihe ist z.B.

$1{,}1 - 1{,}01 + 1{,}001 - 1{,}0001 + - \ldots$, weil $\lim\limits_{k \to \infty} a_k \neq 0$, also (4.18) nicht erfüllt ist. In diesem Fall haben die beiden Partialsummen verschiedene Grenzwerte:

$$\lim_{m \to \infty} s_{2m} = (1{,}1 - 1{,}01) + (1{,}001 - 1{,}0001) + \ldots = \underbrace{\frac{9}{10^2} + \frac{9}{10^4} + \ldots}_{\text{s.(4.13)}}$$

$$= \frac{9}{10^2} \cdot \frac{1}{1 - 1/10^2} = \frac{1}{11}$$

$$\lim_{m\to\infty} s_{2m+1} = 1{,}1 - (1{,}01 - 1{,}001) - (1{,}0001 - 1{,}00001) - \ldots =$$

$$= 1{,}1 - \frac{9}{10^3} - \frac{9}{10^5} - \ldots = 1{,}1 - \frac{9}{10^3} \cdot \frac{1}{1 - 1/100} = \frac{12}{11}.$$

Aufgabe 1: Man bestimme die Grenzwerte der Zahlenfolgen

a) $\frac{n^2+n}{n^2-n}$, b) $\frac{1-2+3-+\ldots-2n}{\sqrt{n^2+1}}$, c) $\frac{1+2+\ldots+n}{n+2} - \frac{n}{2}$,

d) $\sqrt{n}\cdot(\sqrt{n+1} - \sqrt{n})$ sowie dasjenige Glied jeder Folge, dessen Abweichung ε vom Grenzwert kleiner als 1/10 ist.

Aufgabe 2: Im Spektrum eines leuchtenden Gases gilt für die Frequenzen das Gesetz $\nu = (\frac{1}{m^2} - \frac{1}{n^2})\cdot R$, $n > m = 1,2,3\ldots$; R ist die "Rydberg-Konstante". Man berechne für die ersten drei Serien ($m = 1, 2, 3$) die jeweiligen Grenzfrequenzen und außerdem alle Frequenzen, deren Abweichung von ihrer Grenzfrequenz mehr als $0{,}02\cdot R$ beträgt.

Aufgabe 3: Man berechne a) $\lim\limits_{n\to\infty} \frac{a^{2n}}{1+a^{2n+1}}$ b) $\lim\limits_{n\to\infty} \frac{a^n - a^{-n}}{a^n + a^{-n}}$

Aufgabe 4: Welche Reihe konvergiert?

a) $\frac{1}{\sqrt{2}-1} - \frac{1}{\sqrt{2}+1} + \frac{1}{\sqrt{3}-1} - \frac{1}{\sqrt{3}+1} +- \ldots$ b) $\sum\limits_{k=1}^{\infty} \frac{(-1)^{k+1}}{\sqrt{k}}$

Aufgabe 5: Man zeige, daß gilt: a) $\lim\limits_{n\to\infty} (1 + \frac{1}{n-3})^{n+4} = e$,

b) $\lim\limits_{n\to\infty}(1 + \frac{2}{n})^n = e^2$ [Hinweis: $1 + \frac{2}{n} = (1 + \frac{1}{n})(1 + \frac{1}{n+1})$]

c) $\lim\limits_{n\to\infty}(1 + \frac{m}{n})^n = e^m$ [speziell: $m = -1$]

Aufgabe 6: Man beweise $\sum\limits_{k=1}^{\infty} \frac{1}{(2k-1)(2k+1)} = \frac{1}{2}$ und

$$\sum_{n=1}^{\infty} \frac{1}{n(n+1)(n+2)} = \frac{1}{4}$$

§ 5 Funktionen einer reellen Veränderlichen

Verändert man das Volumen V einer eingeschlossenen Gasmenge, so ändert sich damit auch der Druck p.
Bei konstanter Temperatur wird die Abhängigkeit zwischen p und V durch das Boyle-Mariottesche Gesetz widergegeben:

(5.1) $p = \frac{c}{V}$, wobei c eine Konstante ist.

In Worten: Der Druck p (eines idealen Gases) ist dem zur Verfügung stehendem Volumen V umgekehrt proportional.
Dieses Gesetz sagt nichts aus über die Größen p und V, sondern bedeutet lediglich: wenn V einen bestimmten, innerhalb gewisser Grenzen beliebig wählbaren Wert hat, so kann man daraus den zugehörigen Wert p bestimmen und umgekehrt.
Man sagt: p ist eine Funktion von V.

(5.2) $p = f(V)$ oder $p = p(V)$.

V nennt man die "unabhängige Veränderliche" (Variable), p die "abhängige Veränderliche" (Variable). In der Regel wird die unabhängige Variable mit x, die abhängige mit y bezeichnet:

(5.3) $y = f(x)$ oder $y = y(x)$.

Diese Funktionsgleichung stellt also eine Zuordnung dar: Jedem Wert der Variablen x aus einem bestimmtem Wertevorrat wird ein Wert y zugeordnet. Als Wertevorrat für die unabhängige Variable wollen wir nur reelle Zahlen zulassen. In der Regel kann x jeden beliebigen reellen Wert annehmen, dann spricht man von einer Funktion einer stetigen reellen (unabhängigen) Veränderlichen. Wie das

Beispiel auf Seite 49 (Frequenzen des Linienspektrums) zeigt, können für den Wertevorrat auch nur diskrete Werte (in diesem Beispiel nur natürliche Zahlen) zugelassen sein. Häufig ist der Wertevorrat auf einen endlichen Bereich beschränkt, z.B. die Geschwindigkeit als Funktion der nur in einem bestimmtem Bereich (Intervall) veränderlichen Motor-Umdrehungszahl.

Die drei wichtigsten Formen der Festlegung einer Zuordnung zweier Veränderlicher sind die tabellarische, die graphische und die formelmäßige Darstellung einer Funktion. Die Formel ist in der Regel das Ziel, da man aus ihr sowohl die Tabelle als auch die Bildkurve herstellen kann. Die Tabelle hat den Nachteil, daß nur endlich viele diskrete Werte für die Variablen angegeben werden können. Trotzdem verwendet man die tabellarische Darstellung von formelmäßig gegebenen Funktionen (z.B. trigonometrische Funktionen), wenn sie häufig auftreten und die Funktionswerte nur umständlich zu berechnen sind. Oft ist eine Zuordnung nur empirisch durch Meßwerte eines Experiments gegeben, die man in einer Tabelle zusammenfaßt. Zum Beispiel findet man für die Dichte ρ einer Lösung bei verschiedenen Konzentrationen K die zusammengehörigen Wertepaare:

K [%]	10	30	60
ρ [g/cm^3]	1,076	1,273	1,731

Die graphische Darstellung dient zur Veranschaulichung der Funktion: man sieht (im wörtlichen Sinne) den allgemeinen Verlauf. Der Barograph z.B. zeichnet den Luftdruck in Abhängigkeit von der Zeit sofort auf und man erhält einen Überblick über den Druckverlauf während eines bestimmten Zeitintervalles. Auch aus Tabellen kann man sich den ungefähren Kurvenverlauf konstruieren, indem man zusammengehörige Wertepaare als Punkte in ein Koordinatensystem überträgt und sie durch eine Kurve verbindet. Gegenüber der Wertetabelle kann man Zwischenwerte näherungsweise unmittelbar ablesen.

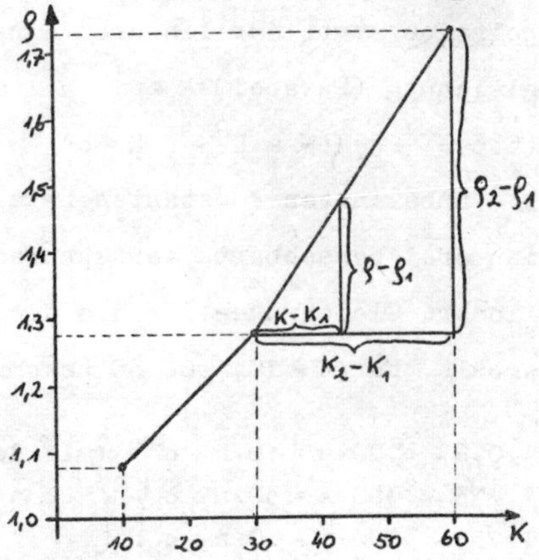

Oft benötigt man Funktionswerte, die nicht in der Tabelle enthalten sind: man interpoliert (bzw. extrapoliert, wenn der Wert außerhalb des durch die Tabelle gegebenen Intervalls liegt).

Lineare Interpolation: Die Änderung der Ordinate (abhängige Variable) erfolgt näherungsweise proportional zur Änderung der Abszisse (unabhängige Variable), also wenn $K_1, K_2, \varrho_1, \varrho_2$ Tabellenwerte und K und ϱ die zu berechnenden Wertepaare sind, so gilt:

$$\frac{\varrho - \varrho_1}{K - K_1} = \frac{\varrho_2 - \varrho_1}{K_2 - K_1} \tag{5.4}$$

Für K = 40% z.B. erhält man mit den Nachbarwerten $K_1 = 30\%$, $\rho_1 = 1{,}273$ und $K_2 = 60\%$, $\rho_2 = 1{,}731$ aus (5.4), indem man nach ρ auflöst: $\rho = \frac{0{,}458}{30} \cdot 10 + 1{,}273 \approx 1{,}426$.

Die Auflösung von (5.4) nach ρ ergibt eine lineare Funktionsgleichung (Geradengleichung) $\rho = a \cdot K + b$, wobei

$a = \frac{\rho_2 - \rho_1}{K_2 - K_1}$ und $b = \rho_1 - \frac{\rho_2 - \rho_1}{K_2 - K_1} \cdot K_1$ durch die Nachbarwerte K_1, ρ_1, K_2, ρ_2 festgelegte Konstanten sind. Will man eine bessere Näherung, so nimmt man bei der quadratischen Interpolation statt der linearen eine quadratische Funktionsgleichung (Parabel):

(5.5) $\qquad \rho = a \cdot K^2 + b \cdot K + c$

Die unbekannten Konstanten bestimmt man dadurch, daß man drei benachbarte Wertepaare einsetzt und so drei lineare Gleichungen für die drei Unbekannten a,b,c erhält. Für K = 10, 30, 60 bekommt man der Reihe nach

$$\left.\begin{aligned} 1{,}076 &= 100 \cdot a + 10 \cdot b + c \\ 1{,}273 &= 900 \cdot a + 30 \cdot b + c \\ 1{,}731 &= 3600 \cdot a + 60 \cdot b + c \end{aligned}\right\} \left\{\begin{aligned} &\text{mit den Lösungen } c = 1{,}01 \\ &a = \frac{13}{120000} = 0{,}000108\overline{3}\ldots \\ &b = 0{,}00551\overline{6}\ldots = \frac{331}{60000} \end{aligned}\right.$$

Die so erhaltene Gleichung

$\rho = \frac{13}{12} \cdot 10^{-4} \cdot K^2 + \frac{331}{6} \cdot 10^{-4} \cdot K + 1{,}01$ stellt eine Parabel durch die drei Meßpunkte dar. Hieraus ergibt sich für die Dichte bei K = 40% der bessere Wert $\rho \approx 1{,}403$.

Diese drei Darstellungsmöglichkeiten von Funktionen ergänzen sich gegenseitig und man wird sie oft gleichzeitig nebeneinander zur Lösung eines Problems verwenden. Ist die Funktion nur "empirisch" (tabellarisch oder graphisch) gegeben, so wird man versuchen, sie wenigstens stückweise durch mehr oder weniger elementare Näherungsformeln zu beschreiben.

Von den wichtigsten Funktionenklassen sind die Polynome (auch ganze rationale Funktionen genannt) am einfachsten: Man erhält sie durch wiederholte Anwendung der elementaren Rechenoperationen Addition und Multiplikation auf eine unabhängige Variable x und reelle Konstanten a_k.

(5.6) $$y = a_0 + a_1 \cdot x + a_2 \cdot x^2 + \ldots + a_n \cdot x^n = \sum_{k=0}^{n} a_k \cdot x^k$$

Ist $a_n \neq 0$, so nennt man (5.6) ein Polynom n-ten Grades. Polynome ersten und zweiten Grades sind die linearen bzw. quadratischen Funktionen, deren Bildkurven Geraden bzw. Parabeln sind. Als Sonderfall der Polynome, wenn außer a_n alle $a_k = 0$ sind, erweist sich die Potenzfunktion

(5.7) $$y = a \cdot x^n \quad \text{für } n = 1, 2, 3, \ldots$$

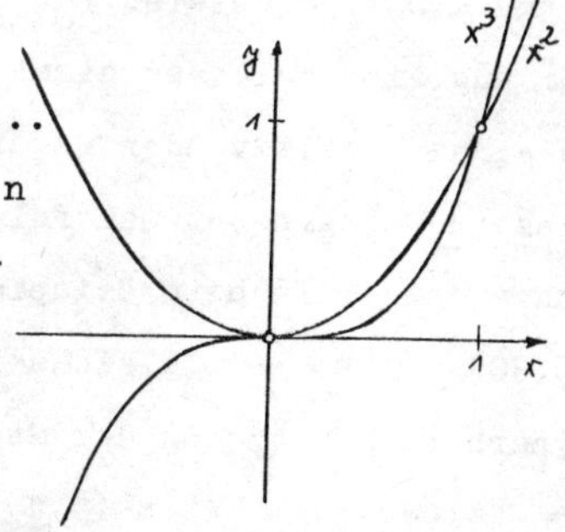

Will man auch negative Exponenten n zulassen, dann gehören diese Funktionen als Sonderfall zu den gebrochen rationalen Funktionen, die man als Quotient zweier

Polynome erhält:

$$(5.8) \qquad y = \frac{a_o + a_1 \cdot x + a_2 \cdot x^2 + \ldots + a_n \cdot x^n}{b_o + b_1 \cdot x + b_2 \cdot x^2 + \ldots + b_m \cdot x^m} = \frac{P_n(x)}{Q_m(x)}$$

Ist der Grad n des Zählerpolynoms $P_n(x)$ kleiner als der Grad m des Nennerpolynoms, dann nennt man (5.8) eine echt gebrochene rationale Funktion. Ist $n \geq m$, dann läßt sich diese unecht gebrochene rationale Funktion als Summe eines Polynomsund einer echt gebrochenen rationalen Funktion schreiben; das Polynom ist hierbei vom Grade n-m, der Zähler höchstens vom Grade m-1.

Beispiel: $(3x^4 - 7x^2 + 1):(x^2 - x) = 3x^2 + 3x - 4 + \frac{4x + 1}{x^2 - x}$

$$\begin{array}{l} (-)\underline{\;3x^4 - 3x^3\;} \\ \qquad +3x^3 - 7x^2 + 1 \\ \quad (-)\underline{\;3x^3 - 3x^2\;} \\ \qquad\qquad -4x^2 + 1 \\ \qquad (-)\underline{\;-4x^2 + 4x\;} \\ \qquad\qquad\qquad 4x + 1 \end{array}$$

Allgemein also bei $n \geq m$:

$$(5.9) \qquad y = \frac{P_n(x)}{Q_m(x)} = p_{n-m}(x) + \frac{R_{m-1}(x)}{Q_m(x)},$$

Es kann sein, daß für ein bestimmtes x_0 das Nennerpolynom $Q_m(x_0) = 0$ wird; bleibt für diesen Wert x_0 das Zählerpolynom ungleich null, so nimmt die Funktion y an dieser Stelle einen (positiv oder negativ) unendlich großen Wert an: diese x-Werte nennt man"Pole" der Funktion.

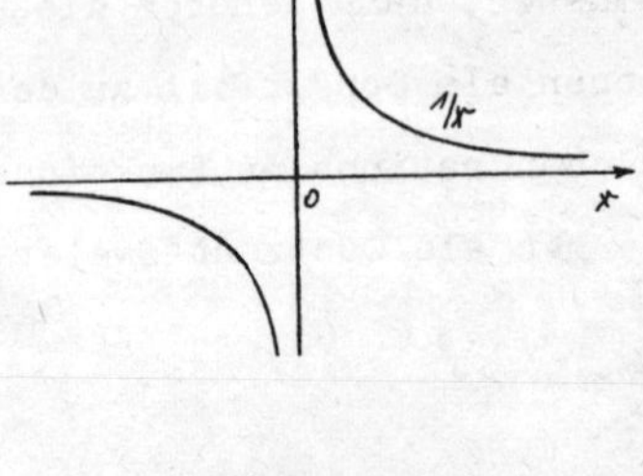

Schon das einfachste Beispiel

$$(5.10) \qquad y = \frac{1}{x} \quad \text{(gleichseitige}$$

Hyperbel) besitzt an der Stelle $x = 0$ einen Pol. Neben (5.1) ist auch die Van-der-Waalsche Zustandsgleichung realer Gase ein Beispiel für rationale Funktionen in der Naturwissenschaft:

(5.11) $(p+\frac{a}{V^2})\cdot(V-b)=R\cdot T$, wobei a,b,R konstante Zahlen sind. Für die Isothermen (Temperatur T unverändert gleich) erhält man mit dem Druck p als abhängige Variable und Volumen V als unabhängige Variable die rationale Funktion

$$p=\frac{RT}{V-b}-\frac{a}{V^2}=\frac{(RT)\cdot V^2-a\cdot V+(ab)}{V^3-b\cdot V^2}$$

Interessant sind noch die Funktionswerte rationaler Funktionen für wachsende x: für echt gebrochene ($n<m$ in 5.8) Funktionen ist $\lim\limits_{x\to\infty} y=0$, und falls $n=m$, $\lim\limits_{x\to\infty} y={}^{a_n}\!/_{b_m}$, wie man nach dem Kürzen durch x^n erkennt:

$$y=\frac{x^n\cdot(a_n+a_{n-1}\cdot\frac{1}{x}+\ldots+a_o\cdot\frac{1}{x_n})}{x^m\cdot(b_m+b_{m-1}\cdot\frac{1}{x}+\ldots+b_o\cdot\frac{1}{x_m})}$$; also für $n<m$ wird

$$\lim\frac{a_n+a_{n-1}\cdot\frac{1}{x}+\ldots}{x^{m-n}\cdot(b_m+\ldots)}=0,$$ da der Zähler den endlichen Wert a_n annimmt, der Nenner hingegen über alle Grenzen wächst; für $m=n$ ist $x^{m-n}=1$, beim Grenzübergang nimmt jetzt der Nenner den endlichen Wert b_m an.

Entsprechend nähert sich eine unecht gebrochene Funktion wegen (5.9) dem Polynom $p_{n-m}(x)$ "asymptotisch", da $\lim\limits_{x\to\infty}\frac{R_{m-1}(x)}{Q_m(x)}=0$.

Beispiel: Beim sphärischen Hohlspiegel gilt das Abbildungsgesetz $\frac{1}{b}+\frac{1}{g}=\frac{1}{f}$, wobei f die konstante Brennweite des Hohlspiegels, g die Gegenstandsweite (unabhängige Variable) und b die Bildweite (abhängige Variable) ist. Löst man nach $b = b(g)$ auf, so erhält man eine unecht gebrochene rationale Funktion, da der Zähler und der Nenner linear in der unabhängigen Veränderlichen g sind:

(5.12) $$b = \frac{g \cdot f}{g - f}$$

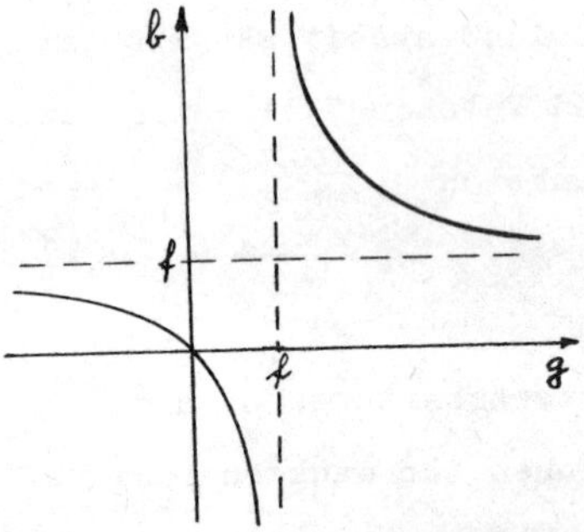

Man sieht, daß an der Stelle $g = f$ ein Pol vorhanden ist, da dann der Nenner null, der Zähler ungleich null ist. Nähert man sich dieser Stelle von rechts, so wird $\lim\limits_{g \to f_+} b = +\infty$, von links $\lim\limits_{g \to f_-} b = -\infty$. Der "rechtsseitige" und der "linksseitige Grenzwert" sind verschieden. Rechnerisch kann man das so zeigen: setzt man $g = f + \varepsilon$, mit $\varepsilon > 0$ (man nähert sich von rechts der Polstelle), so wird aus (5.12)

$$\lim_{g \to f_+} \frac{g \cdot f}{g - f} = \lim_{\varepsilon \to 0} \frac{(f + \varepsilon) \cdot f}{f + \varepsilon - f} = \lim_{\varepsilon \to 0} \frac{f^2 + \varepsilon \cdot f}{\varepsilon} = \lim_{\varepsilon \to 0} \frac{f^2}{\varepsilon} + \lim_{\varepsilon \to 0} f = + \quad ,$$

hingegen bei $g = f - \varepsilon$, mit $\varepsilon > 0$ (Annäherung von links)

$$\lim_{g \to f_-} \frac{g \cdot f}{g - f} = \lim_{\varepsilon \to 0} \frac{(f - \varepsilon) \cdot f}{f - \varepsilon - f} = \lim_{\varepsilon \to 0} \left(- \frac{f^2}{\varepsilon}\right) + f = -\infty .$$

Rückt der Gegenstand vom Spiegel sehr weit weg, $g \to \infty$, so wird $\lim\limits_{g \to \infty} \frac{g \cdot f}{g - f} = \lim\limits_{g \to \infty} \frac{f}{1 - f/g} = f$, in Übereinstimmung mit dem allgemeinen Ergebnis der vorigen Seite.

Eine Verallgemeinerung der Polynome (5.6) stellen die Potenzreihen dar:

(5.13) $$y = \sum_{k=0}^{\infty} a_k \cdot x^k$$

Polynome (nur endlich viele Summanden!) kann man also als "abbrechende" Potenzreihen bezeichnen.

Bisher traten die abhängigen Veränderlichen immer nur in erster Potenz auf. Ist R(x) eine rationale Funktion, dann stellt $y^n = R(x)$ keine rationale Funktion mehr dar; man nennt sie (irrational) algebraisch. Allgemein:

(5.14) $$R_o(x) + R_1(x) \cdot y + R_2(x) \cdot y^2 + \ldots + R_n(x) \cdot y^n = 0,$$

wobei $R_k(x)$, $k = 1,2,\ldots n$, rationale Funktionen sind. Zum Beispiel: $y = x + \sqrt{x+1}$. Außerdem gibt es "transzendente" Funktionen, die sich nicht mehr, wie die algebraischen, mit Hilfe der elementaren Rechenoperationen definieren lassen. Hierzu gehören z.B. die trigonometrischen, die logarithmischen und die Exponentialfunktionen, um die elementarsten zu nennen.

(Man kann zeigen, daß für jeden reellen Wert x bei positiver Basis a der Funktionswert a^x eindeutig und sinnvoll definiert werden kann. Ist $x = \frac{p}{q}$ eine positive rationale Zahl, so soll bei Gültigkeit der Potenzgesetze $a^x = a^{p/q} = \sqrt[q]{a^p}$ und für negative Exponenten $a^{-x} = 1/a^x$ sein.)

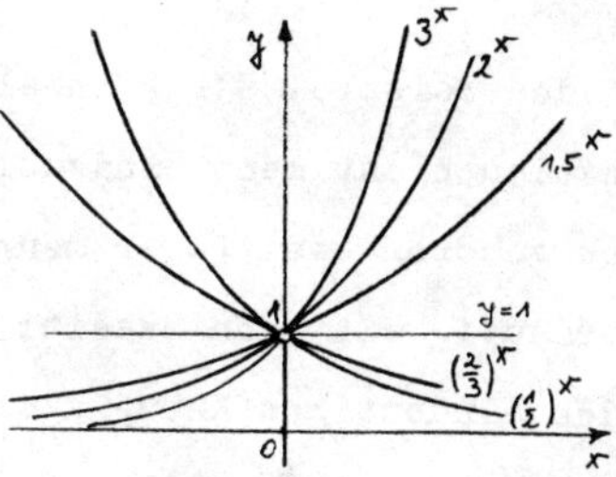

Die besondere Hervorhebung einer Variablen als "Unabhängige" ist nicht zwingend, allenfalls bei empirischen Funktionen in Form einer Tabelle meßtechnisch oder experimentell bedingt. Rein formal kann man jede Funktion $y = f(x)$ nach x auflösen und als Funktion von y darstellen:

(5.15) $x = \overline{f}(y)$ nennt man die zu $y = f(x)$ gehörige Umkehrfunktion oder inverse Funktion.

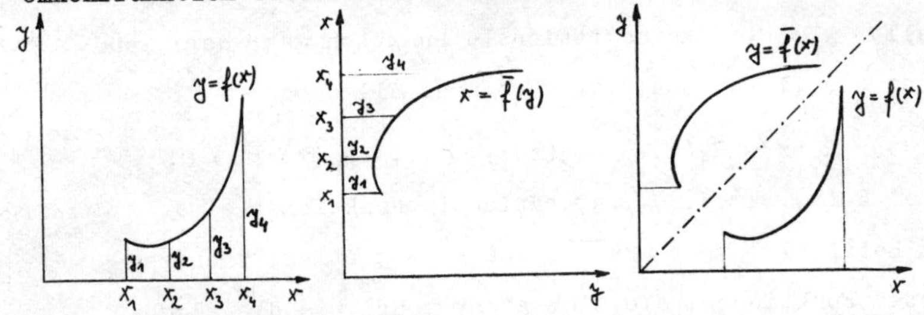

Zeichnet man die Umkehrfunktion in das gleiche Koordinatensystem, so muß man die Variablen umbenennen. Z.B. führt das Polynom $y = x^2$ zu der irrationalen Funktion $x = \sqrt{y}$ als Umkehrfunktion, bzw. $y = \sqrt{x}$ nach der Umbenennung. Wie die obigen Skizzen zeigen, bedeutet dies lediglich eine Spiegelung an der Winkelhalbierenden $y = x$.

Wie das Beispiel der Parabel $y = x^2$ zeigt, ist die Umkehrfunktion nicht mehr eindeutig, d.h. zu einem Abszissenwert gehören zwei (oder mehrere) Ordinatenwerte. Die Mehrdeutigkeit kann beseitigt werden, indem man für jeden eindeutigen"Kurvenzweig" eine eigene Funktionsgleichung angibt, also z.B. $y = +\sqrt{x}$ für den oberen und

$y = -\sqrt{x}$ für den unteren Kurvenzweig. Die Zweige können zusammenhängen oder auch völlig getrennt sein; z.B. $y^2 - x^2 = 1$.

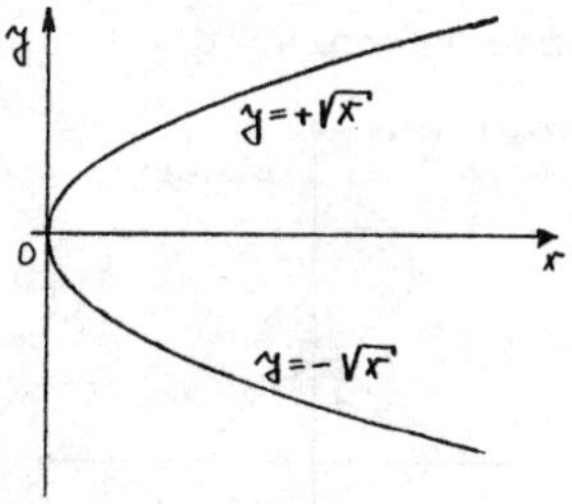

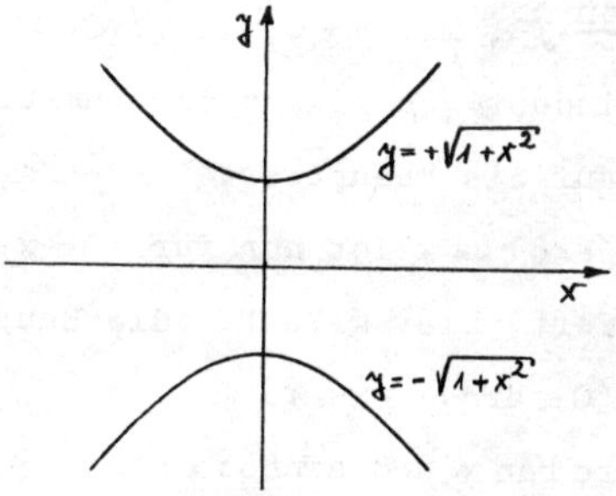

Die zu den trigonometrischen Funktionen inversen nennt man "zyklometrische Funktionen"; als Funktionssymbol verwendet man arc sin, arc cos, arc tan, arc cot (arcus = Bogen), weil man diese Funktionen am Einheitskreis als Kreisbogen deuten kann.

Die zu $y = \sin x$ inverse Funktion ist $x = \arcsin y$ oder nach Umbenennung

(5.16) $\qquad y = \arcsin x$

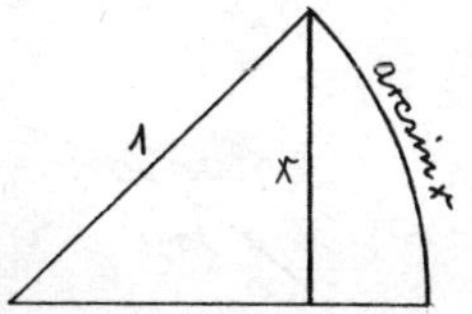

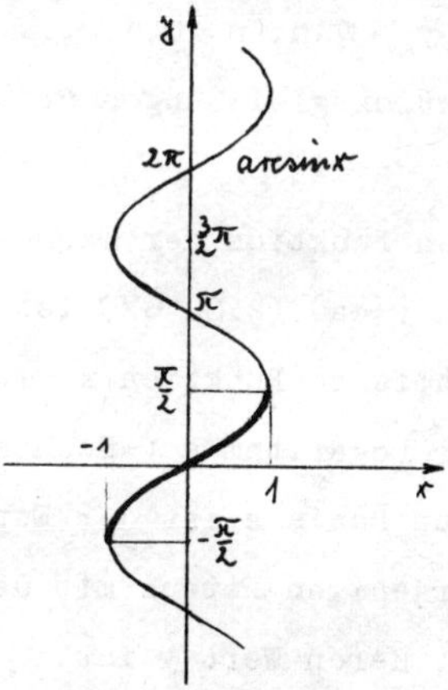

arc sin x ist also der Bogen auf dem Einheitskreis, dessen Sinus-Wert gerade x ist. Aus der graphischen Darstellung erkennt man, daß (5.16) nur für $-1 \leq x \leq +1$ definiert werden kann und daß die Funktion unendlich vieldeutig ist. Z.B. wegen $\sin\frac{\pi}{2} = \sin\frac{5}{2}\pi = \sin\frac{9}{2}\pi = \ldots = 1$ ist $\arcsin 1 = \frac{\pi}{2}$ oder $\frac{5}{2}\pi$ oder $\frac{9}{2}\pi \ldots$ allgemein $\arcsin 1 = \frac{1+4n}{2}\cdot\pi$, mit $n = 0, 1, 2, \ldots$

Zur eindeutigen Angabe der Funktionswerte beschränkt man sich auf die "Hauptwerte" $-\frac{\pi}{2} \leq \arcsin x \leq +\frac{\pi}{2}$.

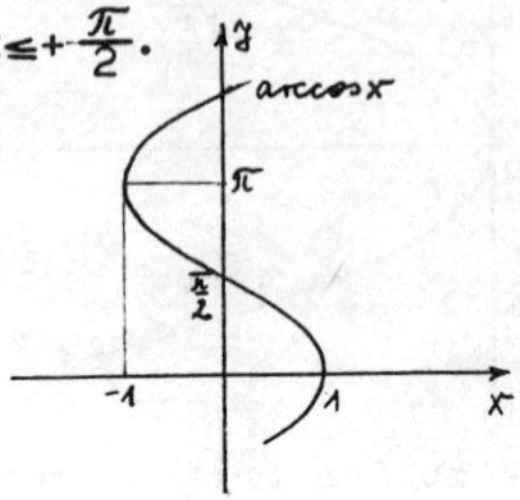

Auch $\arccos x$ ist nur für $-1 \leq x \leq +1$ definiert, hier gilt für die Hauptwerte $0 \leq \arccos x \leq \pi$.

Bei $\arctan x$ und $\operatorname{arccot} x$ sind für die Variable x alle reellen Werte zugelassen, jedoch sind die Funktionswerte auch unendlich vieldeutig, da mit dem Hauptwert y_0 auch $y_0 + \pi \cdot n$, $n = 0, 1, 2, \ldots$ die Funktionsgleichungen erfüllen.

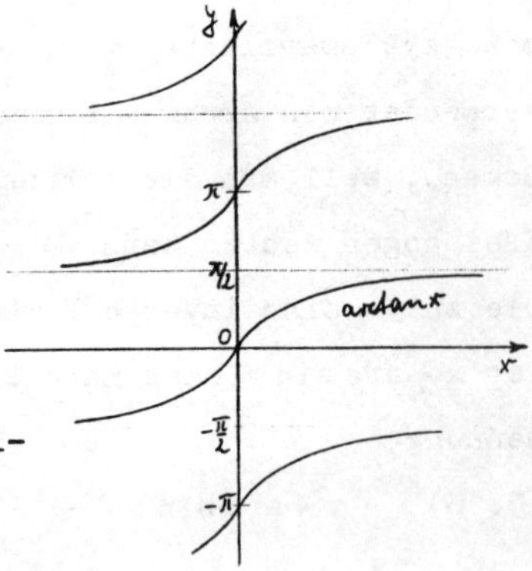

Die Umkehrfunktion der Exponentialfunktion $y = a^x$ (s.S. 67) ist die logarithmische Funktion $x = {}^a\log y$, d.h. der Logarithmus (=Hochzahl) von y zur Basis a ist der Exponent derjenigen Potenz mit der Basis a, deren Wert y ist.

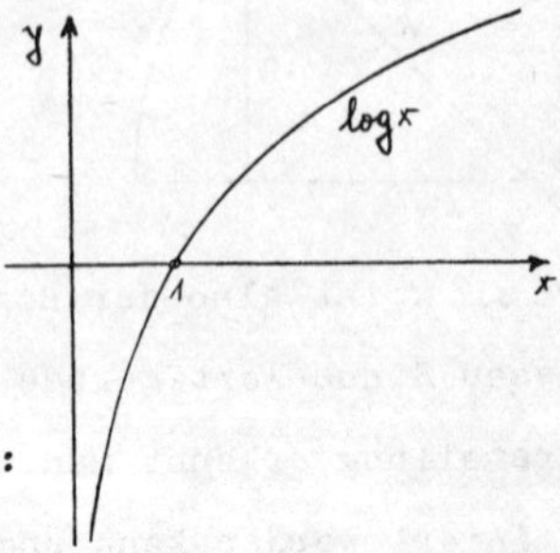

Nach der Umbenennung erhält man

(5.17) $\quad y = {}^a\log x$

Wegen $a^1 = a$ und $a^0 = 1$ ist für alle a:

(5.18) $\quad {}^a\log a = 1$ und ${}^a\log 1 = 0$

Aus den Potenzgesetzen ergeben sich sofort die Logarithmengesetze:

$$\log x\cdot y = \log x + \log y, \quad \log\frac{x}{y} = \log x - \log y,$$

(5.19) $$\left(\text{Sonderfall: } \log\frac{1}{x} = -\log x\right)$$

$$\log x^p = p\cdot\log x$$

Diese letzte Gleichung gibt die Möglichkeit, die Logarithmen bei verschiedenen Grundzahlen ineinander überzuführen:

Wegen $a^{{}^a\log x} = x$ wird mit $p = {}^a\log x$

(5.20) $${}^b\log x = {}^a\log x \cdot {}^b\log a$$

Mit $a = 10$, den Brigg'schen oder dekadischen Logarithmen ${}^{10}\log x = \lg x$, und $b = e$ (Eulersche Zahl), den "natürlichen" Logarithmen ${}^e\log x = \ln x$, wird

(5.21) $$\boxed{\ln x = \ln 10 \cdot \lg x} \quad \text{bzw.} \quad \boxed{\lg x = \lg e \cdot \ln x}$$

wobei $\ln 10 \approx 2{,}302\,585$ und $\lg x \approx 0{,}434\,29$ ist.

Polstellen sind eine Sonderform von "Unstetigkeiten" einer Funktion. Eine einfachere Art sind (endliche) "Sprungstellen": Trägt man z.B. die Dichte ρ eines Stoffes in Abhängigkeit von der Temperatur T auf, so findet man an der Stelle der Schmelztemperatur T_s eine sprunghafte Veränderung der Funktionswerte.

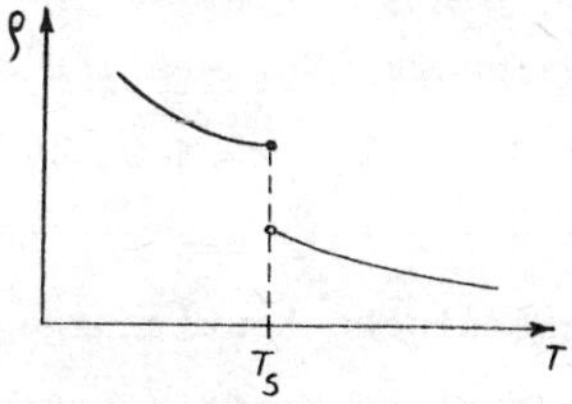

An der Sprungstelle existieren zwei verschiedene Grenzwerte, ein rechtsseitiger und ein linksseitiger.

Eine Funktion f(x) nennt man an der Stelle x_o stetig, wenn mit x gegen x_o auch f(x) eindeutig gegen den Funktionswert $f(x_o)$ strebt: $\lim_{x \to x_o} f(x) = f(x_o)$.

Eine Funktion f(x) heißt in einem Intervall $a < x < b$ monoton wachsend bzw. monoton fallend, wenn bei zunehmenden Abszissen $x_n < x_{n+1}$ auch die Funktionswerte wachsen, also $f(x_n) < f(x_{n+1})$, bzw. die Funktionswerte abnehmen. So ist z.B. $y = e^x$ eine überall monoton wachsende, $y = e^{-x}$ eine überall monoton fallende Funktion.

Diese beiden Eigenschaften muß eine Funktion haben, wenn man eine eindeutige Umkehrfunktion, die dann ebenfalls stetig und monoton ist, haben will. Beispiel: $\sin x$ ist stetig und monoton wachsend im Intervall $-\frac{\pi}{2} \leq x \leq \frac{\pi}{2}$, daher die Beschränkung $-\frac{\pi}{2} \leq \arcsin x \leq \frac{\pi}{2}$.

Bei Polynomen $P_n(x) = a_n \cdot x^n + a_{n-1} \cdot x^{n-1} + \ldots + a_1 \cdot x + a_o$ spielen die <u>Nullstellen</u> eine wichtige Rolle, das sind die Werte x_k $(k = 1,2,..,n)$, für die $P_n(x_k) = 0$ wird. Schon für Polynome zweiten Grades kann die zugehörige algebraische Bestimmungsgleichung $a_2 \cdot x^2 + a_1 \cdot x + a_o = 0$ bei reellen Koeffizienten a_k nicht-reelle Lösungen

$$x_{1,2} = -\frac{a_1}{2a_2} \pm \frac{1}{2a_2} \cdot \sqrt{a_1^2 - 4 \cdot a_o \cdot a_2} \quad \text{für } a_1^2 < 4a_o a_2 \text{ be-}$$

sitzen; daher wird man also von vornherein bei Polynomen komplexe Nullstellen berücksichtigen müssen.

Hat $P_n(x)$ nur reelle Koeffizienten und ist x eine komplexe Zahl a + ib, dann ist auch $P_n(x=a+ib) = A + iB$ eine komplexe Zahl, wobei in A nur gerade und in B nur ungerade Potenzen von b vorkommen, da $(ib)^{2k} = \pm b^{2k}$ reell und $(ib)^{2k-1} = \pm i\, b^{2k-1}$ imaginär ist. Ändert man das Vorzeichen von b, so bleibt zwar A unverändert, aber B wechselt sein Vorzeichen: $P_n(a-ib) = A - iB$. Ist nun a + ib eine komplexe Nullstelle, also $A + iB = 0$, dann ist auch $A - iB = 0$ und folglich die konjugiert komplexe Zahl a - ib auch eine Nullstelle von $P_n(x)$:

(5.22) Aus $P_n(a+ib) = 0$ folgt $P_n(a-ib) = 0$ bei reellen a_k.

Ist in (5.9) der Divisor eine lineare Funktion $Q_m(x) = x - a$, so kann man für jedes Polynom schreiben $P_n(x) = (x - a)\cdot P_{n-1}(x) + R$, wobei der Rest R eine Konstante ist. Für x = a wird $P_n(a) = R$, also

(5.23) $$P_n(x) = (x - a)\cdot P_{n-1}(x) + P_n(a).$$

Der Rest R verschwindet, wenn $P_n(a) = 0$, also genau dann, wenn a eine der Nullstellen x_k des Polynoms $P_n(x)$ ist. Das Polynom $P_n(x) = a_n x^n + \ldots + a_1 x + a_o$ kann man daher in der Form $P_n(x) = (x - x_1)\cdot P_{n-1}(x)$ schreiben, wobei $P_{n-1}(x) = a_n \cdot x^{n-1} + \ldots$ ist. Für $P_{n-1}(x)$ gilt analog $P_{n-1}(x) = (x - x_2)\cdot P_{n-2}$ mit $P_{n-2}(x) = a_n \cdot x^{n-2} + \ldots$, zusammengefaßt also $P_n(x) = (x - x_1)(x - x_2)\cdot P_{n-2}(x)$. Setzt man diese Umformung fort, so gelangt man schließlich zu $P_n(x) = (x - x_1)(x - x_2)\ldots(x - x_n)\cdot P_o(x)$ mit

$P_o(x) = a_n$, also

(5.24) $$P_n(x) = a_n \cdot x^n + a_{n-1} \cdot x^{n-1} + \ldots + a_1 \cdot x + a_o = a_n \cdot (x - x_1) \cdot (x - x_2) \ldots (x - x_n)$$

Für jedes x_k, $k = 1,2,\ldots,n$ ist $P_n(x_k) = 0$, d.h. ein Polynom vom Grade n hat höchstens n Nullstellen. Schon bei $P_2(x)$ kann $x_1 = x_2$ eine doppelte Nullstelle sein, bei Polynomen höheren Grades können mehrfache Nullstellen auftreten. Ist etwa $x_1 = x_2 = \ldots = x_l$ eine l-fache Nullstelle, dann ist

(5.25) $$P_n(x) = (x - x_1)^l \cdot P_{n-l}(x)$$

Die Faktoren $(x - x_k)$ in (5.24) nennt man "Linearfaktoren". Ist eine Nullstelle komplex, dann ist nach (5.22) auch die konjugiert komplexe Zahl eine Nullstelle; die beiden konjugiert komplexen Linearfaktoren $(x - (a+ib))$ und $(x - (a-ib))$ liefern nach Multiplikation miteinander $((x - a)^2 + b^2)$ einen reellen quadratischen Faktor: Jedes Polynom mit nur reellen Koeffizienten zerfällt somit in reelle lineare und quadratische Faktoren.

Da komplexe Nullstellen nur Paarweise (konjugiert komplex) auftreten, besitzt jedes Polynom (a_k reell) ungeraden Grades mindestens eine reelle Nullstelle.

Multipliziert man die rechte Seite von (5.24) aus

$$a_n \cdot \left[x^n - \sum_{k=1}^{n} x_k \cdot x^{n-1} + \sum_{\substack{k,l=1 \\ k \neq l}}^{n} x_k \cdot x_l \cdot x^{n-2} - + \ldots + (-1)^n \cdot x_1 \cdot x_2 \cdots x_n\right]$$

und vergleicht die Koeffizienten mit der linken Seite, so erhält man die "Viètaschen Wurzelsätze":

(5.26)
$$\begin{aligned} x_1 + x_2 + \ldots + x_n &= - a_{n-1}/a_n \\ x_1x_2 + x_1x_3 + \ldots + x_{n-1}x_n &= + a_{n-2}/a_n \\ x_1x_2x_3 + x_1x_2x_4 + \ldots &= - a_{n-3}/a_n \\ \ldots\ldots & \\ x_1x_2\cdots x_n &= (-1)^n \cdot a_o/a_n \end{aligned}$$

Aufgabe 1: Man skizziere die Bildkurven der Funktionen a) $\frac{1}{x^2}$, b) $\frac{1}{x^2-1}$, c) $\frac{1}{(x-1)^2}$, d) $\frac{1}{x^2+1}$, e) $y = \lim\limits_{n\to\infty} \frac{1}{1+x^{2n}}$ und mache Aussagen über Stetigkeit und Monotonie.

Aufgabe 2: Man bestimme die Asymptoten und die Bereiche der Koordinatenebene, in denen die Bildkurven der Funktionen a) $\frac{x^2+1}{x}$, b) $\frac{x}{x^2-1}$, c) $\frac{x}{x^2+1}$ und d) $\frac{x^3+1}{x}$ verlaufen.

Aufgabe 3: Man bestimme den Kurvenverlauf für a) $x \cdot e^{-x}$, b) $x \cdot e^{x}$, c) $x^2 \cdot e^{-x}$, d) $x^2 \cdot e^{x}$, e) $e^{\pm\frac{1}{x}}$, f) e^{-1/x^2}.

Aufgabe 4: Man vergleiche die Kurven für a) $\sin x \cdot \cos x$, b) $\sin^2 x$, c) $\cos^2 x$ mit d) $\sin 2x$ und e) $\cos 2x$ außerdem skizziere man f) $\frac{\sin \pi x}{x}$ und g) $\frac{\sin^2 x}{x^2}$ (Hinweis: $\lim\limits_{x\to 0} \frac{\sin x}{x} = 1$; vgl.S. 83).

Aufgabe 5: Für welchen Wertebereich von x sind die Funktionen a) $\ln(x+\sqrt{x^2+1})$, b) $\ln(x+\sqrt{x^2-1})$, c) $\ln\frac{1+x}{1-x}$, d) $\ln\frac{x+1}{x-1}$ reell?

Aufgabe 6: In zahlreichen Anwendungen treten Kombinationen der Exponentialfunktion auf, die man "Hyperbelfunktionen" nennt: $\frac{1}{2}\cdot(e^x - e^{-x}) = \sinh x$ (gelesen: sinus hyperbolicus x), $\frac{1}{2}\cdot(e^x + e^{-x}) = \cosh x$, $\frac{e^x - e^{-x}}{e^x + e^{-x}} = \tanh x$ und $\frac{e^x + e^{-x}}{e^x - e^{-x}} = \coth x$.

a) Man skizziere die zugehörigen Kurven und zeige, daß $\cosh x$ eine gerade ($f(-x) = f(+x)$), die anderen ungerade ($f(-x) = -f(+x)$) Funktionen sind.

b) Man beweise die an die trigonometrischen Formeln erinnernden Beziehungen und hebe die Unterschiede hervor: $\sinh 2x = 2\cdot\cosh x\cdot\sinh x$;

$\cosh 2x = \cosh^2 x + \sinh^2 x = 2\cosh^2 x - 1 = 2\sinh^2 x + 1$;

$\sinh(x \pm y) = \sinh x\cdot\cosh y \pm \cosh x\cdot\sinh y$;

$\cosh(x \pm y) = \cosh x\cdot\cosh y \pm \sinh x\cdot\sinh y$;

$\cosh^2 x - \sinh^2 x = 1$; $\quad \frac{\sinh x}{\cosh x} = \tanh x = \frac{1}{\coth x}$.

c) Man beweise die Beziehungen zu den trigonometrischen Funktionen:

$\sinh(ix) = i\cdot\sin x$; $\quad \cosh(ix) = \cos x$;

$\sin(ix) = i\cdot\sinh x$; $\quad \cos(ix) = \cosh x$.

Aufgabe 7: Die Umkehrfunktionen der Hyperbelfunktionen bezeichnet man mit arsinh x (lies: "area sinus hyperbolicus x") usw. Man zeige, daß gilt:

$\operatorname{arsinh} x = \ln(x + \sqrt{x^2 + 1})$; $\quad \operatorname{artanh} x = \frac{1}{2}\cdot\ln\frac{1 + x}{1 - x}$;

$\operatorname{arcosh} x = \ln(x + \sqrt{x^2 - 1})$; $\quad \operatorname{arcoth} x = \frac{1}{2}\cdot\ln\frac{x + 1}{x - 1}$.

§ 6 Differentialrechnung

Die Funktionsgleichung $y = f(x)$ beschreibe den Bewegungsablauf eines sich bewegenden Punktes, wobei die unabhängige Variable x die Zeit darstellt und die abhängige den Ort angibt, in dem sich der Punkt zum jeweiligen Zeitpunkt befindet. Da die Geschwindigkeit erklärt ist als Quotient aus dem zurückgelegten Weg dividiert durch die dazu benötigte Zeit, läßt sie sich aus der Weg - Zeit - Gleichung $y = f(x)$ berechnen: befindet sich der Punkt zur Zeit x bei $y = f(x)$ und zur Zeit x_1 bei $y_1 = f(x_1)$, so ist der zurückgelegte Weg die Differenz $\Delta y = y_1 - y = f(x_1) - f(x)$ und die dazu benötigte Zeit $\Delta x = x_1 - x$, also die Geschwindigkeit im Zeitintervall von x bis x_1

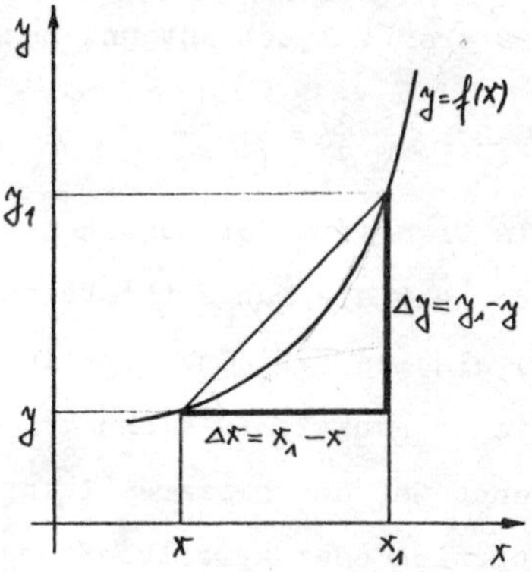

(6.1) $$\frac{\Delta y}{\Delta x} = \frac{y_1 - y}{x_1 - x}$$

Geometrisch **stellt** dieser Quotient die Steigung der Sekante **dar** (**Tangens des** Steigungswinkels ist das Verhältnis **von Gegenkathete** zur Ankathete des Steigungsdreiecks). Man sieht, daß die Sekantensteigung und damit die durch (6.1) angegebene Geschwindigkeit abhängig sind von der Intervallänge x: (6.1) gibt nur die "mittlere" Geschwindigkeit an. Will man die "augenblickliche" Geschwindigkeit des bewegten Punktes zum Zeitpunkt x bestimmen, so muß man das Intervall Δx immer kleiner machen und hierbei strebt die Sekante als Grenzlage der Tangente im Kurvenpunkt (x,y) zu.

Den Grenzwert des Differenzenquotienten (6.1) nennt man Differentialquotient und bezeichnet ihn mit

$$(6.2) \qquad \frac{dy}{dx} = \lim_{\Delta x \to 0} \frac{\Delta y}{\Delta x}$$

Als Grenzwert der Sekantensteigung gibt der Differentialquotient die Tangentensteigung an. Diese ist abhängig von x, also selbst eine Funktion, die sich von der ursprünglichen Funktionsgleichung $y = f(x)$ ableiten läßt; daher nennt man den Differentialquotient auch die "abgeleitete" Funktion oder kurz Ableitung und bezeichnet sie mit dem Symbol $y' = f'(x)$.

Man kann die Ableitung nicht unmittelbar aus dem Differenzenquotienten (6.2) erhalten, da mit Δx auch Δy gegen 0 strebt und somit ein unbestimmter Ausdruck $\frac{0}{0}$ entsteht. Vielmehr muß man wegen $x_1 = x + \Delta x$ und $y_1 = f(x_1) = f(x + \Delta x)$ die Ableitung bzw. den Differentialquotient aus

$$(6.3) \qquad y' = \frac{dy}{dx} = \lim_{\Delta x \to 0} \frac{f(x + \Delta x) - f(x)}{\Delta x}$$

nach einer geeigneten Umformung des Differenzenquotienten bestimmen.

Als Beispiel wollen wir die Ableitung der Potenzfunktion $y = x^n$ bestimmen, wobei zunächst n eine natürliche Zahl sein soll. Unter Verwendung des binomischen Satzes (siehe S.116) erhält man nach (6.3)

$$\frac{d}{dx}x^n = \lim_{\Delta x\to 0}\frac{(x+\Delta x)^n - x^n}{\Delta x} = \lim_{\Delta x\to 0}\frac{x^n + n\cdot x^{n-1}\cdot\Delta x + \binom{n}{2}\cdot x^{n-2}\cdot\Delta x^2 + \ldots - x^n}{\Delta x}$$

$$= \lim_{\Delta x\to 0}\left(n\cdot x^{n-1} + \binom{n}{2}\cdot x^{n-2}\cdot\Delta x + \binom{n}{3}\cdot x^{n-3}\cdot\Delta x^2 + \ldots\right) = n\cdot x^{n-1},$$

da außer dem ersten Summand alle den Faktor Δx enthalten und beim Grenzübergang zugleich mit Δx verschwinden.
Das gleiche Ergebnis erhält man, wenn der Exponent eine negative ganze Zahl ist, also etwa $n = -m$:

$$\frac{d}{dx}x^{-m} = \lim_{\Delta x\to 0}\frac{(x+\Delta x)^{-m} - x^{-m}}{\Delta x} = \lim_{\Delta x\to 0}\frac{\frac{1}{(x+\Delta x)^m} - \frac{1}{x^m}}{\Delta x} =$$

$$= \lim_{\Delta x\to 0}\frac{x^m - (x+\Delta x)^m}{\Delta x}\cdot\frac{1}{(x+\Delta x)^m\cdot x^m} =$$

$$= -\lim_{\Delta x\to 0}\frac{(x+\Delta x)^m - x^m}{\Delta x}\cdot\lim_{\Delta x\to 0}\frac{1}{(x+\Delta x)^m\cdot x^m} =$$

$$= -m\cdot x^{m-1}\cdot\frac{1}{x^{2m}} = -m\cdot x^{-m-1}$$

Für alle ganzzahligen Exponenten gilt also

(6.4) $$\boxed{\frac{d}{dx}x^n = n\cdot x^{n-1}}$$

(Diese Ableitungsregel gilt sogar für alle reellen Exponenten. Vgl. Aufgabe 4)

Allgemeine Differentiationsregeln:

a) Ist c eine Konstante, dann

$$\frac{d}{dx} c \cdot f(x) = c \cdot \frac{d}{dx} f(x) \tag{6.5}$$

b) Für die Ableitung einer Summe gilt

$$\frac{d}{dx}(f(x) + g(x)) = \frac{df}{dx} + \frac{dg}{dx} \tag{6.6}$$

c) "Produktregel"

$$\boxed{\frac{d}{dx}(f(x) \cdot g(x)) = \frac{df}{dx} \cdot g + f \cdot \frac{dg}{dx}} \tag{6.7}$$

d) "Kettenregel" für zusammengesetzte Funktionen

$$\boxed{\frac{d}{dx} f(z(x)) = \frac{df}{dz} \cdot \frac{dz}{dx}} \tag{6.8}$$

e) "Quotientenregel"

$$\frac{d}{dx}\left(\frac{f(x)}{g(x)}\right) = \frac{f' \cdot g - f \cdot g'}{g^2} \tag{6.9}$$

f) Ableitung der Umkehrfunktion: für monotone, stetige Funktionen geht mit $\Delta x \to 0$ auch $\Delta y \to 0$ und für $\Delta x \neq 0$ ist auch $\Delta y \neq 0$, so daß mit $y = f(x)$ und Umkehrfunktion $x = g(y)$ gilt $\frac{dy}{dx} = f'(x) = \lim\limits_{\Delta x \to 0} \frac{\Delta y}{\Delta x} = \lim\limits_{\Delta x \to 0} \frac{1}{\frac{\Delta x}{\Delta y}} = \frac{1}{\lim\limits_{\Delta y \to 0} \frac{\Delta x}{\Delta y}} = \frac{1}{\frac{dx}{dy}} = \frac{1}{g'(y)}$, also

$$\boxed{f'(x) = \frac{dy}{dx} = \frac{1}{\frac{dx}{dy}} = \frac{1}{g'(y)}} \tag{6.10}$$

Die Beweise folgen alle aus (6.3). Für die linke Seite von (6.5) erhält man $\lim\limits_{\Delta x \to 0} \frac{c \cdot f(x + \Delta x) - c \cdot f(x)}{\Delta x} = c \cdot \lim\limits_{\Delta x \to 0} \frac{f(x + \Delta x) - f(x)}{\Delta x} = c \cdot \frac{df}{dx}$. Ebenso einfach sieht man für (6.6) $\frac{d}{dx}(f(x) + g(x)) = \lim_{\Delta x \to 0} \frac{f(x+\Delta x) + g(x+\Delta x) - f(x) - g(x)}{\Delta x} =$

$= \lim_{\Delta x \to 0} \left\{ \frac{f(x+\Delta x) - f(x)}{\Delta x} + \frac{g(x+\Delta x) - g(x)}{\Delta x} \right\} = \lim_{\Delta x \to 0} \frac{f(x+\Delta x) - f(x)}{\Delta x} +$

$+ \lim_{\Delta x \to 0} \frac{g(x+\Delta x) - g(x)}{\Delta x} = \frac{df}{dx} + \frac{dg}{dx}.$

Durch einen kleinen schreibtechnischen Trick gelingt es auch die Produkt- und Kettenregel aus (6.3) leicht herzuleiten. Bei der Produktregel addiert und subtrahiert man im Zähler des Differenzenquotienten den Ausdruck $f(x) \cdot g(x+\Delta x)$ und bekommt somit

$$(f \cdot g)' = \lim \frac{f(x+\Delta x) \cdot g(x+\Delta x) - f(x) \cdot g(x) + f(x) \cdot g(x+\Delta x) - f(x) \cdot g(x+\Delta x)}{\Delta x} =$$

$$= \lim_{\Delta x \to 0} \frac{f(x+\Delta x) - f(x)}{\Delta x} \cdot g(x+\Delta x) + \lim_{\Delta x \to 0} f(x) \cdot \frac{g(x+\Delta x) - g(x)}{\Delta x} =$$

$= f' \cdot g + f \cdot g'.$

Die Kettenregel ist vielleicht die wichtigste Ableitungsregel. Durch Einführung geeigneter neuer Veränderlichen gelingt es in vielen Fällen komplizierte Ausdrücke zu vereinfachen. Für $y = \sqrt{x^2 + 1}$ z.B. wird mit $z = x^2 + 1$ und $\frac{dz}{dx} = 2x$ die Ableitung $y' = \frac{d}{dx} z^{1/2} = \frac{1}{2} \cdot z^{-1/2} \cdot 2x = \frac{x}{\sqrt{x^2 + 1}}$.

Beweis der Kettenregel: Da $z(x+\Delta x) = z + \Delta z$ (siehe S. 77) wird $\frac{d}{dx} f(z(x)) = \lim_{\Delta x \to 0} \frac{f(z(x+\Delta x)) - f(z(x))}{\Delta x} \cdot \frac{z}{z} =$

$$= \lim_{\substack{\Delta x \to 0 \\ \Delta z \to 0}} \frac{f(z+\Delta z) - f(z)}{\Delta z} \cdot \frac{\Delta z}{\Delta x} = \lim_{\Delta z \to 0} \frac{f(z+\Delta z) - f(z)}{\Delta z} \cdot \lim_{\Delta x \to 0} \frac{\Delta z}{\Delta x} = \frac{df}{dz} \cdot \frac{dz}{dx}$$

Die Quotientenregel läßt sich auf ähnliche Weise beweisen. Sie ist zwar eine oft recht nützliche Formel aber keineswegs notwendig, da sie eine spezielle Zusammenfassung von (6.4), (6.7) und (6.8) darstellt:

$$\frac{d}{dx}\left(\frac{f}{g}\right) = \frac{d}{dx} f\cdot g^{-1} = \frac{df}{dx}\cdot g^{-1} + f\cdot(-g^{-2})\cdot \frac{dg}{dx} = \frac{f'}{g} - \frac{f\cdot g'}{g^2} =$$

$$= \frac{f'\cdot g - f\cdot g'}{g^2}$$

Ableitung der Exponential- und Logarithmusfunktionen:

Die Funktion $y = e^x$ hat eine eigenartige Eigenschaft, sie ist nämlich mit ihrer Ableitung y' identisch, d.h. es gilt

(6.11) $$\boxed{\frac{d}{dx} e^x = e^x}$$

Beweis: Nach (6.3) ist $\frac{d}{dx}e^x = \lim\limits_{\Delta x \to 0} \frac{e^{x+\Delta x} - e^x}{\Delta x} = e^x \cdot \lim\limits_{\Delta x \to 0} \frac{e^{\Delta x} - 1}{\Delta x}$.
Setzt man $e^{\Delta x} - 1 = \frac{1}{n}$ (mit $\Delta x \to 0$ geht $n \to \infty$), also $\Delta x = \ln(1 + \frac{1}{n})$, so wird aus dem Quotient $\frac{e^{\Delta x} - 1}{\Delta x} = \frac{1/n}{\ln(1+1/n)} =$
$= \frac{1}{n\cdot \ln(1+\frac{1}{n})} = \frac{1}{\ln(1+\frac{1}{n})^n}$ und da $\lim\limits_{n\to\infty} (1 + \frac{1}{n})^n = e$ (siehe (4.7)) ist $\lim\limits_{\Delta x \to 0} \frac{e^{\Delta x} - 1}{\Delta x} = \frac{1}{\ln e} = 1$, folglich $\frac{d}{dx} e^x = e^x$.

Für den natürlichen Logarithmus $y = \ln x$ erhält man hieraus wegen (6.10) mit der Umkehrfunktion $x = e^y$ und $\frac{d}{dy} e^y = e^y$:

$$\frac{d}{dx} \ln x = \frac{1}{\frac{d}{dy} e^y} = \frac{1}{e^y} = \frac{1}{x} \text{ also}$$

(6.12) $$\boxed{\frac{d}{dx} \ln x = \frac{1}{x}}$$

Die Differentiation von Logarithmusfunktionen bei beliebiger Basis $y = {}^a\log x$ kann man wegen (5.20) ${}^a\log x = \frac{\ln x}{\ln a}$ auf (6.12) zurückführen. Zusammen mit (6.5) erhält man

(6.13) $$\boxed{\frac{d}{dx} {}^a\log x = \frac{1}{x\cdot \ln a}}$$

Die Ableitung der allgemeinen Exponentialfunktion $y = a^x$ bei beliebiger (positiver) Basis bestimmen wir durch sogenanntes "logarithmisches Differenzieren", d.h. man logarithmiert zunächst beide Seiten der Gleichung und differentiert dann unter Berücksichtigung der Kettenregel:

$\ln y = \ln a^x = x \cdot \ln a$ liefert wegen (6.12) $\frac{1}{y} \cdot y' = \ln a$, also $y' = y \cdot \ln a = a^x \cdot \ln a$:

(6.14) $$\boxed{\frac{d}{dx}\, a^x = a^x \cdot \ln a}$$

<u>Ableitung der trigonometrischen und zyklometrischen Funktionen:</u> Es genügt z.B. für $\sin x$ die Ableitung als Grenzwert des Differenzenquotienten zu bestimmen, die Ableitungen der übrigen trigonometrischen und zyklometrischen Funktionen folgen dann aus den allgemeinen Differentiationsregeln.

$$\frac{d}{dx} \sin x = \lim_{\Delta x \to 0} \frac{\sin(x + \Delta x) - \sin x}{\Delta x} = \lim_{\Delta x \to 0} \frac{2 \cdot \sin\frac{\Delta x}{2} \cdot \cos\left(x + \frac{\Delta x}{2}\right)}{\Delta x}$$

wegen $\sin\alpha - \sin\beta = 2 \cdot \sin\frac{\alpha - \beta}{2} \cdot \cos\frac{\alpha + \beta}{2}$ (siehe S. 176)

Den Grenzwert $\lim\limits_{\Delta x \to 0} \frac{\sin\frac{\Delta x}{2}}{\frac{\Delta x}{2}} = 1$ kann man anschaulich am Einheitskreis durch folgende Abschätzung erhalten:

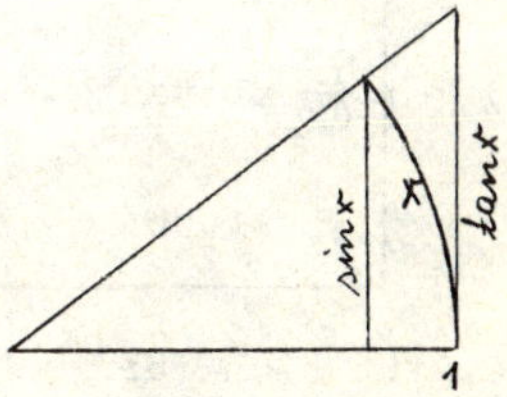

$\sin\alpha < \alpha < \tan\alpha = \frac{\sin\alpha}{\cos\alpha}$, also

$\frac{\sin\alpha}{\alpha} < 1$ und $\cos\alpha < \frac{\sin\alpha}{\alpha}$

oder $\cos\alpha < \frac{\sin\alpha}{\alpha} < 1$. Da $\lim\limits_{\alpha \to 0} \cos\alpha = 1$ folgt $\lim\limits_{\alpha \to 0} \frac{\sin\alpha}{\alpha} = 1$.

Damit ist also

(6.15) $$\boxed{\frac{d}{dx} \sin x = \cos x}$$

Auf analoge Weise erhält man auch

(6.16) $$\frac{d}{dx}\cos x = -\sin x$$

Die Bestimmung des Grenzwertes $\lim\limits_{\Delta x \to 0} \frac{\cos(x+\Delta x) - \cos x}{\Delta x}$ kann man sich sparen, wenn man beachtet, daß

$\cos x = \sin(x + \frac{\pi}{2})$ und $\cos(x + \frac{\pi}{2}) = -\sin x$ ist, denn dann folgt aus (6.15) unter Beachtung der Kettenregel sofort

$$\frac{d}{dx}\cos x = \frac{d}{dx}\sin(x + \frac{\pi}{2}) = \cos(x + \frac{\pi}{2}) = -\sin x\ .$$

Mit Hilfe der Quotientenregel (6.9) erhält man wegen

$\tan x = \frac{\sin x}{\cos x}$ bzw. $\cot x = \frac{\cos x}{\sin x}$

(6.17) $$\frac{d}{dx}\tan x = \frac{1}{\cos^2 x} = 1 + \tan^2 x$$

(6.18) $$\frac{d}{dx}\cot x = \frac{-1}{\sin^2 x} = -1 - \cot^2 x$$

Ohne Schwierigkeiten bekommt man nun wegen (6.10)

(6.19) $$\frac{d}{dx}\arcsin x = \frac{1}{\sqrt{1-x^2}}$$

(6.20) $$\frac{d}{dx}\arccos x = \frac{-1}{\sqrt{1-x^2}}$$

(6.21) $$\frac{d}{dx}\arctan x = \frac{1}{1+x^2}$$

(6.22) $$\frac{d}{dx}\operatorname{arccot} x = \frac{-1}{1+x^2}$$

Z.B. ergibt sich für $y = \operatorname{arccot} x$ mit $x = \cot y$ wegen (6.18) $\frac{dx}{dy} = -1 - \cot^2 y = -1 - x^2$ nach (6.10) $\frac{d}{dx}\operatorname{arccot} x =$

$= \frac{1}{dx/dy} = \frac{1}{-1-x^2}\ .$

Aufgabe 1: Man berechne die Ableitung der Funktion

a) $\sqrt{1+3x}$, b) $4\cdot(x^2+b)^3$, c) $\tan x$, d) $\frac{f(x)}{g(x)}$

als Grenzwert des Differenzenquotienten.

Aufgabe 2: Man differenziere:

a) $e^{ax}\cdot\sin bx$, b) $e^{-x^2/2}$, c) $\frac{x^4}{4}(\ln^2 x - \frac{1}{2}\ln x + \frac{1}{8})$

d) $\frac{x\cdot(1+x^2)^3}{\sqrt[3]{1+x^3}}$, e) $\frac{2}{3}\arctan x + \frac{1}{3}\arctan\frac{x}{1-x^2}$,

f) $\ln\sqrt{1+x^2}$, g) $\ln\sqrt{\frac{1-x}{1+x}}$, h) $(\ln\sqrt{x})^2$,

i) $x\cdot\arctan x - \frac{1}{2}\cdot\ln(1+x^2)$, j) $\arcsin\frac{2x}{1+x^2}$

Aufgabe 3: Man bestimme die Ableitungen der vier Hyperbelfunktionen und ihrer Umkehrfunktionen (vgl. § 5 Aufg. 6 und 7).

Aufgabe 4: Man zeige, daß $\frac{d}{dx}x^n = n\cdot x^{n-1}$ für alle rationalen Exponenten $n = \frac{p}{q}$ gilt.

Aufgabe 5: Durch logarithmisches Differenzieren beweise man die Produktregel, die Quotientenregel und $\frac{d}{dx}x^x = x^x\cdot(\ln x + 1)$.

Aufgabe 6: Die Rekursionsformel

$$x_{n+1} = x_n - \frac{y(x_n)}{y'(x_n)}$$

liefert bei wiederholter Anwendung eine verbesserte Näherungslösung

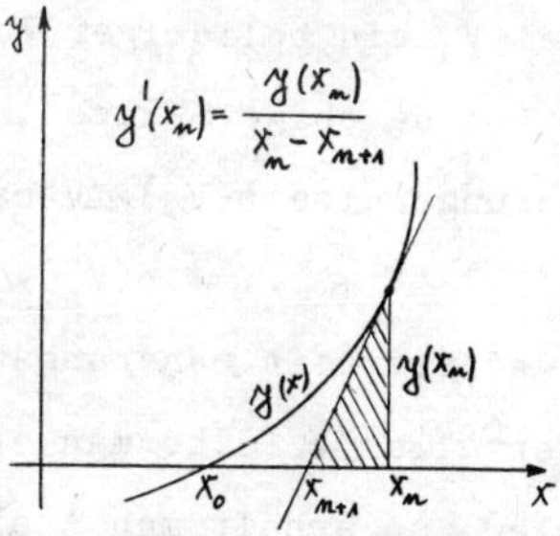

für die Nullstelle x_0 einer Funktion $y(x)$. Man bestimme (Rechenstabgenauigkeit) a) die Nullstellen für $y = x^3 - 4x + 1$, b) die kleinste positive Lösung für $x + \pi = \tan x$.

§ 7 Integralrechnung

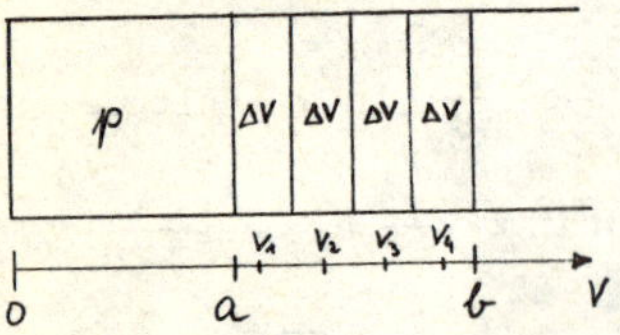

In einem zylindrischen Gefäß befinde sich ein durch einen beweglichen Kolben komprimiertes Gas mit dem Druck p. Bei der Ausdehnung vom Anfangsvolumen a bis zum Endvolumen b leistet das Gas eine Arbeit A, die man als Produkt von Druck und Volumänderung berechnen kann. Der Gasdruck ändert sich aber mit dem Volumen; man kann also die Arbeit nicht einfach aus dem Produkt $p\cdot(b-a)$ errechnen, da man nicht weiß, welchen Wert man für den Druck einsetzen soll.

Unterteilt man den gesamten Ausdehnungsvorgang in kleine Volumänderungen ΔV, so ändert sich der Druck bei kleinem ΔV auch nur wenig. Bei der ersten Volumänderung wird also näherungsweise die Arbeit $p(V_1)\cdot\Delta V$ geleistet, wobei V_1 ein beliebiger Wert im ersten Intervall ΔV ist (siehe obige Skizze), bei der zweiten Volumänderung näherungsweise $p(V_2)\cdot\Delta V$ usw. Die Summe $p(V_1)\cdot\Delta V + p(V_2)\cdot\Delta V + \ldots + p(V_n)\cdot\Delta V$ gibt folglich die geleistete Gesamtarbeit näherungsweise an. Verfeinert man die Intervalle ΔV (d.h. man erhöht die Anzahl n der Intervalle), so erhält man A als Grenzwert dieser Näherungssummen:

$$A = \lim_{n\to\infty} \sum_{k=1}^{n} p(V_k)\cdot\Delta V = \int_a^b p(V)\,dV \qquad (7.1)$$

Das bestimmte Integral $\int_a^b f(x)\,dx$ einer Funktion f(x) über dem Intervall von a bis b ist also der Grenzwert der Folge von Näherungssummen. Die Funktion f(x) wird Integrand, x die Integrationsvariable, a und b die untere bzw. obere Integrationsgrenze genannt.

Als Beispiel wollen wir das bestimmte Integral $\int_0^4 e^x\,dx$ als Grenzwert der Näherungssummen

$S_n = e^{x_1}\cdot\Delta x + e^{x_2}\cdot\Delta x + \ldots + e^{x_n}\cdot\Delta x$ berechnen.

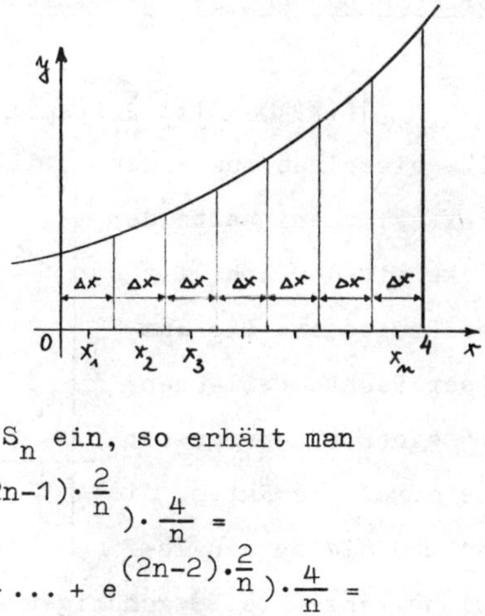

Das Intervall von 0 bis 4 teilen wir in n gleiche Teile $\Delta x = \frac{4}{n}$, die x_k (k=1,2,...n) seien deren Mittelpunkte, also

$x_1 = \frac{1}{2}\cdot\frac{4}{n}$, $x_2 = \frac{3}{2}\cdot\frac{4}{n}$, ...

$x_n = \frac{2n-1}{2}\cdot\frac{4}{n}$. Setzt man in S_n ein, so erhält man

$$S_n = (e^{\frac{2}{n}} + e^{3\cdot\frac{2}{n}} + \ldots + e^{(2n-1)\cdot\frac{2}{n}})\cdot\frac{4}{n} =$$
$$= e^{\frac{2}{n}}\cdot(1 + e^{2\cdot\frac{2}{n}} + e^{4\cdot\frac{2}{n}} + \ldots + e^{(2n-2)\cdot\frac{2}{n}})\cdot\frac{4}{n} =$$
$$= e^{\frac{2}{n}}\cdot(1 + e^{\frac{4}{n}} + e^{2\cdot\frac{4}{n}} + \ldots + e^{(n-1)\cdot\frac{4}{n}})\cdot\frac{4}{n}$$

Der in der Klammer stehende Ausdruck ist eine endliche geometrische Reihe (siehe (4.8)) mit $q = e^{4/n}$ und der Summenformel $\frac{q^n - 1}{q - 1} = \frac{e^4 - 1}{e^{4/n} - 1}$, also

$$S_n = e^{\frac{2}{n}} \cdot \frac{e^4 - 1}{e^{4/n} - 1} \cdot \frac{4}{n} = e^{\frac{2}{n}} \cdot \frac{e^4 - 1}{\frac{e^{4/n} - 1}{4/n}} = e^{\frac{2}{n}} \cdot \frac{e^4 - 1}{\frac{e^{\Delta x} - 1}{\Delta x}}$$

Für $n \to \infty$ geht $\Delta x \to 0$ wegen $\Delta x = \frac{4}{n}$, der Grenzwert des Quotienten im Nenner ist aber (siehe Herleitung von (6.11)) $\lim\limits_{\Delta x \to 0} \frac{e^{\Delta x} - 1}{\Delta x} = 1$, also

$$\int_0^4 e^x \, dx = \lim_{n \to \infty} S_n = \lim_{n \to \infty} e^{\frac{2}{n}} \cdot \frac{e^4 - 1}{\lim\limits_{\Delta x \to 0} \frac{e^{\Delta x} - 1}{\Delta x}} = 1 \cdot \frac{e^4 - 1}{1} = e^4 - 1.$$

Geometrische Deutung des bestimmten Integrals:

In

(7.2) $$\int_a^b f(x)\,dx = \lim_{n \to \infty} \sum_{k=1}^{n} f(x_k) \cdot \Delta x$$

sind die einzelnen Summanden $f(x_k) \cdot \Delta x$ Flächeninhalte der Rechtecke mit der Höhe $f(x_k)$ und der Breite Δx. Die Summe dieser Rechtecksflächen liefert einen Näherungswert für die durch die Kurve, die x-Achse und die zu den Integrationsgrenzen (a,b) gehörigen Ordinaten begrenzte Fläche.

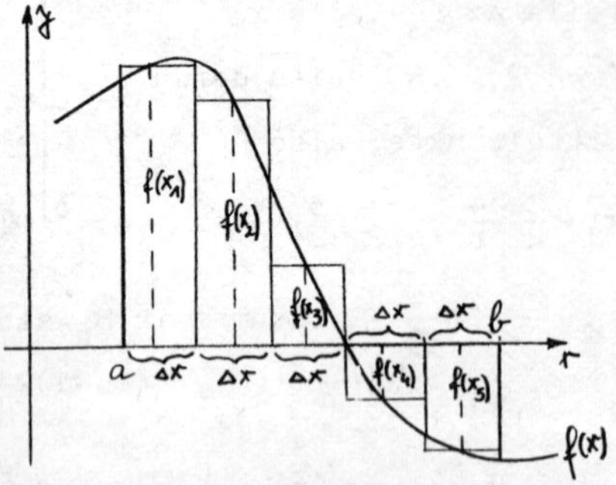

Für das unter der x-Achse verlaufende Kurvenstück sind die Ordinaten $f(x_k)$ und damit auch die Flächenstücke negativ, d.h. das Integral (7.2) liefert nur die algebraische Summe des Flächeninhaltes.

Anschaulich sind die beiden Formeln evident:

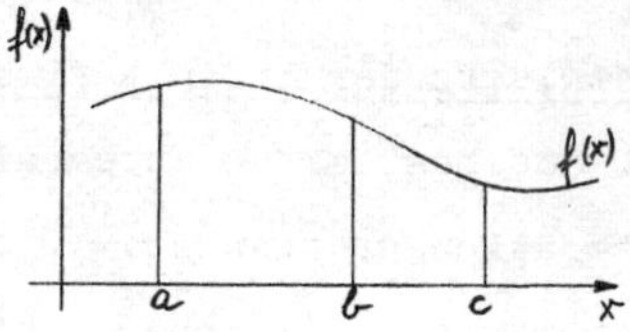

$$\text{(7.3)} \quad \int_a^a f(x)\,dx = 0$$

$$\text{(7.4)} \quad \int_a^b f(x)\,dx + \int_b^c f(x)\,dx = \int_a^c f(x)\,dx$$

(Die letzte Gleichung gilt zunächst nur für $a \leq b \leq c$, wegen (7.6) aber auch bei beliebiger Lage der Integrationsgrenzen a,b,c.)

Mittelwertsatz der Integralrechnung:

Ist der Integrand f(x) eine im Integrationsintervall stetige Funktion, dann gibt es mindestens einen Wert x_o in diesem Intervall, so daß gilt:

$$\text{(7.5)} \quad \int_a^b f(x)\,dx = (b-a) \cdot f(x_o) \quad \text{mit } a \leq x_o \leq b$$

d.h. der Wert des bestimmten Integrals ist gleich dem Produkt der Intervallänge und dem Integranden an einer bestimmten Stelle x_o.

Anschaulich ist der Satz sofort einleuchtend.

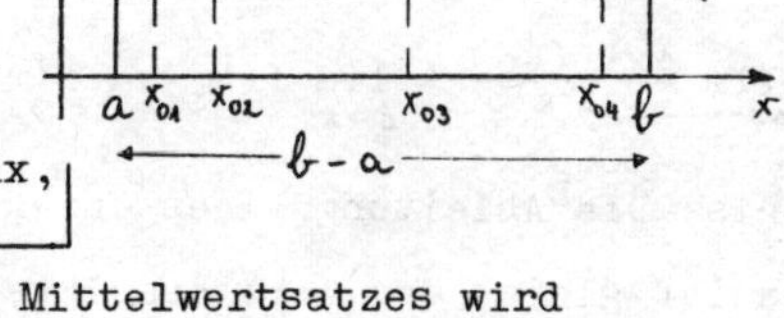

Folgerung:

$$\text{(7.6)} \quad \int_a^b f(x)\,dx = -\int_b^a f(x)\,dx,$$

denn unter Verwendung des Mittelwertsatzes wird

$$\int_a^b f(x)\,dx = (b-a) \cdot f(x_o) = -(a-b) \cdot f(x_o) = -\int_b^a f(x)\,dx.$$

Fundamentalsatz der Infinitesimalrechnung:

Der Wert des bestimmten Integrals hängt offensichtlich von den Integrationsgrenzen ab. Verändert man z.B. die obere Grenze (bei konstanter unterer Grenze), dann verändert sich auch der Integralwert, das bestimmte Integral ist also eine Funktion der oberen Grenze:

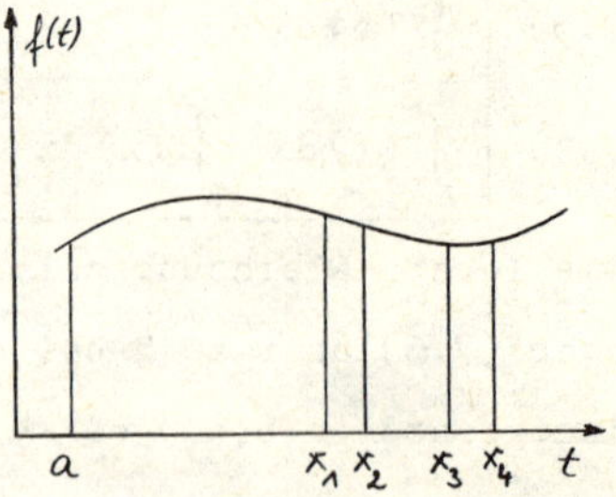

(7.7) $$F(x) = \int_a^x f(t)\,dt$$

Bildet man die Ableitung von F(x), so wird wegen (6.3), (7.6) und (7.4):

$$\frac{dF}{dx} = \lim_{\Delta x \to 0} \frac{F(x+\Delta x) - F(x)}{\Delta x} = \lim_{\Delta x \to 0} \frac{1}{\Delta x} \cdot \left(\int_a^{x+\Delta x} f(t)\,dt - \int_a^x f(t)\,dt \right) =$$

$$= \lim_{\Delta x \to 0} \frac{1}{\Delta x} \cdot \left(\int_a^{x+\Delta x} f(t)\,dt + \int_x^a f(t)\,dt \right) = \lim_{\Delta x} \frac{1}{\Delta x} \cdot \int_x^{x+\Delta x} f(t)\,dt$$

Der Mittelwertsatz liefert für das letzte Integral

$$\int_x^{x+\Delta x} f(t)\,dt = (x + \Delta x - x) \cdot f(t_o) = \Delta x \cdot f(t_o), \text{ wobei } x \leq t_o \leq x + \Delta x;$$

für $\Delta x \to 0$ geht $t_o \to x$, also

$$\frac{dF}{dx} = \lim_{\Delta x \to 0} \frac{\Delta x \cdot f(t_o)}{\Delta x} = \lim_{t_o \to x} f(t_o) = f(x)$$

Ergebnis: Die Ableitung eines Integrals nach der oberen Grenze ist gleich dem Wert des Integranden an dieser Stelle.

Jede Funktion F(x), deren Ableitung gleich f(x) ist, nennt man "Stammfunktion" von f(x) oder "unbestimmtes

Integral"; ist $F(x)$ eine Stammfunktion, dann ist auch mit einer beliebigen (reellen) Konstante C jede Funktion $F(x)+C$ eine Stammfunktion, da $\frac{d}{dx}(F(x)+C)=\frac{dF}{dx}$ ist. C heißt Integrationskonstante.

Da in (7.7) die Integrationsgrenzen veränderlich sein können, schreibt man sie erst garnicht hin, so wird der Buchstabe x (unabhängige Variable) wieder frei und kann als Integrationsvariable verwendet werden. Damit lautet dann der Fundamentalsatz der Infinitesimalrechnung formelmäßig:

(7.8) $$\int f(x)\,dx = F(x)+C \quad \text{mit} \quad \frac{dF}{dx}=f(x)$$

oder wenn man einsetzt:

(7.9) $$\boxed{\int \frac{dF}{dx}\,dx = F(x)+C}$$

<u>Zusammenhang zwischen bestimmtem und unbestimmtem Integral:</u> Ist die Stammfunktion $F(x)$ für $f(x)$ bekannt, so gilt für das bestimmte Integral:

(7.10) $$\boxed{\int_a^b f(x)\,dx = F(b)-F(a)}$$

Beweis: Wegen (7.7) und (7.8) ist $\int_a^b f(x)\,dx = F(b)+C$, für $b=a$ wird wegen (7.3) hieraus $0=F(a)+C$, also $C=-F(a)$, q.e.d.

Da $\frac{d}{dx}e^x=e^x$, folgt für das auf den Seiten 87 und 88 mühsam berechnete Integral unter Verwendung von (7.10) sofort $\int_0^4 e^x\,dx = e^4-e^0=e^4-1$.

Es ist also wesentlich bequemer, bestimmte Integrale mit Hilfe der unbestimmten auszuwerten, als die Durchführung des Grenzwerte der Integralnäherungssumme. Das Problem ist nun, Methoden zu entwickeln, um die Stammfunktionen zu vorgegebenen Integranden zu bestimmen. Der Fundamentalsatz (7.9) liefert unmittelbar aus der Kenntnis der Ableitungen die zugehörigen Stammfunktionen, d.h. die im vorigen Paragraph gebildeten Ableitungen ergeben sofort folgende

Grundintegrale:

(7.11) $\int x^n\,dx = \frac{1}{n+1}\cdot x^{n+1} + C$ für $n \neq -1$; ist $n=-1$:

(7.12) $\int \frac{1}{x}\,dx = \ln x + C$ (vgl. (6.12))

(7.13) $\int a^x\,dx = \frac{a^x}{\ln a} + C$; spez. $\int e^x\,dx = e^x + C$

(7.14) $\int \sin x\,dx = -\cos x + C$; $\int \cos x\,dx = \sin x + C$

(7.15) $\int \frac{dx}{\cos^2 x} = \tan x + C$; $\int \frac{dx}{\sin^2 x} = -\cot x + C$

(7.16) $\int \frac{dx}{1+x^2} = \arctan x + C_1 = -\operatorname{arccot} x + C_2$

(7.17) $\int \frac{dx}{\sqrt{1-x^2}} = \arcsin x + C_1 = -\arccos x + C_2$

(7.18) $\int \frac{dx}{\sqrt{x^2+1}} = \operatorname{arsinh} x + C = \ln(x + \sqrt{x^2+1}) + C$

(7.19) $\int \frac{dx}{\sqrt{x^2-1}} = \operatorname{arcosh} x + C = \ln(x \pm \sqrt{x^2-1}) + C$

(7.20) $\int \frac{dx}{1-x^2} = \begin{cases} \operatorname{artanh} x + C = \frac{1}{2}\cdot\ln\frac{1+x}{1-x} & \text{für } |x|<1 \\ \operatorname{arcoth} x + C = \frac{1}{2}\cdot\ln\frac{x+1}{x-1} & \text{für } |x|>1 \end{cases}$

Die Richtigkeit der beiden Integrationsregeln

(7.21) $$\int (f(x) \pm g(x))\,dx = \int f(x)\,dx \pm \int g(x)\,dx$$

(7.22) $$\int c\cdot f(x)\,dx = c\cdot \int f(x)\,dx$$

erkennt man sofort mit Hilfe des Fundamentalsatzes (7.8): sie entsprechen den Differentiationsregeln (6.5) und (6.6). Damit läßt sich jedes Polynom integrieren:

$$\int (a\cdot x^n + b\cdot x^{n-1} + \ldots + k\cdot x + l)\,dx = \frac{a}{n+1}x^{n+1} + \frac{b}{n}x^n + \ldots + \frac{k}{2}x^2 + l\cdot x + C$$

Auch für negative und gebrochene Exponenten kann man die Stammfunktion sofort angeben, denn

$$\int \frac{1+x}{x^2}\,dx = \int \frac{1}{x^2}\,dx + \int \frac{1}{x}\,dx = -\frac{1}{x} + \ln x + C \quad \text{wegen}$$

$$\frac{d}{dx}\left(-\frac{1}{x} + \ln x + C\right) = x^{-2} + \frac{1}{x} = \frac{1+x}{x^2} \;; \quad \text{und}$$

$$\int \frac{5x^2 - \sqrt[3]{x^2}}{\sqrt{x}}\,dx = \int (5\cdot x^{3/2} - x^{-1/6})\,dx = 2\cdot x^{5/2} - \frac{6}{5}\cdot x^{5/6} + C$$

wegen $\frac{d}{dx}(2\cdot x^{5/2} - \frac{6}{5}\cdot x^{5/6} + C) = 5\cdot x^{3/2} - x^{-1/6}$. Es empfiehlt sich - wie in diesen beiden Beispielen - stets die Probe durch Differentiation durchzuführen, da sie relativ einfach ist und man nur wenige Regeln benötigt.

Das bisherige Verfahren zur Gewinnung von Integralformeln ist natürlich unbefriedigend, da man auf diese Weise nicht die Stammfunktionen von beliebigen Integranden findet. Z.B. ist $\int \ln x\,dx$ unbekannt, da man bisher bei keiner Differentiation als Ergebnis $\ln x$

gefunden hat. Es gibt zwei wichtige Hilfsmittel, mit denen es in vielen Fällen gelingt, Integrationsprobleme so umzuformen, daß man sie lösen kann. Das eine ist die "Partielle Integration". In der Produktregel der Differentiation (6.7) $\frac{d}{dx}(f(x)\cdot g(x)) = f'\cdot g + f\cdot g'$ kann man das Produkt $f\cdot g$ als Stammfunktion der rechten Seite auffassen, also $f\cdot g = \int f'\cdot g\,dx + \int f\cdot g'\,dx$ oder

(7.23) $$\boxed{\int f'\cdot g\,dx = f\cdot g - \int f\cdot g'\,dx}$$

Diese Methode wird man dann mit Erfolg anwenden, wenn es gelingt, statt des ursprünglichen Integrals ein einfacheres Integral $\int f\cdot g'\,dx$ (evtl. bereits bekanntes oder sogar ein Grundintegral) zu bekommen. Voraussetzung für die Anwendbarkeit von (7.23) ist, daß der Integrand als Produkt zweier Funktionen darstellbar ist und daß der eine Faktor f' elementar integriert werden kann.

Beispiele:

1. $\int x\cdot e^x\,dx$; mit $g = x$, $g' = 1$ und $f' = e^x$, $f = \int e^x\,dx = e^x$ wird $\int x\cdot e^x\,dx = x\cdot e^x - \int 1\cdot e^x\,dx = x\cdot e^x - e^x + C$

2. $\int \sin^2 x\,dx = \int \sin x\cdot\sin x\,dx = -\sin x\cdot\cos x + \int \cos^2 x\,dx$; wegen $\cos^2 x = 1 - \sin^2 x$ erhält man

   $2\cdot\int \sin^2 x\,dx = -\sin x\cdot\cos x + \int dx$, also

   $\int \sin^2 x\,dx = \frac{1}{2}\cdot(x - \sin x\cdot\cos x) + C$

3. $\int x\cdot\ln x\,dx = \frac{x^2}{2}\cdot\ln x - \frac{1}{2}\int x^2\cdot\frac{1}{x}\,dx = \frac{x^2}{2}\cdot\ln x - \frac{x^2}{4} + C$

4. $\int \ln x\,dx$; zunächst scheint die partielle Integration nicht möglich zu sein, da der Integrand ein Produkt sein muß. Mit $f' = 1$, also $f = x$ und $g' = (\ln x)' = \frac{1}{x}$ wird aber $\int 1 \cdot \ln x\,dx = x \cdot \ln x - \int x \cdot \frac{1}{x}\,dx = x \cdot \ln x - x + C$.

Auf diese Weise lassen sich z.B. $\int \arcsin x\,dx$ und andere Integrale berechnen. Ein ähnlicher schreibtechnischer Trick löst auch das folgende Integral:

$$\int \frac{x^2}{1+x^2}\,dx = \int \frac{1+x^2-1}{1+x^2}\,dx = \int dx - \int \frac{1}{1+x^2}\,dx = x - \arctan x + C.$$

Oft erhält man nicht schon bei einmaliger partieller Integration das Endergebnis, z.B. wenn im 1. Beispiel der Integrand $x^2 \cdot e^x$ heißt: $\int x^2 e^x\,dx = x^2 e^x - 2 \cdot \int x \cdot e^x\,dx$, dieses letzte Integral muß man noch einmal (oder öfter) partiell integrieren. Ist etwa im 2. Beispiel der Exponent eine natürliche Zahl $n > 2$, so erhält man

$$\int \sin^n x\,dx = \int \sin^{n-1} x \cdot \sin x\,dx =$$

$$- \sin^{n-1} x \cdot \cos x + (n-1) \cdot \int \sin^{n-2} x \cdot \cos^2 x\,dx =$$

$$- \sin^{n-1} x \cdot \cos x + (n-1) \cdot \int \sin^{n-2} x\,dx - (n-1) \int \sin^n x\,dx,$$

also

$$n \cdot \int \sin^n x\,dx = - \sin^{n-1} x \cdot \cos x + (n-1) \cdot \int \sin^{n-2} x\,dx, \text{ oder}$$

$$\int \sin^n x\,dx = -\frac{1}{n} \cdot \sin^{n-1} x \cdot \cos x + \frac{n-1}{n} \cdot \int \sin^{n-2} x\,dx$$

Das letzte Integral ist vom gleichen Typ wie das ursprüngliche, nur ist der Exponent des Integranden kleiner. Wendet man hierauf nochmals das gleiche Verfahren an, so gelangt man schrittweise zu immer einfacheren Integralen: ist m eine ungerade bzw. gerade Zahl, erhält man schließlich das Grundintegral $\int \sin x \, dx$ bzw. $\int dx$. Eine Formel, die solch eine schrittweise Berechnung ermöglicht, nennt man Rekursionsformel. Für $n = 5$ erhält man z.B.

$$\int \sin^5 x \, dx = -\frac{1}{5} \sin^4 x \cdot \cos x + \frac{4}{5} \int \sin^3 x \, dx,$$

$$\int \sin^3 x \, dx = -\frac{1}{3} \sin^2 x \cdot \cos x + \frac{2}{3} \int \sin x \, dx =$$

$$= -\frac{1}{3} \sin^2 x \cdot \cos x - \frac{2}{3} \cos x + C, \text{ also}$$

$$\int \sin^5 x \, dx = -\frac{1}{5} \sin^4 x \cdot \cos x - \frac{4}{15} \sin^2 x \cdot \cos x - \frac{8}{15} \cos x + C$$

Die zweite wichtige Integrationsmethode neben der partiellen Integration ist die Substitution der Veränderlichen. Führt man in $\int x \cdot e^{x^2} dx$ eine neue Integrationsvariable $z = x^2$, also $\frac{dz}{dx} = 2 \cdot x$ bzw. $dx = \frac{dz}{2 \cdot x}$ ein, so wird aus dem ursprünglichen Integral ein Grundintegral, das man sofort bestimmen kann:

$\int x \cdot e^{x^2} dx = \frac{1}{2} \int e^z dz = \frac{1}{2} e^z + C$. Ersetzt man nun in der Stammfunktion die neue Variable z wieder durch die ursprüngliche Variable x, so ist $\int x \cdot e^{x^2} dx = \frac{1}{2} e^{x^2} + C$, wie man sich durch Differentiation sofort überzeugt.

Man sieht an diesem Beispiel, daß die Vereinfachung des Integranden darin beruht, daß der Faktor x im Wesentlichen die Ableitung $z'(x)$ ist und beim Einsetzen von $dx = \frac{dz}{z'}$ wegfällt. Allgemein gilt also:

(7.24) $$\int f(z(x))\cdot z'(x)\,dx = \int f(z)\,dz$$

Ähnlich wie sich die partielle Integration aus der Produktregel der Differentiation herleitet, kann man obige Formel mit der Kettenregel (6.8) beweisen:
Es sei $F(z) = \int f(z)\,dz$ die Stammfunktion, also $\frac{dF}{dz} = f(z)$, dann gilt für $F(z(x))$: $\frac{dF}{dx} = \frac{dF}{dz}\cdot\frac{dz}{dx} = f(z(x))\cdot z'(x)$, also der Integrand der linken Seite.

Beispiele:

1. $\int\sqrt[3]{6x-2}\,dx$; Substitution: $6x-2 = z$, $dz = 6\,dx$,

$$\int\sqrt[3]{6x-2}\,dx = \frac{1}{6}\int z^{1/3}dz = \frac{1}{6}\cdot\frac{3}{4}z^{4/3} + C = \frac{1}{8}(6x-2)^{4/3} + C$$

2. $\int\frac{8x}{(3+2x)^4}dx$; $3+2x = z$, $dz = 2\,dx$ liefert

$$\int\frac{8x}{(3+2x)^4}dx = \int\frac{2z-6}{z^4}dz = \int\frac{2}{z^3}dz - \int\frac{6}{z^4}dz =$$
$$= -\frac{1}{z^2} + \frac{2}{z^3} + C = -\frac{1+2x}{(3+2x)^3} + C$$

3. $\int\sqrt{1-x^2}\,dx$; wegen $\sqrt{1-\cos^2 z} = \sin z$ bietet sich hier die "trigonometrische Substitution" $x = \cos z$, $dx = -\sin z\,dz$ an:

$$\int\sqrt{1-x^2}\,dx = \int\sqrt{1-\cos^2 z}\cdot(-\sin z)\,dz = -\int\sin^2 z\,dz =$$
$$= -\frac{1}{2}(z - \sin z\cdot\cos z) + C,$$ vgl. 2. Beispiel S. 94.

Ersetzt man nun z wieder durch x, so erhält man

$$\int\sqrt{1-x^2}\,dx = -\frac{1}{2}\arccos x + \frac{x}{2}\cdot\sqrt{1-x^2} + C$$

Wendet man die Substitutionsmethode auf bestimmte Integrale an, so braucht man nur die Integrationsgrenzen in die für das unbestimmte Integral gefundene Stammfunktion einzusetzen. Oft ist es aber zweckmäßiger, die Integrationsgrenzen entsprechend der Substitution $z = z(x)$ auf die neue Variable umzurechnen. Z.B. (vgl. 3. Beisp.):

$\int_0^1 \sqrt{1-x^2}\, dx = -\int_{\pi/2}^{0} \sin^2 z\, dz$, da die Substitution $x = \cos z$ für die untere Grenze $x_u = 0$ jetzt $z_u = \frac{\pi}{2}$ und für die obere Grenze $x_o = 1$ den Wert $z_o = 0$ liefert. Eingesetzt:

$$-\frac{1}{2}(z - \sin z \cdot \cos z)\Big|_{\pi/2}^{0} = 0 + \frac{1}{2}\cdot\frac{\pi}{2} = \frac{\pi}{4}$$

Dieser Weg ist meist bequemer, als wenn man erst die Stammfunktion in die ursprüngliche Variable zurücktransformiert und hier erst die Grenzen einsetzt.

Zwei wichtige, immer wieder auftretende Sonderfälle von (7.24) sind Integrale vom Typ $\int f(x)\cdot f'(x)\,dx$ und $\int \frac{f'(x)}{f(x)}\,dx$. Substituiert man $f(x) = z$, also $dz = f'(x)\,dx$, so erhält man $\int z\,dz = \frac{1}{2}z^2 + C$ bzw. $\int \frac{dz}{z} = \ln z + C$, folglich gilt:

$$\text{(7.25)}\qquad \boxed{\int f(x)\cdot f'(x)\,dx = \frac{1}{2} f^2(x) + C}$$

$$\text{(7.26)}\qquad \boxed{\int \frac{f'(x)}{f(x)}\,dx = \ln|f(x)| + C}\;^{+)}$$

+) $\ln f(x)$ ist nur für $f(x) > 0$ reell; für negative Werte $f(x)$ substituiert man $-f(x) = z > 0$, $dz = -f'(x)\,dx$, also $\int \frac{-dz}{-z} = \ln z = \ln(-f(x))$, d.h. das Argument ist in beiden Fällen positiv, daher $\ln|f(x)|$.

Beispiele:

1. $\int \frac{x}{1+x^2}\,dx = \frac{1}{2}\cdot \ln|1+x^2| + C$ wegen (7.26)

2. $\int \sin x \cdot \cos x\,dx = \frac{1}{2}\circ \sin^2 x + C$ wegen (7.25)

3. $\int \tan x\,dx = \int \frac{\sin x}{\cos x}\,dx = -\ln|\cos x| + C$ wegen (7.26)

4. $\int \frac{\ln x}{x}\,dx = \frac{1}{2}\cdot (\ln|x|)^2 + C$ wegen (7.25)

5. $\int \frac{1}{x\cdot \ln x}\,dx = \ln|\ln x| + C$ wegen (7.26)

6. $\int \frac{1}{\sin x \cdot \cos x}\,dx = \int \frac{1}{\tan x}\cdot \frac{1}{\cos^2 x}\,dx = \ln|\tan x| + C$

Die beiden Formeln (7.25 und 26) kann man noch verallgemeinern:

$$\int f(x)^n \cdot f'(x)\,dx = \frac{1}{n+1}\cdot f(x)^{n+1} + C \quad \text{für } n \neq -1. \tag{7.27}$$

Der Beweis ergibt sich entweder durch Differentiation der Stammfunktion, also $\frac{d}{dx}\left(\frac{1}{n+1}\cdot f^{n+1}\right) = f^n \cdot f'$ oder wieder durch die Substitution $f(x) = z$, $dz = f'dx$, also $\int z^n\,dz = \frac{1}{n+1} z^{n+1} + C$ für alle n, ausgenommen $n = -1$; hierfür gilt dann (7.26).

Beispiele:

7. $\int \sin^n x \cdot \cos x\,dx = \frac{1}{n+1}\cdot \sin^{n+1} x + C$

8. $\int \frac{x}{\sqrt{a-x^2}}\,dx = -\sqrt{a-x^2} + C$

9. $\int \frac{\ln^2 x}{x}\,dx = \frac{1}{3}\cdot \ln^3 x + C$

10. $\int \frac{\cos x}{\sqrt{\sin x}}\,dx = 2\cdot\sqrt{\sin x} + C$

Die Klasse der gebrochen rationalen Funktionen (5.8) kann man stets integrieren; hierbei treten - da man sich wegen (5.9) auf echt gebrochene rationale Funktionen beschränken darf - nur Integrale vom Typ $\int \frac{dz}{z^n}$ und $\int \frac{dz}{(z^2+1)^n}$ mit $n = 1,2,3,\ldots$ auf. Bevor wir dies nachweisen, wollen wir zunächst die Integration durchführen. Das erste Integral läßt sich wegen (7.11 und 12) sofort angeben:

(7.28) $$\int \frac{dz}{z^n} = \begin{cases} \ln|z| + C & \text{für } n = 1 \\ \frac{1}{1-n} \cdot \frac{1}{z^{n-1}} + C & \text{für } n = 2,3,\ldots \end{cases}$$

Das zweite Integral kann man durch Rekursion lösen: Für $n = 1$ ist es zunächst das Grundintegral (7.16)

$\int \frac{dz}{z^2+1} = \arctan z + C$; für $n \geq 2$ läßt sich das Integral

$I_n = \int \frac{1}{(z^2+1)^n} dz$ auf das Intagral I_{n-1} zurückführen:

$$I_n = \int \frac{z^2+1-z^2}{(z^2+1)^n} dz = \underbrace{\int \frac{1}{(z^2+1)^{n-1}} dz}_{I_{n-1}} - \underbrace{\int \frac{z^2}{(z^2+1)^n} dz}_{\text{partielle Integr.}} =$$

partielle Integr.: $f' = 2z \cdot (z^2+1)^{-n}$, $f = \frac{1}{1-n} \cdot (z^2+1)^{-n+1}$, $g = z$; $g' = 1$

$$= I_{n-1} - \frac{1}{2} \int \frac{2z}{(z^2+1)^n} \cdot z \, dz =$$

$$= I_{n-1} - \frac{1}{2} \cdot \frac{1}{1-n} \cdot \frac{1}{(z^2+1)^{n-1}} \cdot z + \frac{1}{2(1-n)} \int \frac{1}{(z^2+1)^{n-1}} dz =$$

$$= I_{n-1} + \frac{1}{2(n-1)} \cdot \frac{z}{(z^2+1)^{n-1}} - \frac{1}{2(n-1)} \cdot I_{n-1} =$$

$$= \frac{2n-3}{2(n-1)} \cdot I_{n-1} + \frac{z}{2(n-1)(z^2+1)^{n-1}} \text{ , also}$$

$$(7.29)\quad \int\frac{dz}{(z^2+1)^n}=\begin{cases}\arctan z + C & \text{für } n=1\\[2ex] \dfrac{z}{2(n-1)(z^2+1)^{n-1}}+\dfrac{2n-3}{2(n-1)}\displaystyle\int\frac{dz}{(z^2+1)^{n-1}}\end{cases}$$

Für $n=2$ z.B. erhält man hieraus:

$\displaystyle\int\frac{dz}{(z^2+1)^2}=\frac{z}{2(z^2+1)}+\frac{1}{2}\arctan z + C$, und für $n=3$:

$$\int\frac{dz}{(z^2+1)^3}=\frac{z}{4(z^2+1)^2}+\frac{3}{8}\cdot\frac{z}{z^2+1}+\frac{3}{8}\arctan z + C\,.$$

Wir müssen nun noch zeigen, daß alle echt gebrochen rationale Funktionen auf diese beiden Typen (7.28 und 29) zurückgeführt werden können, und zwar durch <u>Partialbruchzerlegung</u>.

Seien $x_1, x_2, \ldots x_m$ die Nullstellen des Nennerpolynoms $Q_m(x)=q_m\cdot x^m+q_{m-1}\cdot x^{m-1}+\ldots+q_1\cdot x+q_o$, so kann man wegen (5.24) schreiben $Q_m(x)=q_m(x-x_1)(x-x_2)\ldots(x-x_m)$. Sind die Nullstellen alle einfach (reell oder konjugiert komplex), dann gilt für eine echt gebrochen rationale Funktion $\dfrac{P_{m-1}(x)}{Q_m(x)}=\dfrac{1}{q_m}\left[\dfrac{A_1}{x-x_1}+\dfrac{A_2}{x-x_2}+\ldots+\dfrac{A_m}{x-x_m}\right]$.

Die zunächst noch unbekannten Koeffizienten A_1 bis A_m kann man durch Koeffizientenvergleich bestimmen: addiert man die Brüche in der eckigen Klammer, so erhält man im Zähler mit $A_1(x-x_2)(x-x_3)..(x-x_m)+\ldots$ ein Polynom in x vom Grade m-1, das mit dem Zählerpolynom $P_{m-1}(x)$ für alle x übereinstimmen muß, d.h. die Koeffizienten entsprechender Potenzen von x beider Seiten müssen gleich sein; das sind genau m lineare Gleichungen für die m Unbekannten A_1 bis A_m.

Beispiel:

$$\frac{x-1}{x^2-x-6} = \frac{A_1}{x+2} + \frac{A_2}{x-3} = \frac{(A_1+A_2)x + 2A_2 - 3A_1}{(x+2)(x-3)} \quad \text{also}$$

$$\left| \begin{array}{l} A_1 + A_2 = 1 \\ -3A_1 + 2A_2 = -1 \end{array} \right| \quad \text{mit den Lösungen } A_1 = \frac{3}{5} \text{ und } A_2 = \frac{2}{5},$$

$$\text{folglich} \int \frac{x-1}{x^2-x-6}\,dx = \int \frac{3/5}{x+2}\,dx + \int \frac{2/5}{x-3}\,dx =$$

$$= \frac{3}{5} \cdot \ln x+2 \; + \frac{2}{5} \cdot \ln x-3 \; + C$$

Sind zwei Nullstellen konjugiert komplex (siehe S. 74) etwa $x_1 = a + ib$ und $x_2 = a - ib$, dann bekommt man aus den komplexen Partialbrüchen $\frac{A_1}{x-a-ib} + \frac{A_2}{x-a+ib} =$

$= \frac{Ax+B}{(x-a)^2+b^2} = \frac{Ax+B}{x^2+px+q}$ einen reellen Partialbruch mit reellem aber quadratischem Nenner, während der Zähler ein Polynom ersten Grades ist.

Bei einfachen Nullstellen des Nenners treten also bei der Integration von $\int \frac{P_{m-1}(x)}{Q_m(x)}\,dx$ nur Integrale vom Typ $\int \frac{A}{x-x_1}\,dx$ und $\int \frac{Ax+B}{x^2+px+q}\,dx$ auf. Das erste Integral läßt sich nach (7.28) für $n = 1$ und $z = x - x_1$, $dz = dx$ sofort lösen: $A \cdot \ln x - x_1 \; + C$; das zweite kann man zerlegen in $\frac{A}{2}\int \frac{2x+p}{x^2+px+q}\,dx + (B - \frac{Ap}{2})\int \frac{1}{x^2+px+q}\,dx$.

Hier ist der erste Summand wieder durch (7.28) mit der Substitution $x^2 + px + q = z$, $dz = (2x + p)\,dx$ und für $n = 1$ bereits gelöst. Das verbleibende Integral hingegen ist vom Typ (7.29) für $n = 1$, wie man durch folgende Umformung erkennt:

wegen $x^2 + px + q = (x + \frac{p}{2})^2 + q - \frac{p^2}{4} = (q - \frac{p^2}{4}) \cdot \left[\frac{(x + \frac{p}{2})^2}{q - \frac{p^2}{4}} + 1 \right]$

bietet sich die Substitution $z^2 + 1$ für die eckige Klammer an: $z = \frac{x + p/2}{\sqrt{q - p^2/4}}$, $dz = \frac{1}{\sqrt{q - p^2/4}} dx$, also

(7.30) $$\int \frac{dx}{x^2 + px + q} dx = \frac{1}{\sqrt{q - p^2/4}} \int \frac{1}{z^2 + 1} dz =$$

$$= \frac{1}{\sqrt{q - p^2/4}} \cdot \arctan z + C$$

(Der Radikand $q - p^2/4$ ist in diesem Fall stets positiv, da konjugiert komplexe Nullstellen nur auftreten, wenn die Diskriminante $(\frac{p}{2})^2 - q < 0$.)

Ist $x_1 = x_2 = \ldots = x_k$ eine k-fache Nullstelle ($k \leq m$) des Nennerpolynoms $Q_m(x)$, dann treten als Nenner der Partialbrüche die Potenzen der Linearfaktoren auf:

$$\frac{A_1}{x - x_1} + \frac{A_2}{(x - x_1)^2} + \frac{A_3}{(x - x_1)^3} + \ldots + \frac{A_k}{(x - x_1)^k}$$

Die Integration dieser Partialbrüche bei reellem x_1 erfolgt wieder nach (7.28) für $n = 1,2,..,k$. Ist x_1 eine k-fache komplexe Nullstelle, dann muß auch die konjugiert komplexe Nullstelle k-fach sein, d.h. statt der linearen Nenner stehen jetzt (reelle) quadratische Nenner:

$$\frac{A_1x + B_1}{x^2 + px + q} + \frac{A_2x + B_2}{(x^2+px+q)^2} + \frac{A_3x + B_3}{(x^2+px+q)^3} + \ldots + \frac{A_kx + B_k}{(x^2+px+q)^k}$$

Durch die gleiche Umformung wie für den ersten Bruch können auch die übrigen in die Form (7.28 und 29) gebracht und damit integriert werden.

Beispiel für mehrfache reelle Nullstelle:

$$\int \frac{x^2-6}{(x-2)^3}\,dx = \int \left[\frac{A_1}{x-2} + \frac{A_2}{(x-2)^2} + \frac{A_3}{(x-2)^3}\right] dx =$$

$$= \int \frac{A_1\cdot(x^2-4x+4) + A_2\cdot(x-2) + A_3}{(x-2)^3}\,dx$$

Koeffizientenvergleich:
$$\left|\begin{array}{lll} A_1 & & = 1 \\ -4A_1 + A_2 & & = 0 \\ 4A_1 - 2A_2 + A_3 & & = -6 \end{array}\right|$$

also $A_1 = 1$, $A_2 = 4$, $A_3 = -2$ und somit

$$\int \frac{x^2-6}{(x-2)^3}\,dx = \int \frac{1}{x-2}\,dx + 4\int \frac{1}{(x-2)^2}\,dx - 2\int \frac{1}{(x-2)^3}\,dx =$$

$$= \ln|x-2| + 4\cdot\frac{1}{-1}\cdot\frac{1}{x-2} - 2\cdot\frac{1}{-2}\cdot\frac{1}{(x-2)^2} + C =$$

$$= \ln|x-2| - \frac{4}{x-2} + \frac{1}{(x-2)^2} + C.$$

Beispiel für mehrfache komplexe Nullstelle:

$$\int \frac{2x^2+10}{(x^2-4x+5)^2}\,dx$$; die Nullstellen sind $x_{1,2} = 2 \pm i = x_{3,4}$

daher Partialbruchansatz: $\dfrac{A_1x+B_1}{x^2-4x+5} + \dfrac{A_2x+B_2}{(x^2-4x+5)^2} =$

$$= \frac{A_1(x^3-4x^2+5x) + B_1(x^2-4x+5) + A_2x + B_2}{(x^2-4x+5)^2}$$, Koeff.-

vergleich:
$$\left|\begin{array}{llll} A_1 & & & = 0 \\ -4A_1 + B_1 & & & = 2 \\ 5A_1 - 4B_1 + A_2 & & & = 0 \\ & 5B_1 + B_2 & & = 10 \end{array}\right|$$

also $A_1 = 0$, $B_1 = 2$, $A_2 = 8$, $B_2 = 0$ und somit

$$\int \frac{2x^2+10}{(x^2-4x+5)^2}\,dx = \int \frac{2}{x^2-4x+5}\,dx + \int \frac{8x}{(x^2-4x+5)^2}\,dx \;;$$

Mit der zu (7.30) entsprechenden Substitution

$x^2 - 4x + 5 = z^2 + 1$, also $z = x - 2$, $dz = dx$ wird aus den letzten Integralen

$$\int \frac{2}{x^2 - 4x + 5}\,dx = \int \frac{2}{z^2 + 1}\,dz = 2\cdot\arctan(x-2) \quad \text{und aus}$$

$$\int \frac{8x}{(x^2 - 4x + 5)^2}\,dx = \int \frac{8\cdot(z+2)}{(z^2+1)^2}\,dz =$$

$$= 4\cdot\int \frac{2z}{(z^2+1)^2}\,dz + 16\cdot\int \frac{1}{(z^2+1)^2}\,dz =$$

$$= -\frac{4}{z^2+1} + 16\cdot\underbrace{\left(\frac{1}{2}\cdot\frac{z}{z^2+1} + \frac{1}{2}\arctan z\right)}_{\text{vgl. (7.29) für } n=2} =$$

$$= \frac{8x - 20}{x^2 - 4x + 5} + 8\cdot\arctan(x-2)$$

und somit ist

$$\int \frac{2x^2 + 10}{(x^2 - 4x + 5)^2}\,dx = \frac{8x - 20}{x^2 - 4x + 5} + 10\cdot\arctan(x-2) + C.$$

Zusammenfassung: Bei der Integration gebrochen rationaler Funktionen treten bei reellen Nullstellen des Nennerpolynoms nur Integrale vom Typ

$$(7.28')\quad \int \frac{dx}{(x-a)^n} = \begin{cases} \ln|x-a| + C & \text{für } n = 1 \text{ (a ist einfache, reelle Nullstelle)} \\ \frac{1}{1-n}\cdot\frac{1}{(x-a)^{n-1}} + C & \text{für } n = 2,3,\ldots \text{ (mehrfache, reelle Nst.)} \end{cases}$$

und bei konjugiert komplexen Nullstellen nur Integrale vom Typ $\int \frac{Ax + B}{(x^2 + px + q)^n}\,dx$ auf, die man in

$$(7.28'')\quad \int \frac{2x + p}{(x^2 + px + q)^n}\,dx = \begin{cases} \ln|x^2+px+q| + C & \text{für } n = 1 \\ \frac{1}{1-n}\cdot\frac{1}{(x^2+px+q)^{n-1}} + C & \text{für } n = 2,3,\ldots \end{cases}$$

und $\int \frac{dx}{(x^2 + px + q)^n}$ zerlegen kann; dieses ist wegen der bei (7.30) durchgeführten Substitution ein Integral vom Typ (7.29) und durch Rekursionsformel lösbar.

Schon verhältnismäßig einfache Funktionen, z.B. $\int \frac{e^x}{x} dx$, $\int \frac{1}{\ln x} dx$, $\int \frac{\sin x}{x} dx$, $\int e^{-x^2} dx$, lassen sich nicht mehr mit Hilfe der elementaren Funktionen integrieren, d.h. man kann die zugehörigen Stammfunktionen nicht durch bekannte Funktionen ausdrücken.

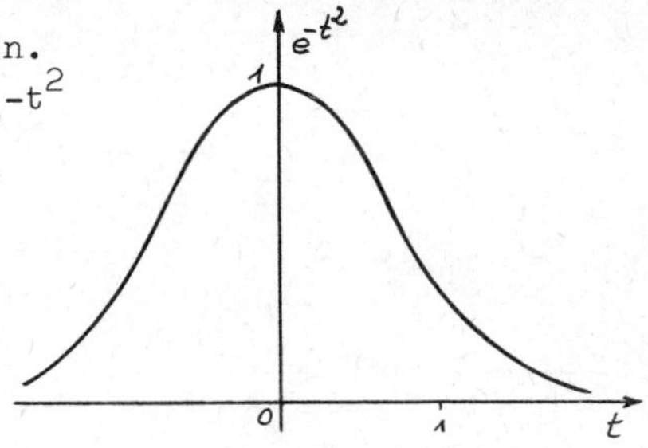

Zum Beispiel stellt $f(t) = e^{-t^2}$ die "Gaußsche Glockenkurve" und $\int_0^x e^{-t^2} dt$ den Flächeninhalt unterhalb der Kurve und zwischen den Ordinaten $t = 0$ und $t = x$ (s.(7.7)) dar.

Es existiert also offenbar eine Funktion $F(x) = \int_0^x e^{-t^2} dt$. Sie tritt bei vielen technischen Problemen (z.B. Wärmeleitung) und vor allem in der Statistik als "Fehlerintegral" auf. Man führt sie als neue Funktion (ähnlich etwa wie $\arcsin x$) mit dem Symbol erf x (<u>er</u>ror <u>f</u>unction) ein, die durch (Faktor $\frac{2}{\sqrt{\pi}}$ aus gewissen Gründen der Normierung) das folgende Integral definiert wird:

$$\text{(7.31)} \qquad \operatorname{erf} x = \frac{2}{\sqrt{\pi}} \cdot \int_0^x e^{-t^2} dt$$

Für die Ableitung dieser neuen Funktion gilt natürlich wegen (7.8) $\frac{d}{dx} \operatorname{erf} x = \frac{2}{\sqrt{\pi}} \cdot e^{-x^2}$ und durch partielle

Integration erhält man

$$\int \operatorname{erf} x\,dx = x\cdot\operatorname{erf} x - \frac{2}{\sqrt{\pi}}\int x\cdot e^{-x^2}dx = x\cdot\operatorname{erf} x + \frac{1}{\sqrt{\pi}}e^{-x^2} + C.$$

Bestimmte Integrale, für die die Stammfunktionen nicht bekannt sind, kann man durch numerische Integration näherungsweise berechnen:

1. Sehnentrapezregel (lineare Approximation)

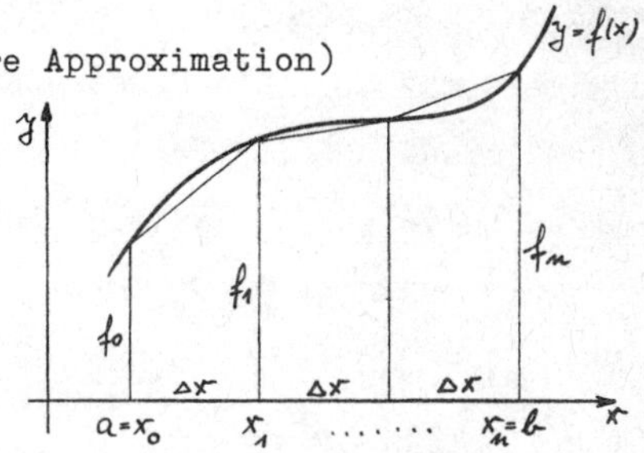

Das Integrationsintervall von a bis b wird in n gleiche Teile der Länge $\Delta x = \frac{b-a}{n}$ geteilt. Die Ordinaten in den Teilungspunkten $x_0 = a$, $x_1 = a + \Delta x, \ldots, x_n = b$ sind $f_0, f_1, \ldots, f_n$. Verbindet man die Ordinaten geradlinig, so entstehen n Trapeze der gleichen Breite Δx. Die Summe der Trapezflächen ist eine Näherung für $\int_a^b f(x)\,dx$. Da der Flächeninhalt des ersten Trapezes $\frac{\Delta x}{2}\cdot(f_0 + f_1)$ ist, ergibt sich

$$\int_a^b f(x)\,dx \approx \frac{\Delta x}{2}\cdot(f_0 + f_1) + \frac{\Delta x}{2}\cdot(f_1 + f_2) + \ldots + \frac{\Delta x}{2}\cdot(f_{n-1} + f_n)$$

(7.32) $$\int_a^b f(x)\,dx \approx \frac{\Delta x}{2}\cdot(f_0 + 2f_1 + 2f_2 + \ldots + 2f_{n-1} + f_n)$$

mit $\Delta x = \frac{b-a}{n}$

2. Simpsonregel (quadratische Approximation)

Eine bessere Approximation erhält man, wenn man statt der Geradenstücke (Sehnen) die Kurve f(x) durch Parabelbögen ersetzt, und zwar so, daß die Parabel p(x) und die Kurve f(x) in drei Punkten übereinstimmen.

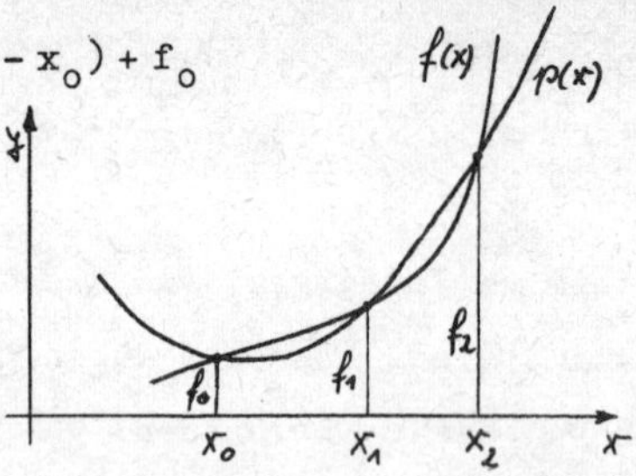

(7.33) $p(x) = A\cdot(x - x_o)^2 + B\cdot(x - x_o) + f_o$

ist die Gleichung der Parabel (Polynom 2.Grades in x), die in x_o mit der Kurve f(x) gleiche Ordinate hat; denn setzt man $x = x_o$ in (7.33), so wird $p(x_o) = f_o$. Die Konstanten A und B sind nun so zu bestimmen, daß die Parabel p(x) durch die beiden anderen Kurvenpunkte (x_1,f_1) und (x_2,f_2) geht:

$$p(x_1) = A\cdot(x_1 - x_o)^2 + B\cdot(x_1 - x_o) + f_o = f_1$$
$$p(x_2) = A\cdot(x_2 - x_o)^2 + B\cdot(x_2 - x_o) + f_o = f_2$$

Das sind zwei lineare Gleichungen für A und B; mit $x_1 - x_o = \Delta x$ und $x_2 - x_o = 2\cdot\Delta x$ ergeben sich die Lösungen

(7.34) $$A = \frac{f_o - 2\cdot f_1 + f_2}{2\cdot(\Delta x)^2} \quad \text{und} \quad B = \frac{-3\cdot f_o + 4\cdot f_1 - f_2}{2\cdot\Delta x}$$

Somit erhält man die Näherung

(7.35) $$\int_{x_o}^{x_2} f(x)\,dx \approx \int_{x_o}^{x_2} p(x)\,dx = \int_{x_o}^{x_2}\left(A(x-x_o)^2+B(x-x_o)+f_o\right)dx =$$

$$= \left[\frac{A}{3}(x-x_o)^3 + \frac{B}{2}(x-x_o)^2 + f_o\cdot x\right]_{x_o}^{x_2=x_o+\Delta x}$$

$$= \frac{A}{3}(2\cdot\Delta x)^3 + \frac{B}{2}(2\cdot\Delta x)^2 + f_o\cdot 2\cdot\Delta x =$$

$$= \frac{\Delta x}{3}(4f_o-8f_1+4f_2-9f_o+12f_1-3f_2+6f_o) =$$

$$= \frac{\Delta x}{3}(f_o + 4\cdot f_1 + f_2)$$

Das Integral (7.35) läßt sich also näherungsweise

aus den Ordinaten f_o, f_1 und f_2 berechnen. Hat man ein größeres Integrationsintervall, so zerlegt man es in eine gerade Anzahl von Streifen; für jeden Doppelstreifen kann man dann einen (7.35) entsprechenden Ausdruck angeben:

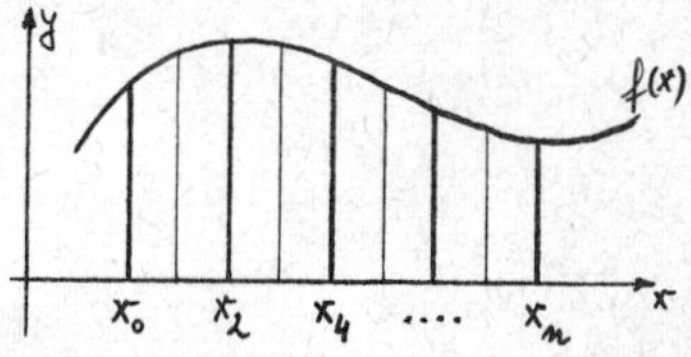

$$\int_a^b f(x)\,dx = \int_{x_o}^{x_2} f(x)\,dx + \int_{x_2}^{x_4} f(x)\,dx + \ldots + \int_{x_{n-1}}^{x_n} f(x)\,dx \approx$$

$$\approx \frac{\Delta x}{3}\Big[f_o + 4f_1 + f_2 + f_2 + 4f_3 + f_4 + \ldots + f_{n-2} + 4f_{n-1} + f_n\Big]$$

zusammengefaßt also

(7.36)
$$\int_a^b f(x)\,dx \approx \frac{\Delta x}{3}(f_o + 4f_1 + 2f_2 + 4f_3 + 2f_4 + \ldots + 2f_{n-2} + 4f_{n-1} + f_n)$$
mit $\Delta x = \frac{b-a}{n}$, n gerade

Wir wollen die beiden Verfahren (7.32 und 36) an einem Beispiel erproben, das man auch exakt lösen kann, um vergleichen zu können: $\int_1^3 \frac{1}{x}\,dx = \ln 3 - \ln 1 \approx 1{,}098$.

Das Integrationsintervall von 1 bis 3 teilen wir in $n = 4$ gleiche Teile, also $\Delta x = \frac{1}{2}$ und $f_o = \frac{1}{1}$, $f_1 = \frac{1}{3/2}$, $f_2 = \frac{1}{2}$, $f_3 = \frac{1}{5/2}$, $f_4 = \frac{1}{3}$. Eingesetzt in die Sehnentrapezregel (7.32) erhält man

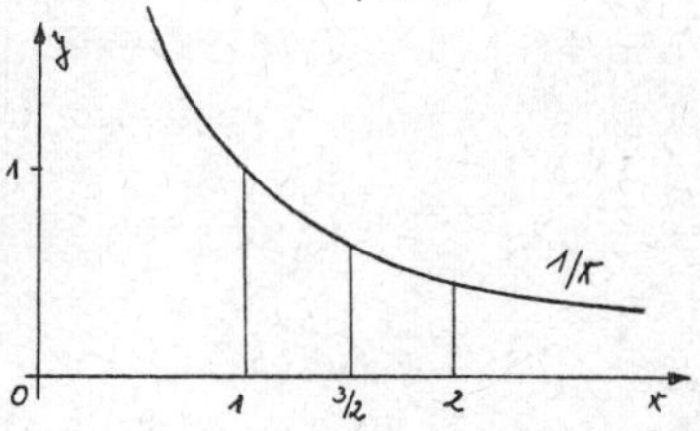

$$\int_1^3 \frac{1}{x}\,dx \approx \frac{1}{4}\cdot\left(1+2\cdot\frac{2}{3}+2\cdot\frac{1}{2}+2\cdot\frac{2}{5}+\frac{1}{3}\right)=\frac{67}{60}\approx 1{,}116$$

und mit der Simpsonregel (7.36)

$$\int_1^3 \frac{1}{x}\,dx \approx \frac{1}{6}\cdot\left(1+4\cdot\frac{2}{3}+2\cdot\frac{1}{2}+4\cdot\frac{2}{5}+\frac{1}{3}\right)=\frac{11}{10}=1{,}100$$

Vergleicht man den Rechenaufwand beider Verfahren, so sieht man, daß die Simpsonregel bei gleich vielen Rechenschritten ein wesentlich besseres Ergebnis liefert. Da für die Auswertung nur elementare Rechenoperationen (Addition und Multiplikation) benötigt werden, sind diese Integrationsverfahren bestens geeignet für elektronische Rechenanlagen, wobei man natürlich durch kleinere Schrittweiten Δx größere Genauigkeit erzielt. Auch für die Integration empirischer Funktionen, die z.B. als Meßwerte in einer Tabelle vorliegen, sind diese Methoden geradezu prädestiniert.

Beispiel: Bei der Abscheidung von Silber sind in gleichmäßigen Zeitabständen von $\Delta t = 0{,}5$ (Minuten) die Stromstärken I gemessen worden. Die ausgefällte Silbermenge ist der den Stromkreis durchflossenen Elektrizitätsmenge $Q = \int_a^b I\,dt$ proportional.

t	I	
0	1,000	1,000
0,5	0,800	3,200
1,0	0,500	1,000
1,5	0,308	1,232
2,0	0,200	0,400
2,5	0,138	0,552
3,0	0,100	0,200
3,5	0,075	0,300
4,0	0,059	0,059
		7,943

In der dritten Spalte stehen entsprechend (7.36) die vierfachen bzw. doppelten Werte von I (ausgenommen der erste und letzte Wert), darunter mit 7,943 die Summe, also genau die Klammer von (7.36). Mithin ist $Q = \int_a^b I\,dt \approx \frac{1}{6}\cdot 7{,}943 \approx 1{,}324$.

Aufgabe 1: Man zeige, daß gilt

a) $\int\sqrt{x^2+a^2}\,dx = \frac{a^2}{2}\cdot\operatorname{arsinh}\frac{x}{a} + \frac{x}{2}\cdot\sqrt{x^2+a^2} + C$

b) $\int\sqrt{x^2-a^2}\,dx = -\frac{a^2}{2}\cdot\operatorname{arcosh}\frac{x}{a} + \frac{x}{2}\cdot\sqrt{x^2-a^2} + C$

c) $\int\sqrt{a^2-x^2}\,dx = \begin{cases} \frac{a^2}{2}\cdot\arcsin\frac{x}{a} + \frac{x}{2}\cdot\sqrt{a^2-x^2} + C \\ -\frac{a^2}{2}\cdot\arccos\frac{x}{a} + \frac{x}{2}\cdot\sqrt{a^2-x^2} + C \end{cases}$

d) $\int\frac{dx}{x\cdot\sqrt{x^2+a^2}} = -\frac{1}{a}\cdot\operatorname{arsinh}\frac{a}{x} + C$

e) $\int\frac{dx}{x\cdot\sqrt{x^2-a^2}} = \begin{cases} -\frac{1}{a}\cdot\arcsin\frac{a}{x} + C \\ +\frac{1}{a}\cdot\arccos\frac{a}{x} + C \end{cases}$

f) $\int\frac{dx}{x\cdot\sqrt{a^2-x^2}} = -\frac{1}{a}\cdot\operatorname{arcosh}\frac{a}{x} + C$

g) $\int\sqrt{\frac{x}{1-x}}\,dx = \begin{cases} \arcsin\sqrt{x} - \sqrt{x-x^2} + C \\ -\arccos\sqrt{x} - \sqrt{x-x^2} + C \end{cases}$

Aufgabe 2: Man integriere

a) $\int_0^{\pi}\sin 3x\,dx$ b) $\int_0^{\pi/4}\sin^3 x\cdot\cos x\,dx$

c) $\int b\cdot\arcsin(a\cdot x)\,dx$ d) $\int x\cdot\arctan x\,dx$

e) $\int b\cdot\arctan(a\cdot x)\,dx$ f) $\int\frac{a}{b+c\cdot x^2}\,dx$

g) $\int_0^3\frac{8x}{3+4x}\,dx$ h) $\int_0^{\infty}e^{-x}\cdot\cos(e^{-x})\,dx$

i) $\int\frac{x}{1+x^4}\,dx$ j) $\int\frac{dx}{\cos^2 x\cdot\sqrt{\tan x}}$

Aufgabe 3: a) Man skizziere den Integrand und bestimme dann $\int_0^{\pi} |\cos 2x|\, dx$.

b) Man gebe das Integralmittel und die zugehörigen Abszissen x_0 an.

Aufgabe 4: Man leite Rekursionsformeln für folgende unbestimmte Integrale her: a) $\int x^n \cdot e^x\, dx$

b) $\int x^n \cdot \sin x\, dx$ c) $\int x^n \cdot \cos x\, dx$

d) $\int x^n \cdot (\ln x)^m\, dx$ (was gilt für $n = -1$?)

e) Aus d) entnehme man speziell $\int x^n \cdot \ln x\, dx$ und $\int (\ln x)^n\, dx$.

Für $n = 1,2,3$ gebe man die Integrale a) bis e) an.

Aufgabe 5: Man integriere

a) $\displaystyle\int_{1/e}^{1} \frac{\ln x}{x^2}\, dx$ b) $\displaystyle\int_{1}^{e} \frac{\ln^2 x}{x}\, dx$ c) $\displaystyle\int_{1/e}^{1} \frac{\ln^2 x}{x^2}\, dx$

d) $\displaystyle\int_{1}^{e} x^k \cdot \ln x\, dx$ e) $\displaystyle\int \frac{dx}{\sin x}$

f) $\displaystyle\int_0^{\pi/2} \sin 2x \cdot \cos 3x\, dx$ g) $\displaystyle\int_0^{\infty} x^2 \cdot e^{-x^3}\, dx$

(Hinweise: $\sin x = 2 \cdot \sin\frac{x}{2} \cdot \cos\frac{x}{2} = 2 \cdot \tan\frac{x}{2} \cdot \cos^2\frac{x}{2}$; $\cos 3x = 4 \cdot \cos^3 x - 3 \cdot \cos x$)

Aufgabe 6: Durch Partialbruchzerlegung integriere man

a) $\displaystyle\int \frac{x^2 + x + 1}{(x+1)^3}\, dx$ b) $\displaystyle\int \frac{(x^4 + 1)\, dx}{x^5 - x^4 + 2x^3 - 2x^2 + x - 1}$

c) $\displaystyle\int \frac{x^4 + x^3 + 2x}{x^3 + x^2 + x + 1}\, dx$ d) $\displaystyle\int \frac{1}{x^4 - 1}\, dx$

e) $\displaystyle\int \frac{(4 - 2x)\, dx}{(x-1)^2 \cdot (x^2 + 1)}$ f) $\displaystyle\int \frac{e^x - 1}{e^x + 1}\, dx$

§ 8 Taylor-Reihen

Integration der geometrischen Reihe (vgl. (4.13))

$\frac{1}{1+x} = 1 - x + x^2 - x^3 + - \dots$ liefert

$\ln(1+x) = x - \frac{x^2}{2} + \frac{x^3}{3} - \frac{x^4}{4} + - \dots + C$. Da für $x = 0$ die linke Seite $\ln 1 = 0$ ist, muß die Integrationskonstante C auch 0 sein, so daß man für die Logarithmusfunktion die Potenzreihe

(8.1) $$\ln(1+x) = x - \frac{x^2}{2} + \frac{x^3}{3} - + \dots$$

schreiben kann. Die geometrische Reihe konvergiert nur für $|x|<1$, daher gilt diese Einschränkung auch für (8.1); allerdings ist hier $x = 1$ noch zulässig (vgl. (4.16 und 19)), da für die Konvergenz alternierender Reihen die Bedingung (4.18) genügt. Mit $x = 1$ erhält man gerade die Leibniz'sche Reihe (4.19).

Eine Anwendung der Potenzreihendarstellung einer Funktion ist die schrittweise Approximation durch eine Folge von Näherungspolynome, z.B.:

$\ln(1+x) \approx x = P_1(x)$

$\ln(1+x) \approx x - \frac{x^2}{2} = P_2(x)$

$\ln(1+x) \approx x - \frac{x^2}{2} + \frac{x^3}{3} = P_3(x)$

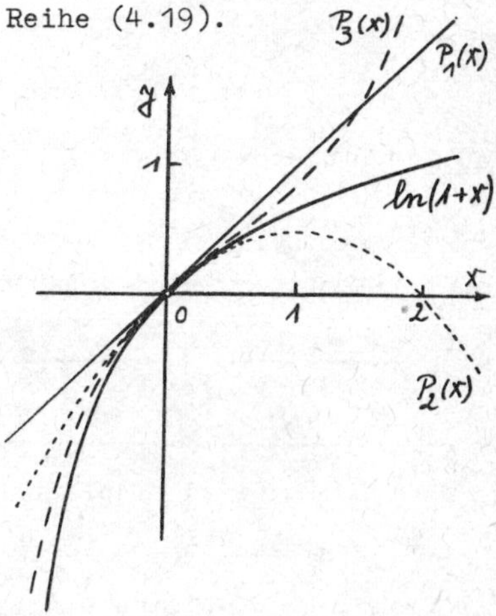

Die "Schmiegungspolynome" und die Funktion $\ln(1+x)$ haben in $x=0$ einen gemeinsamen Punkt. In seiner unmittelbaren Umgebung kann die Abweichung (der Fehler) beliebig klein gemacht werden, indem man zu Näherungspolynomen höheren Grades übergeht. Bei alternierenden Reihen ist der Fehler (siehe S.57) kleiner als der erste nicht berücksichtigte Summand, also $\ln(1+x) = P_n(x) + R_n$ mit $|R_n| < \left|\frac{x^{n+1}}{n+1}\right|$.

Sucht man die Potenzreihendarstellung einer Funktion

$$f(x) = a_o + a_1 \cdot x + a_2 \cdot x^2 + a_3 \cdot x^3 + \ldots + a_n \cdot x^n + \ldots,$$

so findet man für ihre Ableitungen

$$f'(x) = a_1 + 2 \cdot a_2 \cdot x + 3 \cdot a_3 \cdot x^2 + \ldots + n \cdot a_n \cdot x^{n-1} + \ldots$$

$$f''(x) = 2 \cdot a_2 + 2 \cdot 3 \cdot a_3 \cdot x + \ldots + (n-1) \cdot n \cdot a_n \cdot x^{n-2} + \ldots$$

$$f'''(x) = 2 \cdot 3 \cdot a_3 + \ldots + (n-2) \cdot (n-1) \cdot n \cdot a_n \cdot x^{n-3} + \ldots$$

....

$$f^{(n)}(x) = 2 \cdot 3 \cdot \ldots \cdot (n-1) \cdot n \cdot a_n + \ldots.$$

und an der Stelle $x=0$ wird $f(0) = a_o$, $f'(0) = a_1$, $f''(0) = 2!a_2$, $f'''(0) = 3!a_3$, ..., $f^{(n)}(0) = n!a_n$, d.h. die Koeffizienten a_k sind durch die Ableitungen an der Stelle $x=0$ bestimmt:

$$f(x) = f(0) + \frac{f'(0)}{1!}x + \frac{f''(0)}{2!}x^2 + \ldots + \frac{f^{(n)}(0)}{n!}x^n + \ldots \tag{8.2}$$

Diese Darstellung wird "MacLaurin - Reihe" genannt. Sie existiert natürlich nur, wenn $f(x)$ und alle Ableitungen an der Stelle $x=0$ endlich sind.

Macht man die Reihenentwicklung nicht an der Stelle $x = 0$, sondern an einer beliebigen Stelle $x = a$, so bekommt man nach einer analogen Herleitung ausgehend von
$f(x) = a_o + a_1(-a) + a_2(x-a)^2 + \ldots + a_n(x-a)^n + \ldots$
die Taylor - Reihe:

(8.3)
$$f(x) = f(a) + \frac{f'(a)}{1!}(x-a) + \frac{f''(a)}{2!}(x-a)^2 + \ldots \\ \ldots + \frac{f^{(n)}(a)}{n!}(x-a)^n + \ldots$$

Ersetzt man eine Funktion $f(x)$ näherungsweise durch die Folge der Schmiegungspolynome $P_n(x)$, die sich aus der Taylor - Reihe (bzw. im Sonderfall $a = 0$ aus der MacLaurin - Reihe) ergeben, so ist das nur sinnvoll, wenn man mit endlich vielen (wenigen) Schritten eine gute Näherung erhält. Insbesondere muß für den Reihenrest R_n in $f(x) = P_n(x) + R_n$ gelten $\lim\limits_{n\to\infty} R_n = 0$.

Der Reihenrest ist gegeben durch

(8.4)
$$R_n = \frac{1}{n!}\int_a^x (x-t)^n \cdot f^{(n+1)}(t)\,dt$$

Beweis: Wiederholte partielle Integration liefert

$$R_n = \frac{1}{n!}(x-t)^n \cdot f^{(n)}(t)\Big|_{t=a}^{t=x} + \frac{n}{n!}\int_a^x (x-t)^{n-1} \cdot f^{(n)}(t)\,dt =$$

$$= -\frac{f^{(n)}(a)}{n!}(x-a)^n + R_{n-1} =$$

$$= -\frac{f^{(n)}(a)}{n!}(x-a)^n - \frac{f^{(n-1)}(a)}{(n-1)!}(x-a)^{n-1} + R_{n-2} =$$

$$= -\frac{f^{(n)}(a)}{n!}(x-a)^n - \ldots - \frac{f'(a)}{1!}(x-a) + R_o$$

und wegen $R_0 = \int_a^x f'(t)\,dt = f(x) - f(a)$ wird

$$f(x) = f(a) + \frac{f'(a)}{1!}(x-a) + \ldots + \frac{f^{(n)}(a)}{n!}(x-a)^n + R_n ,$$

also gerade (8.3).

Beispiele:

1. $f(x) = e^x$; $f'(x) = f''(x) = \ldots = e^x$, also alle $f^{(n)}(0) = 1$

(8.5) $$e^x = 1 + \frac{x}{1!} + \frac{x^2}{2!} + \frac{x^3}{3!} + \ldots$$

2. $f(x) = \sin x$, $f'(x) = \cos x$, $f''(x) = -\sin x$, ...

   $f(0) = f''(0) = f''''(0) = \ldots = 0$

   $f'(0) = f'''(0) = \ldots = \pm 1$

(8.6) $$\sin x = x - \frac{x^3}{3!} + \frac{x^5}{5!} - + \ldots$$

3. $f(x) = \cos x$; $f(0) = f''(0) = f''''(0) = \ldots = \pm 1$

   $f'(0) = f'''(0) = \ldots = 0$

(8.7) $$\cos x = 1 - \frac{x^2}{2!} + \frac{x^4}{4!} - + \ldots$$

Damit können wir nun die Eulersche Formel (1.17) beweisen: setzt man in (8.3) $x = i\varphi$, so wird

$$e^{i\varphi} = \left\{ \begin{array}{llll} 1 & -\frac{\varphi^2}{2!} & +\frac{\varphi^4}{4!} & - + \ldots \\ +i\,\frac{\varphi}{1!} & -i\,\frac{\varphi^3}{3!} & +i\,\frac{\varphi^5}{5!} & - + \ldots \end{array} \right\} = \left\{ \begin{array}{l} \cos\varphi \\ +\,i\sin\varphi \end{array} \right.$$

4. Für die binomische Reihe bei beliebigem reellem Exponenten r gilt

(8.8) $$(1+x)^r = 1 + \binom{r}{1}\cdot x + \binom{r}{2}\cdot x^2 + \binom{r}{3}\cdot x^3 + \ldots$$

da $\frac{d^n}{dx^n}(1+x)^r = r\cdot(r-1)\cdots(r-n+1)\cdot(1+x)^{r-n}$, also

$f^{(n)}(0) = r\cdot(r-1)\cdots(r-n+1)$ und unter Verwendung der Schreibweise der Binomialkoeffizienten

$\binom{r}{n} = \frac{r\cdot(r-1)\cdots(r-n+1)}{n!}$ folgt (8.8).

Ohne Beweis: (8.8) konvergiert für $|x|<1$.

Ist r eine natürliche Zahl, dann bricht die Reihe bei $n = r+1$ ab, da alle weiteren Binomialkoeffizienten 0 werden.

Eine wichtige Anwendung findet (8.8) beim "Rechnen mit kleinen Größen". Ist nämlich x betragsmäßig sehr klein, so konvergiert die binomische Reihe rasch, da die Potenzen x^n sehr schnell gegen null streben.

Beispiel: Für die Berechnung von $\sqrt{1,1} = (1+0,1)^{1/2}$ bekommt man aus (8.8) mit $x = 0,1$ und $r = \frac{1}{2}$

$$\sqrt{1,1} = 1 + \tfrac{1}{2}\cdot 0,1 - \tfrac{1}{8}\cdot(0,1)^2 + \tfrac{1}{16}\cdot(0,1)^3 - \tfrac{5}{128}\cdot(0,1)^4 + - \ldots$$

$$= 1 + 0,05 - 0,00125 + 0,0000625 - + \ldots$$

(Da alternierende Reihe, hat man einfache Fehlerabschätzung:)

1.Näherung $\sqrt{1,1} \approx 1,05 - 10^{-3}$

2.Näherung $\sqrt{1,1} \approx 1,04875 + 6\cdot 10^{-5}$

Bei der Herleitung von (6.15) war der Grenzwert $\lim\limits_{x\to 0} \frac{\sin x}{x}$ zu bestimmen; wir hatten ihn dort auf anschaulichem Wege gefunden. Aus (8.6) folgt sofort

$\frac{\sin x}{x} = 1 - \frac{x^2}{3!} + \frac{x^4}{5!} + - \ldots$, also $\lim\limits_{x\to 0} \frac{\sin x}{x} = 1$.

Allgemein liegt also folgendes Problem vor: Es ist der Quotient $\frac{f(x)}{g(x)}$ zweier Funktionen an einer Stelle $x = a$ zu bestimmen; ist $f(a) = g(a) = 0$, so erhält man einen unbestimmten Ausdruck der Form $\frac{0}{0}$. Der Grenzwert läßt sich mit der "Regel von l'Hospital" bestimmen:

(8.9) $$\lim_{x \to a} \frac{f(x)}{g(x)} = \frac{f'(a)}{g'(a)}, \text{ falls auch } f'(a) = g'(a) = 0,$$

$$\text{dann } \lim_{x \to a} \frac{f(x)}{g(x)} = \frac{f''(a)}{g''(a)} \text{ usw.}$$

Beweis mittels Taylor-Reihen für f(x) und g(x):

$$f(x) = f(a) + \frac{f'(a)}{1!}(x-a) + \frac{f''(a)}{2!}(x-a)^2 + \frac{f'''(a)}{3!}(x-a)^3 + \ldots$$

$$g(x) = g(a) + \frac{g'(a)}{1!}(x-a) + \frac{g''(a)}{2!}(x-a)^2 + \frac{g'''(a)}{3!}(x-a)^3 + \ldots$$

Da $f(a) = g(a) = 0$, kann man $(x-a)$ ausklammern und in $\frac{f(x)}{g(x)}$ wegkürzen, so daß übrigbleibt

$$\lim_{x \to a} \frac{f(x)}{g(x)} = \lim_{x \to a} \frac{f'(a) + \frac{f''(a)}{2!}(x-a) + \frac{f'''(a)}{3!}(x-a)^2 + \ldots}{g'(a) + \frac{g''(a)}{2!}(x-a) + \frac{g'''(a)}{3!}(x-a)^2 + \ldots} = \frac{f'(a)}{g'(a)}$$

Falls auch $f'(a) = g'(a) = 0$, dann

$$\lim_{x \to a} \frac{f(x)}{g(x)} = \lim_{x \to a} \frac{\frac{f''(a)}{2!} + \frac{f'''(a)}{3!}(x-a) + \ldots}{\frac{g''(a)}{2!} + \frac{g'''(a)}{3!}(x-a) + \ldots} = \frac{f''(a)}{g''(a)} \text{ usw.}$$

Beispiele:

1. $$\lim_{x \to \frac{1}{2}} \frac{6x^2 - 5x + 1}{8x^2 - 2x - 1} = \lim \frac{12x - 5}{16x - 2} = \frac{1}{6}$$

2. $\lim\limits_{x\to\infty} \frac{x^3}{e^x} = \lim\limits_{x\to\infty} \frac{3x^2}{e^x} = \lim\limits_{x\to\infty} \frac{2\cdot 3x}{e^x} = \lim\limits_{x\to\infty} \frac{3!}{e^x} = 0$ und allg.

(8.10) $\lim\limits_{x\to\infty} \frac{x^n}{e^x} = \lim\limits_{x\to\infty} \frac{n!}{e^x} = 0$, d.h. die Exponentialfunktion wächst schneller für x als jede Potenzfunktion.

3. $\lim\limits_{x\to 0} x\cdot\ln x = \lim\limits_{x\to 0} \frac{\ln x}{1/x} = \lim\limits_{x\to 0} \frac{1/x}{-1/x^2} = \lim\limits_{x\to 0}(-x) = 0$

Anwendung auf $\lim x^x$: wegen $x^x = e^{\ln x^x} = e^{x\cdot\ln x}$ gilt

(8.11) $\lim\limits_{x\to 0} x^x = 1$

Aufgabe 1: Wie lauten die Potenzreihen für a) $\ln\frac{1+x}{1-x}$

b) $\frac{1}{(1+x)^2}$ c) $\sqrt{1+x}$ d) $\frac{1}{\sqrt{1-x^2}}$

Aufgabe 2: Man entwickle den Integrand in eine Potenzreihe und berechne die bestimmten Integrale

a) $\int\limits_0^1 e^{-x^2}dx$ b) $\int\limits_0^{1/2} e^{-x^2}dx$ c) $\int\limits_0^{1/4} e^{-x^2}dx$

auf drei Stellen nach dem Komma genau.

Aufgabe 3: Man gebe für $\sin x$ die Taylor-Reihe an der Stelle $a = \frac{\pi}{6} \mathrel{\hat{=}} 30^\circ$ an und berechne damit $\sin 31^\circ$ auf vier Dezimalen genau ($\sin\frac{\pi}{6} = \frac{1}{2}$; $\cos\frac{\pi}{6} = \frac{1}{2}\cdot\sqrt{3}$; $1^\circ \mathrel{\hat{=}} 0{,}0174\,532$; $\sqrt{3} \approx 1{,}732\,050\,8$).

Aufgabe 4: Man gebe die Reihenentwicklung für die Funktion $f(x) = \sin x \cdot \cos x$ und den Fehler für $x = \frac{1}{4}$ an, wenn man als Näherungspolynom nur die beiden ersten Summanden nimmt.

Aufgabe 5: Für $\arcsin x$ und $\arctan x$ leite man die Potenzreihementwicklung bis x^5 auf jeweils zweifache Weise her. Was folgt aus $\arcsin\frac{1}{2}$ und $\arctan 1$?

Aufgabe 6: a) $\lim\limits_{x\to 0} \frac{x - \sin x}{x^3}$ b) $\lim\limits_{x\to 0} \left(\frac{1}{x} - \frac{1}{e^x - 1}\right)$

c) $\lim\limits_{T\to 0} \left(\frac{h\nu}{kT}\right) \cdot \frac{e^{\frac{h\nu}{kT}}}{\left(e^{\frac{h\nu}{kT}} - 1\right)^2}$ d) $\lim\limits_{n\to 0} \frac{e^{nx} - \cos(nx)}{\sin(nx^2)}$

e) $\lim\limits_{k\to 1} \frac{p_o v_o}{k-1} \cdot \left(1 - \frac{1}{2^{k-1}}\right)$ f) $\lim\limits_{c\to a} \frac{1}{a-c} \cdot \ln\frac{(a-k)\cdot c}{(c-k)\cdot a}$

Aufgabe 7: Man entwickle $y = \ln\cos x$ in eine Potenzreihe bis einschließlich x^6. Die Gleichung $\ln\cos x = -\frac{7}{12}x^2$ ersetze man dann näherungsweise durch eine Gleichung vierten Grades und löse diese. Man verbessere den so gefundenen Näherungswert für die ursprüngliche Gleichung einmal nach dem Newtonschen Tangentenverfahren (s. § 6 Aufgabe 6).

Aufgabe 8: a) Man bestimme die beiden Lösungen $x^2 - 70x + 1 = 0$, indem man die auftretende Quadratwurzel direkt ausrechnet (Rechenstab). Bei der kleineren Lösung als Differenz annähernd gleichgroßer Zahlen tritt ein großer Genauigkeitsverlust auf. Man vermeide diesen, indem man auf die Wurzel die Rechenverfahren für kleine Beträge anwendet.

b) Man löse analog $x^2 + px + q = 0$, wenn die Bedingung $|q| \ll \frac{p^2}{4}$ erfüllt ist.

Aufgabe 9: Mit $(1+x)\cdot(1+y) \approx 1+x+y$ und $\frac{1+x}{1+y} \approx 1+x-y$ (warum?) für $|x| \ll 1$ und $|y| \ll 1$ berechne man $\frac{1{,}03 \cdot 0{,}96^2}{\sqrt{1{,}05 \cdot 0{,}98^3}}$

§ 9 Funktionen mehrerer Veränderlicher

In der Zustandsgleichung realer Gase (5.11) oder auch schon für ideale Gase $p \cdot V = R \cdot T$ (universelle Gaskonstante R) ist der Druck p eine Funktion der beiden unabhängigen Veränderlichen V (Volumen) und T (Temperatur).
Die meisten in der Naturwissenschaft und Technik auftretenden Funktionen sind Funktionen von zwei, drei oder mehr unabhängigen Veränderlichen: $z = z(x_1, x_2, \ldots, x_n)$.
Für die meisten neu auftretenden Fragen genügt es, sich auf Funktionen von zwei unabhängigen Veränderlichen zu beschränken, da schon hier die wesentlichen Unterschiede zu Funktionen einer Veränderlichen zutage treten.

Es sei $z = z(x,y)$ eine Funktion der beiden unabhängigen Veränderlichen x und y. Eine Änderung von x um Δx bewirkt eine Änderung von z um $\Delta z = z(x+\Delta x,y) - z(x,y)$ bei unverändertem y-Wert; analog kann sich z auch ändern durch eine Änderung von y bei konstantem x.
Entsprechend (6.3) nennt man die folgenden Grenzwerte die "partiellen Ableitungen" nach x bzw. y:

$$\text{(9.1)} \qquad \lim_{\Delta x \to 0} \frac{z(x+\Delta x,y) - z(x,y)}{\Delta x} = \frac{\partial z}{\partial x} = z_x$$

$$\lim_{\Delta y \to 0} \frac{z(x,y+\Delta y) - z(x,y)}{\Delta y} = \frac{\partial z}{\partial y} = z_y$$

Das Symbol ∂ - im Gegensatz zum d bei der Differentiation von Funktionen einer Veränderlichen - soll von vornherein darauf hinweisen, daß es sich um partielle Differentiation von Funktionen mehrerer Veränderlicher handelt; oft wird auch die Schreibweise z_x und z_y verwendet (der Index gibt an, nach welcher der Veränderlichen partiell differentiert wurde).

Da bei der partiellen Differentiation alle unabhängigen Veränderlichen konstant gehalten werden bis auf diejenige, nach welcher gerade differentiert wird, erfolgt die partielle Differentiation im wesentlichen nach denselben Regeln wie die Differentiation der Funktionen einer Veränderlichen.

Beispiele:

1. $z = x \cdot y + \frac{y}{x}$; $z_x = y - \frac{y}{x^2}$ und $z_y = x + \frac{1}{x}$

2. $u = v \cdot \sin(at + bv)$; $u_v = \sin(at + bv) + b \cdot v \cdot \cos(at + bv)$

   $u_t = a \cdot v \cdot \cos(at + bv)$

3. $a \cdot x^2 + b \cdot y^2 + c \cdot z^2 = 1$; partielle Differentiation nach x liefert $2ax + 2cz \cdot \frac{\partial z}{\partial x} = 0$, also $\frac{\partial z}{\partial x} = -\frac{ax}{cz}$; analog $\frac{\partial z}{\partial y} = -\frac{by}{cz}$

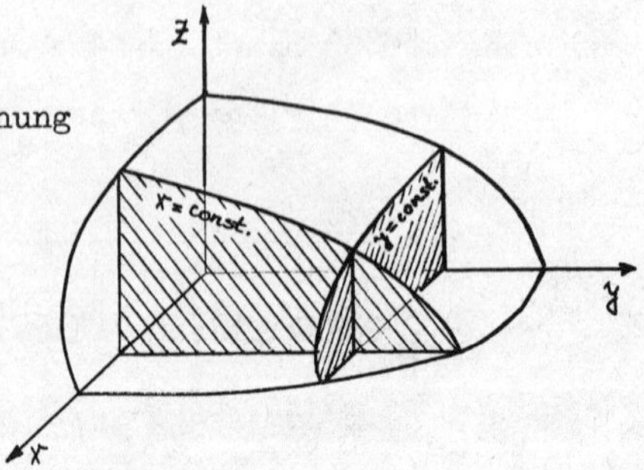

Geometrische Veranschaulichung der partiellen Ableitung: Eine Funktion $z = z(x,y)$ von zwei unabhängigen Veränderlichen kann im dreidimensionalen Raum (kartesisches Koordinatensystem x,y,z) als Fläche dargestellt werden. Ist y konstant, so bedeutet $z = z(x,\text{konst.})$ eine zur x-z-Ebene parallele Kurve auf der Fläche, entsprechend $z = z(\text{konst.},y)$ eine zur y-z-Ebene parallele Kurve auf der Fläche $z = z(x,y)$. Die partiellen Ableitungen $\frac{\partial z}{\partial x}$ und $\frac{\partial z}{\partial y}$ geben folglich die Tangentensteigungen dieser Kurven an.

Wie die vorigen Beispiele zeigen, sind die partiellen Ableitungen selbst Funktionen der unabhängigen Veränderlichen; man kann also Ableitungen höherer Ordnung bilden:

$$
(9.2)\qquad
\begin{aligned}
&\frac{\partial}{\partial x}\left(\frac{\partial z}{\partial x}\right) = \frac{\partial^2 z}{\partial x^2} = z_{xx} \qquad &&\frac{\partial}{\partial y}\left(\frac{\partial z}{\partial x}\right) = \frac{\partial^2 z}{\partial y \partial x} = z_{xy}\\
&\frac{\partial}{\partial y}\left(\frac{\partial z}{\partial y}\right) = \frac{\partial^2 z}{\partial y^2} = z_{yy} \qquad &&\frac{\partial}{\partial x}\left(\frac{\partial z}{\partial y}\right) = \frac{\partial^2 z}{\partial x \partial y} = z_{yx}
\end{aligned}
$$

Für die Beispiele lauten die partiellen Ableitungen zweiter Ordnung:

$$z_{xx} = \frac{2y}{x^3}, \quad z_{xy} = 1 - \frac{1}{x^2} = z_{yx}, \quad z_{yy} = 0;$$

$$u_{vv} = 2b \cdot \cos(at + bv) - b^2 v \cdot \sin(at + bv),$$

$$u_{vt} = a \cdot \cos(at + bv) - abv \cdot \sin(at + bv) = u_{tv},$$

$$u_{tt} = -a^2 v \cdot \sin(at + bv);$$

auch für das dritte Beispiel erweist sich die Gleichheit der "gemischten" zweiten Ableitungen

$$z_{xy} = \frac{\partial}{\partial y}\left(-\frac{ax}{cz}\right) = \frac{ax}{cz^2} \cdot \frac{\partial z}{\partial y} = -\frac{abxy}{c^2 z^3} = \frac{\partial}{\partial x}\left(-\frac{by}{cz}\right) = z_{yx}$$

Diese Beobachtung gilt allgemein, falls die entstehenden Ableitungen stetig sind. (Auf den Beweis wollen wir verzichten, ebenso auf Fragen über Stetigkeit und Existenz von Grenzwerten, obwohl sie nicht nur theoretische Bedeutung haben.) Für die Praxis bedeutet

$$(9.3) \qquad z_{xy} = z_{yx}$$

die Vertauschbarkeit der Reihenfolge bei der partiellen Differentiation. Die Folge hiervon ist, daß die Anzahl der voneinander verschiedenen Ableitungen wesentlich geringer ist, als ursprünglich zu erwarten war. Bei einer Funktion von zwei unabhängigen Veränderlichen gibt es statt der acht möglichen Ableitungen dritter Ordnung - beispielsweise - nur folgende vier voneinander verschiedene Ableitungen: z_{xxx}, $z_{xxy} = z_{xyx} = z_{yxx}$, $z_{xyy} = z_{yxy} = z_{yyx}$ und z_{yyy}. Man überlege selbst, daß eine Funktion $z = z(x,y)$ statt der 2^n möglichen Ableitungen n-ter Ordnung wegen (9.3) nur n+1 verschiedene Ableitungen n-ter Ordnung besitzt.

In der Naturwissenschaft treten häufig partielle Differentialquotienten auf. Die Thermodynamik liefert z.B. für die Differenz der spezifischen Wärmen $c_p - c_v = T\cdot\frac{\partial p}{\partial T}\cdot\frac{\partial V}{\partial T}$. Für ein ideales Gas gilt $p\cdot V = R\cdot T$, also $\frac{\partial p}{\partial T} = \frac{R}{V}$ und $\frac{\partial V}{\partial T} = \frac{R}{p}$, eingesetzt erhält man die bedeutsame Beziehung $c_p - c_v = T\cdot\frac{R^2}{p\cdot V} = T\cdot\frac{R^2}{R\cdot T} = R$.

Die partiellen Differentialquotienten lassen sich hier leicht interpretieren: $\frac{\partial p}{\partial T}$ und $\frac{\partial V}{\partial T}$ geben die Druckänderung bzw. Volumänderung des Gases infolge einer Änderung der Temperatur an. Beim idealen Gas ist wegen $\frac{\partial p}{\partial T} = \frac{R}{V}$ die Druckzunahme infolge Temperaturerhöhung dem Gasvolumen umgekehrt proportional.

Nimmt man statt der idealen Gasgleichung die Van-der-Waalsche Zustandsgleichung (5.11), dann bekommt man aus

$$(9.4) \qquad p = \frac{RT}{V-b} - \frac{a}{V^2}$$

für $\frac{\partial p}{\partial T} = \frac{R}{V-b}$. Da $b>0$, ist hier die Druckzunahme größer als beim idealen Gas. Die partielle Ableitung $\frac{\partial V}{\partial T}$ kann man aus (9.4) durch implizites Differentieren erhalten:

$$0 = \frac{R\cdot(V-b) - RT\cdot\frac{\partial V}{\partial T}}{(V-b)^2} + \frac{2a}{V^3}\cdot\frac{\partial V}{\partial T},$$

$$\frac{\partial V}{\partial T}\left\{RT\cdot V^3 - 2a\cdot(V-b)^2\right\} = R\cdot(V-b)\cdot V^3,$$

$$\frac{\partial V}{\partial T} = \frac{RV^3\cdot(V-b)}{RTV^3 - 2a(V-b)^2}, \text{ eingesetzt in } c_p - c_v = T\cdot\frac{\partial p}{\partial T}\cdot\frac{\partial V}{\partial T}$$

$$\text{ergibt } c_p - c_v = T\cdot\frac{R}{V-b}\cdot\frac{V-b}{T - 2a(V-b)^2/RV^3}$$

$$= \frac{R}{1 - 2a\frac{(V-b)^2}{RTV^3}} > R, \text{ da } a>0.$$

Die Konstanten a und b sind in bezug auf V sehr klein, daher kann man für den Subtrahenden im Nenner näherungsweise $2a\cdot V^2/RTV^3 = 2a/RTV$ schreiben, und wegen $a \ll V$ ist der ganze Subtrahend klein gegenüber 1, so daß man unter

Verwendung von (8.8) erhält

$c_p - c_v \approx R\cdot(1 + \frac{2a}{RTV})$ für Van-der-Waalsches Gas im Gegensatz zu $c_p - c_v = R$ für ideales Gas.

Berechnung der "kritischen Daten" aus der Van-der-Waalschen Gleichung:

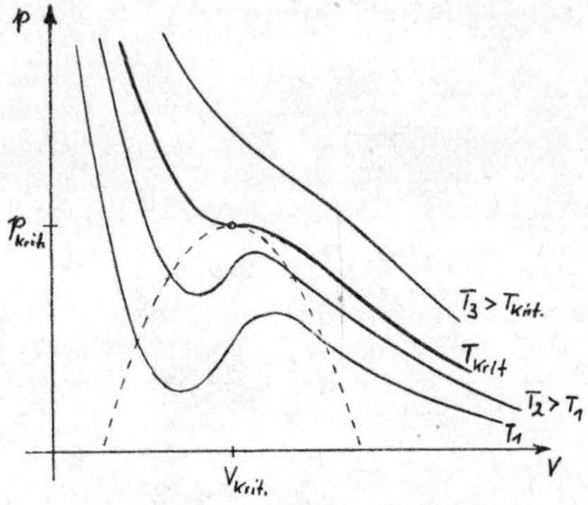

Die nebenstehende Skizze zeigt die Isothermen (T= konstant) eines Van-der-Waalschen Gases. Oberhalb der kritischen Temperatur T_k ist eine Verflüssigung des Gases durch Druckerhöhung nicht möglich.

Die Isotherme T_k ist durch eine horizontale Tangente im Punkte V_k, p_k (kritisches Volumen bzw. kritischer Druck) ausgezeichnet, d.h. die erste und zweite partielle Ableitung von p nach V müssen null sein. Aus (9.4) folgt

$$\frac{\partial p}{\partial V} = -\frac{RT}{(V-b)^2} + \frac{2a}{V^3} \quad \text{und} \quad \frac{\partial^2 p}{\partial V^2} = \frac{2RT}{(V-b)^3} - \frac{6a}{V^4}\text{, also}$$

$$RT_k = \frac{2a}{V_k^3}(V_k - b)^2 \quad \text{und} \quad RT_k = \frac{3a}{V_k^4}(V_k - b)^3\text{; durch}$$

Elimination von T_k erhält man hieraus

$\underline{V_k = 3b}$ und folglich $\underline{T_k = \frac{8a}{27\,b\,R}}$ und aus (9.4)

$\underline{p_k = \frac{a}{27\,b^2}}$. Aus den leicht meßbaren Daten T_k und p_k

kann man nun für jedes reale Gas die Van-der-Waalschen Konstanten a und b berechnen:

$$\frac{T_k}{p_k} = \frac{8b}{R}\text{, also}\quad \underline{b = \frac{R}{8}\cdot\frac{T_k}{p_k}}\text{; eingesetzt in } p_k = a/27b^2$$

erhält man $\underline{a = \frac{27}{64}\cdot\frac{R^2\cdot T_k^2}{p_k}}$.

Die vollständige Ableitung: In einer Funktion $z = z(x,y)$ seien die unabhängigen Veränderlichen selbst Funktionen einer Variablen t; etwa in der Gasgleichung $p = \frac{RT}{V}$ können Temperatur und Volumen Funktionen der Zeit sein. Für $z = z[x(t),y(t)]$ ist nun die vollständige Ableitung $\frac{dz}{dt}$ mit Hilfe der partiellen Ableitungen z_x und z_y anzugeben. Ausgehend von (6.3) ist also der Grenzwert

$$\frac{dz}{dt} = \lim_{\Delta t\to 0}\frac{z[x(t+\Delta t),y(t+\Delta t)] - z[x(t),y(t)]}{\Delta t}$$ zu bestimmen. Subtrahiert und addiert man im Zähler den Ausdruck $z[x(t),y(t+\Delta t)]$, so kann man in zwei Grenzwerte aufspalten

$$\frac{dz}{dt} = \lim_{\Delta t\to 0}\frac{z[x(t+\Delta t),y(t+\Delta t)] - z[x(t),y(t+\Delta t)]}{\Delta t} +$$

$$+ \lim_{\Delta t\to 0}\frac{z[x(t),y(t+\Delta t)] - z[x(t),y(t)]}{\Delta t}.$$ Erweitert man die Brüche mit Δx bzw. Δy und beachtet, daß man wegen $\Delta x = x(t+\Delta t) - x(t)$ für $x(t+\Delta t) = x + \Delta x$ schreiben kann, und außerdem für $\Delta t\to 0$ auch $\Delta x\to 0$ geht (analog für y), so erhält man

$$\frac{dz}{dt} = \lim_{\substack{\Delta x \to 0 \\ \Delta t \to 0}} \frac{z[x+\Delta x, y(t+\Delta t)] - z[x, y(t+\Delta t)]}{\Delta x} \cdot \frac{\Delta x}{\Delta t} +$$

$$+ \lim_{\substack{\Delta y \to 0 \\ \Delta t \to 0}} \frac{z[x(t), y+\Delta y] - z[x(t), y]}{\Delta y} \cdot \frac{\Delta y}{\Delta t}\text{, also}$$

(9.5) $$\boxed{\frac{dz}{dt} = \frac{\partial z}{\partial x} \cdot \frac{dx}{dt} + \frac{\partial z}{\partial y} \cdot \frac{dy}{dt}}$$ "Kettenregel"

Man erkennt sofort, daß (6.8) ein Sonderfall von (9.5), bzw. dies die Verallgemeinerung von (6.8) ist. Sind n unabhängige Veränderliche vorhanden, $z=z(x_1,x_2,\ldots,x_n)$, und alle Funktionen von t, so gilt natürlich

(9.6) $$\frac{dz}{dt} = \frac{\partial z}{\partial x_1} \cdot \frac{dx_1}{dt} + \frac{\partial z}{\partial x_2} \cdot \frac{dx_2}{dt} + \ldots + \frac{\partial z}{\partial x_n} \cdot \frac{dx_n}{dt}$$

Ein Anwendungsbeispiel: Setzt man in $z = x^y$ für $x = t$ und für $y = t$, also $\frac{dx}{dt} = 1 = \frac{dy}{dt}$, so kann man die Funktion einer (!) Veränderlichen $z = t^t$ nicht sofort differenzieren, da man weder (6.4) noch (6.14) anwenden kann. Nach (9.5) erhält man aber mit $\frac{\partial z}{\partial x} = y \cdot x^{y-1}$ und $\frac{\partial z}{\partial y} = x^y \cdot \ln x$ sofort

(9.7) $$\frac{d}{dt} t^t = t^t \cdot (1 + \ln t)$$

Multipliziert man formal die Gleichung (9.5) mit dt, so erhält man das "vollständige Differential"

(9.8) $$\boxed{dz = \frac{\partial z}{\partial x} dx + \frac{\partial z}{\partial y} dy}$$

Ein einfaches Beispiel soll die Bedeutung des vollständigen Differentials veranschaulichen. Der Flächeninhalt eines Rechtecks mit den Seiten x und y ist $F = x \cdot y$.

Ändert man die Länge x um dx und die Breite y um dy, dann ändert sich auch der Flächeninhalt und zwar um

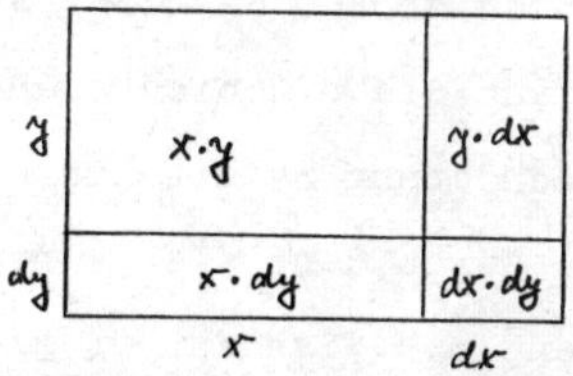

$\Delta F = y \cdot dx + x \cdot dy + dx \cdot dy$. Das vollständige Differential lautet

$dF = \frac{\partial F}{\partial x} dx + \frac{\partial F}{\partial y} dy = y\,dx + x\,dy$.

Sind dx und dy klein in bezug auf x und y, dann ist der Unterschied $dx \cdot dy$ zwischen ΔF und dF klein von "höherer Ordnung" und man kann die Flächenänderung ΔF näherungsweise durch das vollständige Differential dF, das man leicht berechnen kann, ersetzen. Die Gesamtänderung der Funktion F setzt sich also zusammen aus einer Änderung $\frac{\partial F}{\partial x} dx = y \cdot dx$ infolge Längenänderung dx und $\frac{\partial F}{\partial y} dy = x \cdot dy$ infolge Breitenänderung dy. Man spricht hier von der "Superposition kleiner Wirkungen". Deutlich zu sehen ist dies auch bei der Druckänderung eines idealen Gases $dp = \frac{\partial p}{\partial T} dT + \frac{\partial p}{\partial V} dV = \frac{R}{V} dT - \frac{RT}{V^2} dV$, wo sich die Gesamtänderung des Druckes zusammensetzt aus der Änderung $\frac{\partial p}{\partial T} dT = \frac{R}{V} dT$ infolge Temperaturänderung und $\frac{\partial p}{\partial V} dV = -\frac{RT}{V^2} dV$ infolge Volumänderung.

Geometrische Deutung des vollständigen Differentials:

Bei einer Funktion $y = y(x)$ einer unabhängigen Veränderlichen gibt $dy = y' \cdot dx$ die Länge der Gegenkathete im Steigungsdreieck der

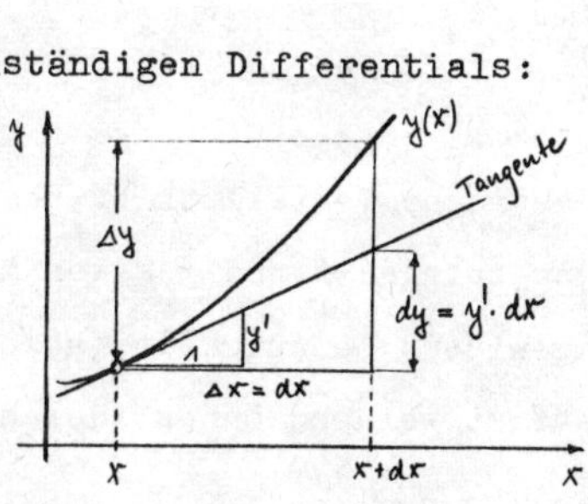

Tangente an. Δy ist die Funktionsänderung, die sich bei nicht zu großem dx nicht sehr von dy unterscheidet, d.h. man kann die oft nicht sehr bequem zu berechnende Funktionsänderung Δy mit hinreichender Genauigkeit näherungsweise durch den meist einfacheren Ausdruck $dy = y' \cdot dx$ ersetzen; z.B. ist für $y = \arctan x$ die Funktionsänderung Δy wesentlich einfacher mit Hilfe des Differentials

$dy = \frac{1}{1+x^2} dx$ zu berechnen.

Bei Funktionen von zwei unabhängigen Veränderlichen tritt an die Stelle der Kurventangente die Tangentialebene an die Fläche $z = z(x,y)$. Ändert man die unabhängigen Veränderlichen x und y um dx und dy, so ändert sich der Funktionswert um Δz; die Erhebung bis zur Tangentialebene ist gerade

$$dz = \frac{\partial z}{\partial x} dx + \frac{\partial z}{\partial y} dy .$$

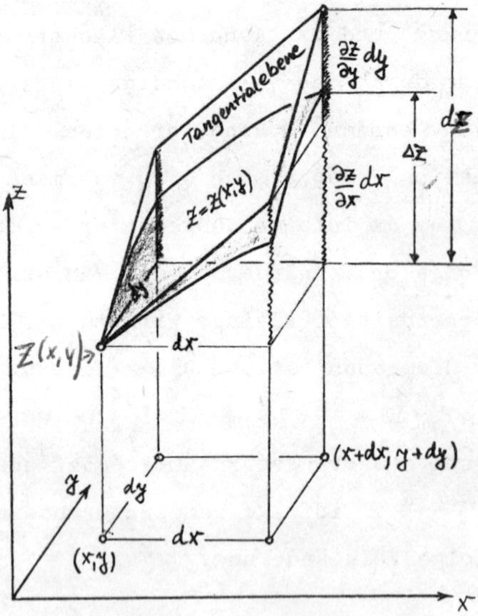

Der praktische Vorteil tritt besonders bei der Fehlerrechnung zutage: x und y seien Meßwerte, die nur mit einer gewissen Genauigkeit (absolute Meßfehler) Δx und Δy bestimmt werden können; der hieraus berechnete Wert

$z = z(x,y)$ wird also mit einem Fehler Δz behaftet sein, den man näherungsweise mit Hilfe des vollständigen Differentials berechnen kann.

Beispiel: Der elektrische Widerstand R eines Drahtes ist proportional zur Länge und umgekehrt proportional zum Querschnitt. Es sei die Länge mit $l = 10\text{ cm} \pm 1\text{ mm}$ und der Durchmesser mit $D = 0{,}5\text{ cm} \pm 0{,}1\text{ mm}$ bestimmt worden; der spezifische Widerstand ϱ (gemessen in $\Omega\cdot\text{m}$) als Proportionalitätsfaktor sei genau bekannt. Es gilt also $R = \varrho \dfrac{l}{\frac{\pi}{4} D^2}$; mit der Abkürzung $a = \frac{4}{\pi}\varrho$ ist dann

$dR = \frac{\partial R}{\partial l} dl + \frac{\partial R}{\partial D} dD = a\cdot\frac{1}{D^2} dl - 2\cdot a\cdot\frac{l}{D^3} dD$. Da die Fehler der Einzelmessungen $dl = \pm 1\text{ mm}$ und $dD = \pm 0{,}1\text{ mm}$ sowohl positiv als auch negativ sein können, gilt für den absoluten Fehler $|dR| = \left|\frac{\partial R}{\partial l} dl + \frac{\partial R}{\partial D} dD\right| \le \left|\frac{\partial R}{\partial l} dl\right| + \left|\frac{\partial R}{\partial D} dD\right| =$

$= a[\Omega\cdot\text{m}]\left(\frac{0{,}1\text{ cm}}{0{,}25\text{cm}^2} + 2\cdot\frac{10\text{ cm}\cdot 0{,}01\text{cm}}{0{,}125\text{ cm}^3}\right) = 200\, a[\Omega]$

Für den relativen Fehler gilt $\left|\frac{dR}{R}\right| \le \left|\frac{dl}{l}\right| + 2\cdot\left|\frac{dD}{D}\right| =$

$= 1\% + 2\cdot 2\% = 5\%$.

Wie das Beispiel nahe legt, wird der Relativfehler einer Funktion der Form $u = a\cdot x^k\cdot y^l\cdot z^m$ besonders einfach zu berechnen sein aus den Relativfehlern $\frac{dx}{x}$, $\frac{dy}{y}$, $\frac{dz}{z}$ der Einzelmessungen. Wegen $du = k\cdot a\cdot x^{k-1}\cdot y^l\cdot z^m\cdot dx + l\cdot a\cdot x^k\cdot y^{l-1}\cdot z^m\cdot dy + m\cdot a\cdot x^k\cdot y^l\cdot z^{m-1}\cdot dz$, also

$du = a\cdot x^k\cdot y^l\cdot z^m\cdot\left(k\frac{dx}{x} + l\frac{dy}{y} + m\frac{dz}{z}\right)$ ist

$$\frac{du}{u} = k\cdot\frac{dx}{x} + l\cdot\frac{dy}{y} + m\cdot\frac{dz}{z} \qquad (9.9)$$

Das vollständige Differential ist auch ein geeignetes Hilfsmittel, um bei impliziten Funktionen einer (!) unabhängigen Veränderlichen recht einfach die Ableitung zu bestimmen. Durch $f(x,y) = 0$ sei also implizit eine Funktion $y=y(x)$ gegeben, die aber in dieser expliziten Form nicht bekannt ist (entweder weil die Auflösung nach y praktisch schwierig oder gar unmöglich ist).
Wegen $f(x,y) = 0$ ist auch $df = 0$, so daß aus
$df = \frac{\partial f}{\partial x} dx + \frac{\partial f}{\partial y} dy = 0$ folgt:

$$\boxed{\frac{dy}{dx} = -\frac{\partial f/\partial x}{\partial f/\partial y}} \tag{9.10}$$

Beispiele:

1. Die Tangentensteigung der Ellipse $\frac{x^2}{a^2} + \frac{y^2}{b^2} = 1$ ist $y' = -\frac{2x/a^2}{2y/b^2} = -\frac{b^2}{a^2} \cdot \frac{x}{y}$, wie man auch direkt errechnet.

2. Für $\frac{\partial V}{\partial T} = \left(\frac{dV}{dT}\right)_{p=konst.}$ erhält man aus der Van-der-Waalschen Gleichung $f(V,T) = (p + \frac{a}{V^2})(V - b) - RT = 0$ nach obiger Formel

$$\frac{\partial V}{\partial T} = -\frac{\partial f/\partial T}{\partial f/\partial V} = -\frac{-R}{-\frac{2a}{V^3}(V-b) + \underbrace{(p + \frac{a}{V^2})}_{RT/V-b}} = \frac{RV^3 \cdot (V-b)}{RTV^3 - 2a(V-b)^2}$$

in Übereinstimmung mit dem Ergebnis auf Seite 125.

Das letzte Beispiel zeigt, daß obige Überlegungen und damit auch (9.10) auf Funktionen von mehreren Veränderlichen ausgeweitet werden kann. Stellt $f(x,y,z) = 0$

eine implizite Funktion $z = z(x,y)$ dar, dann folgt aus
$df = \frac{\partial f}{\partial x}dx + \frac{\partial f}{\partial y}dy + \frac{\partial f}{\partial z}dz$ wegen $df = 0$ bei konstantem y, also $dy = 0$:

(9.10 a) $$\frac{\partial z}{\partial x} = -\frac{\partial f/\partial x}{\partial f/\partial z}$$ und bei konstantem x $(dx = 0)$

(9.10 b) $$\frac{\partial z}{\partial y} = -\frac{\partial f/\partial y}{\partial f/\partial z}$$, folglich für das vollständige Differential

$$dz = \frac{\partial z}{\partial x}dx + \frac{\partial z}{\partial y}dy = -\frac{\partial f/\partial x}{\partial f/\partial z}dx - \frac{\partial f/\partial y}{\partial f/\partial z}dy\,.$$

Gleichberechtigt neben (9.10a,b) gilt bei konstantem z

(9.10 c) $$\frac{\partial y}{\partial x} = -\frac{\partial f/\partial x}{\partial f/\partial y}$$

Beispiel: Das vollständige Differential dz für
$x^3 + y^3 + z^3 - 3xyz = a^3$ lautet wegen $\frac{\partial z}{\partial x} = -\frac{3x^2 - 3yz}{3z^2 - 3xy}$ und
$\frac{\partial z}{\partial y} = -\frac{3y^2 - 3xz}{3z^2 - 3xy}$: $dz = -\frac{x^2 - yz}{z^2 - xy}dx - \frac{y^2 - xz}{z^2 - xy}dy.$

Bei der Herleitung der Kettenregel (9.5) waren in $z = z(x,y)$ die unabhängigen Veränderlichen selbst Funktionen einer neuen Variablen. Nun können x und y auch Funktionen von zwei neuen Variablen u und v sein, also $x = x(u,v)$ und $y = y(u,v)$. Dieses Problem ergibt sich z. B. bei Koordinatentransformation, wenn etwa statt der kartesischen Koordinaten x und y Polarkoordinaten r und φ gemäß $x = r\cdot\cos\varphi$, $y = r\cdot\sin\varphi$ eingeführt werden. Es sei also $z = z(x,y) = z[x(u,v),y(u,v)]$. Nach der Kettenregel (9.5) erhält man die partiellen Ableitungen von z nach den neuen Veränderlichen:

$$\frac{\partial z}{\partial u} = \frac{\partial z}{\partial x}\cdot\frac{\partial x}{\partial u} + \frac{\partial z}{\partial y}\cdot\frac{\partial y}{\partial u}$$

(9.11)

$$\frac{\partial z}{\partial v} = \frac{\partial z}{\partial x}\cdot\frac{\partial x}{\partial v} + \frac{\partial z}{\partial y}\circ\frac{\partial y}{\partial v}$$

Die partiellen Ableitungen nach den neuen Veränderlichen setzen sich also zusammen aus den partiellen Ableitungen nach den ursprünglichen Veränderlichen und den partiellen Ableitungen der Transformationsformeln.

Beispiel:

Wie lautet die (partielle Differential-) Gleichung $\frac{\partial^2 z}{\partial r^2} + \frac{1}{r}\cdot\frac{\partial z}{\partial r} + \frac{1}{r^2}\cdot\frac{\partial^2 z}{\partial \varphi^2} = 0$ in den neuen Koordinaten $x = r\cdot\cos\varphi$ und $y = r\cdot\sin\varphi$?

Entsprechend (9.11) erhält man mit $\frac{\partial x}{\partial r} = x_r = \cos\varphi$, $\frac{\partial x}{\partial \varphi} = x_\varphi = -r\cdot\sin\varphi$, $\frac{\partial y}{\partial r} = y_r = \sin\varphi$, $\frac{\partial y}{\partial \varphi} = y_\varphi = r\cdot\cos\varphi$ der Reihe nach

$$\frac{\partial z}{\partial r} = z_r = z_x\cdot x_r + z_y\cdot y_r = \cos\varphi\cdot z_x + \sin\varphi\cdot z_y$$

$$\frac{\partial^2 z}{\partial r^2} = \frac{\partial}{\partial r} z_r = \cos\varphi\cdot(z_{xx}\cdot x_r + z_{xy}\cdot y_r) + \sin\varphi\cdot(z_{yx}\cdot x_r + z_{yy}\cdot y_r)$$

$$= \cos^2\varphi\cdot z_{xx} + 2\cdot\cos\varphi\cdot\sin\varphi\cdot z_{xy} + \sin^2\varphi\cdot z_{yy}$$

$$\frac{\partial z}{\partial \varphi} = z_\varphi = z_x\cdot x_\varphi + z_y\cdot y_\varphi = -r\cdot\sin\varphi\cdot z_x + r\cdot\cos\varphi\cdot z_y$$

$$\frac{\partial^2 z}{\partial \varphi^2} = \frac{\partial}{\partial \varphi} z_\varphi = -r\cdot\cos\varphi\cdot z_x - r\cdot\sin\varphi\cdot(z_{xx}\circ x_\varphi + z_{xy}\cdot y_\varphi) +$$

$$-r\cdot\sin\varphi\cdot z_y + r\cdot\cos\varphi\cdot(z_{yx}\cdot x_\varphi + z_{yy}\circ y_\varphi) =$$

$$= r^2\cdot\left(-\frac{\cos\varphi}{r} z_x - \frac{\sin\varphi}{r} z_y + \sin^2\varphi\cdot z_{xx} + \cos^2\varphi\cdot z_{yy} - 2\sin\varphi\cdot\cos\varphi\cdot z_{xy}\right)$$

In die gegebene Gleichung eingesetzt erhält man

$z_{xx} + z_{yy} = 0$.

Ist mit $x = x(u,v)$, $y = y(u,v)$ eine Transformation der Variablen x,y in die neuen Variablen u,v gegeben, so kann man für diese die partiellen Ableitungen u_x, u_y, v_x, v_y aus der Kenntnis der partiellen Ableitungen von x und y angeben, ohne daß man die Umkehrfunktionen $u = u(x,y)$ und $v = v(x,y)$ bestimmt. Denn, differenziert man $u = u(x,y) = u[x(u,v), y(u,v)]$ und $v = v(x,y) = v[x(u,v), y(u,v)]$ partiell nach den unabhängigen Veränderlichen u und v, so erhält man mit

(9.12 a)
$$\frac{\partial u}{\partial u} = 1 = \frac{\partial u}{\partial x}\cdot\frac{\partial x}{\partial u} + \frac{\partial u}{\partial y}\cdot\frac{\partial y}{\partial u}$$
$$\frac{\partial u}{\partial v} = 0 = \frac{\partial u}{\partial x}\cdot\frac{\partial x}{\partial v} + \frac{\partial u}{\partial y}\cdot\frac{\partial y}{\partial v}$$

und

(9.12 b)
$$\frac{\partial v}{\partial u} = 0 = \frac{\partial v}{\partial x}\cdot\frac{\partial x}{\partial u} + \frac{\partial v}{\partial y}\cdot\frac{\partial y}{\partial u}$$
$$\frac{\partial v}{\partial v} = 1 = \frac{\partial v}{\partial x}\cdot\frac{\partial x}{\partial v} + \frac{\partial v}{\partial y}\cdot\frac{\partial y}{\partial v}$$

zwei lineare Gleichungssysteme für die gesuchten partiellen Ableitungen $\frac{\partial u}{\partial x}, \frac{\partial u}{\partial y}$ und $\frac{\partial v}{\partial x}, \frac{\partial v}{\partial y}$. Nach der Cramerschen Regel (3.5) erhält man die Lösungen

(9.13)
$$u_x = \frac{\begin{vmatrix} 1 & y_u \\ 0 & y_v \end{vmatrix}}{D} = \frac{y_v}{D} \qquad u_y = \frac{\begin{vmatrix} x_u & 1 \\ x_v & 0 \end{vmatrix}}{D} = -\frac{x_v}{D}$$
$$v_x = \frac{\begin{vmatrix} 0 & y_u \\ 1 & y_v \end{vmatrix}}{D} = -\frac{y_u}{D} \qquad v_y = \frac{\begin{vmatrix} x_u & 0 \\ x_v & 1 \end{vmatrix}}{D} = \frac{x_u}{D}$$

Die beiden Gleichungssystemen (9.12 a,b) gemeinsame Determinante $D = \begin{vmatrix} x_u & y_u \\ x_v & y_v \end{vmatrix}$ wird "Funktionaldeterminante" der Funktionen x, y nach den Variablen u, v genannt mit dem abkürzenden Symbol

$$(9.14(\qquad \frac{\partial(x,y)}{\partial(u,v)} = \begin{vmatrix} \frac{\partial x}{\partial u} & \frac{\partial y}{\partial u} \\ \frac{\partial x}{\partial v} & \frac{\partial y}{\partial v} \end{vmatrix}$$

Beispiele:

1. Ebene Polarkoordinaten $x = r \cdot \cos\varphi$, $y = r \cdot \sin\varphi$;

$$\frac{\partial(r \cdot \cos\varphi, r \cdot \sin\varphi)}{\partial(r,\varphi)} = \begin{vmatrix} \cos\varphi & \sin\varphi \\ -r\sin\varphi & r\cos\varphi \end{vmatrix} = r$$

und wegen (9.13) wird

$$r_x = \frac{y_\varphi}{r} = \cos\varphi = \frac{x}{r}, \quad r_y = \frac{-x_\varphi}{r} = \sin\varphi = \frac{y}{r},$$

$$\varphi_x = \frac{-y_r}{r} = -\frac{\sin\varphi}{r} = -\frac{y}{r^2}, \quad \varphi_y = \frac{x_r}{r} = \frac{\cos\varphi}{r} = \frac{x}{r^2}$$

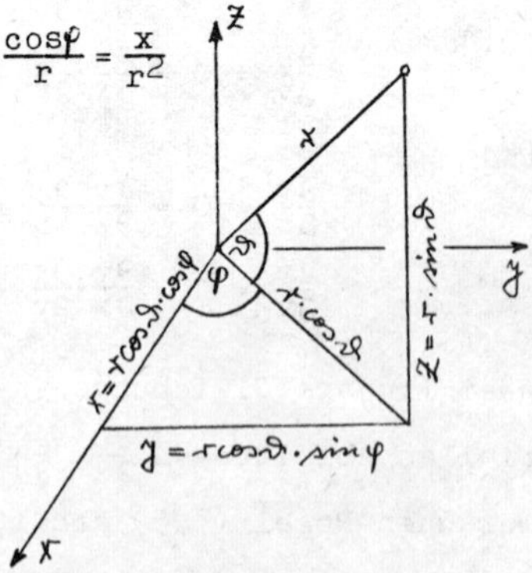

2. Räumliche Polarkoordinaten:

$x = r \cdot \cos\varphi \cdot \cos\vartheta$

$y = r \cdot \sin\varphi \cdot \cos\vartheta$

$z = r \cdot \sin\vartheta$

$$\frac{\partial(x,y,z)}{\partial(r,\varphi,\vartheta)} = \begin{vmatrix} x_r & y_r & z_r \\ x_\varphi & y_\varphi & z_\varphi \\ x_\vartheta & y_\vartheta & z_\vartheta \end{vmatrix} =$$

$$= \begin{vmatrix} \cos\varphi \cdot \cos\vartheta & \sin\varphi \cdot \cos\vartheta & \sin\vartheta \\ -r\sin\varphi \cdot \cos\vartheta & r\cos\varphi \cdot \cos\vartheta & 0 \\ -r\cos\varphi \cdot \sin\vartheta & -r\sin\varphi \cdot \sin\vartheta & r\cos\vartheta \end{vmatrix} = r^2 \cos\vartheta$$

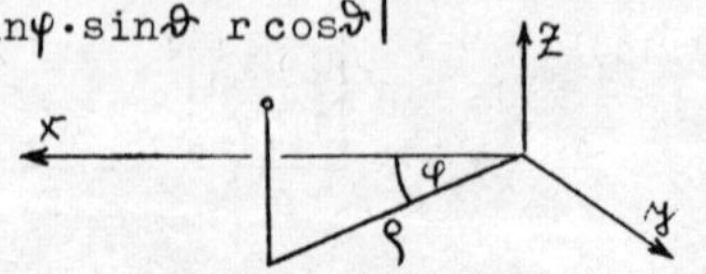

3. Zylinderkoordinaten:

$x = \rho\cos\varphi$, $y = \rho\sin\varphi$, $z = z$

$$\frac{\partial(x,y,z)}{\partial(\rho,\varphi,z)} = \begin{vmatrix} \cos\varphi & \sin\varphi & 0 \\ -\rho\sin\varphi & \rho\cos\varphi & 0 \\ 0 & 0 & 1 \end{vmatrix} = \rho$$

4. Ein Sonderfall:

$$\frac{\partial(x,y,z)}{\partial(x,y,z)} = \begin{vmatrix} 1 & 0 & 0 \\ 0 & 1 & 0 \\ 0 & 0 & 1 \end{vmatrix} = 1.$$

Auf die Bedeutung dieser Funktionaldeterminanten kommen wir auf Seite 147 noch einmal zu sprechen. Zunächst als Abschluß eine allgemeine Eigenschaft: Für die Funktionaldeterminante der Funktionen $u = u(x,y)$ und $v = v(x,y)$ nach den Variablen x,y (Umkehrfunktionen!) ergibt sich unter Verwendung von (9.13)

$$\frac{\partial(u,v)}{\partial(x,y)} = \begin{vmatrix} \frac{\partial u}{\partial x} & \frac{\partial v}{\partial x} \\ \frac{\partial u}{\partial y} & \frac{\partial v}{\partial y} \end{vmatrix} = u_x \cdot v_y - u_y \cdot v_x = \frac{x_u \cdot y_v - x_v \cdot y_u}{D^2} = \frac{D}{D^2} =$$

$$= \frac{1}{D} = \frac{1}{\frac{\partial(x,y)}{\partial(u,v)}}$$, d.h. die Funktionaldeterminante für das inverse Funktionensystem ist der Kehrwert der Funktionaldeterminante des Ausgangssystems.

Beispiel: Führt man statt der (ebenen) Polarkoordinaten $r = \sqrt{x^2+y^2}$ und $\varphi = \arctan\frac{y}{x}$ wieder kartesische Koordinaten x,y ein, so ist

$$\frac{\partial(r,\varphi)}{\partial(x,y)} = \begin{vmatrix} \frac{x}{\sqrt{x^2+y^2}} & \frac{-y}{x^2+y^2} \\ \frac{y}{\sqrt{x^2+y^2}} & \frac{x}{x^2+y^2} \end{vmatrix} = \frac{1}{r}$$ in Übereinstimmung mit obigem 1.Beispiel.

Im vollständigen Differential $dz = \frac{\partial z}{\partial x}dx + \frac{\partial z}{\partial y}dy$ sind die partiellen Ableitungen $\frac{\partial z}{\partial x}$ und $\frac{\partial z}{\partial y}$ Funktionen von x und y. Es stellt nun aber nicht jede <u>lineare Differentialform</u>

(9.15) $$p(x,y)\,dx + q(x,y)\,dy$$

ein vollständiges Differential dar, denn dann müßte es eine Funktion z(x,y) mit den Eigenschaften

(9.16) $$\frac{\partial z}{\partial x} = p(x,y) \quad \text{und} \quad \frac{\partial z}{\partial y} = q(x,y)$$

geben. Im allgemeinen existiert eine solche Funktion nicht, die beide Forderungen (9.16) gleichzeitig erfüllt. Aus der Vertauschbarkeit der Reihenfolge bei der partiellen Differentiation (9.3) $z_{xy} = z_{yx}$ leitet sich die notwendige und hinreichende Bedingung (hier ohne Beweis) dafür her, daß (9.15) ein vollständiges Differential darstellt:

(9.17) $$\boxed{\frac{\partial p}{\partial y} = \frac{\partial q}{\partial x}}$$

Also nur, wenn die Funktionen p(x,y) und q(x,y) die Bedingung (9.17) erfüllen, existiert eine Funktion z(x,y) mit dem vollständigen Differential $dz = p(x,y)\,dx + q(x,y)\,dy$.

Beispiele: Die lineare Differentialform $y^2\,dx + xy\,dy$ ist wegen $\frac{\partial}{\partial y}y^2 = 2y \neq \frac{\partial}{\partial x}xy = y$ kein vollständiges Differential, hingegen existiert für $y^2\,dx + 2xy\,dy$ wegen $\frac{\partial}{\partial y}y^2 = 2y = \frac{\partial}{\partial x}2xy$ eine Funktion z(x,y) mit dem vollständigen Differential $dz = y^2\,dx + 2xy\,dy$.

Hat man eine lineare Differentialform als vollständiges Differential erkannt, dann kann man diese Funktion $z(x,y)$ folgendermaßen bestimmen:

Integration von $\frac{\partial z}{\partial x} = p(x,y)$ nach x liefert

(9.18) $$z(x,y) = \int p(x,y)\,dx = P(x,y) + K(y)$$

mit der Stammfunktion $P(x,y)$ und der Integrations-"Konstante" K, die aber von y abhängen kann, denn sie verschwindet ja bei der partiellen Differentiation nach x, so daß man aus (9.18) tatsächlich wieder $\frac{\partial z}{\partial x} = p$ erhält. Die partielle Ableitung von (9.18) nach y muß wegen (9.16) gleich $q(x,y)$ sein, also

(9.19) $$q(x,y) = \frac{\partial z}{\partial y} = \frac{\partial P}{\partial y} + \frac{\partial K}{\partial y} \quad \text{oder} \quad \frac{dK}{dy} = q(x,y) - \frac{\partial P}{\partial y}.$$

Durch Integration nach y bekommt man hieraus $K(y)$ und mit (9.18) die gesuchte Funktion $z(x,y)$.

Beispiele:

1. In $dz = y^2\,dx + 2xy\,dy$ ist $p = y^2$ und $q = 2xy$. (9.18) ergibt $z(x,y) = \int y^2\,dx = x\cdot y^2 + K(y)$ und (9.19) $2xy = q = \frac{\partial z}{\partial y} = 2xy + K'(y)$, also $K'(y) = 0$ oder $K =$ konstant $= c$ und somit $z(x,y) = xy^2 + c$ mit dem vollständigen Differential $dz = y^2\,dx + 2xy\,dy$.
2. Welche der beiden linearen Differentialformen
   $(x + \ln y)\,dx + (x\cdot y + \sin y)\,dy$ und
   $(x + \ln y)\,dx + (\frac{x}{y} + \sin y)\,dy$ ist ein vollständiges Differential und wie heißt dann die zugehörige Funktion? Wegen $\frac{\partial}{\partial y}(x + \ln y) = \frac{1}{y} \neq \frac{\partial}{\partial x}(xy + \sin y) = y$ und

$\frac{\partial}{\partial y}(x + \ln y) = \frac{1}{y} = \frac{\partial}{\partial x}(\frac{x}{y} + \sin y)$ existiert für die zweite Differentialform mit $p(x,y) = x + \ln y$ und $q(x,y) = \frac{x}{y} + \sin y$ eine Funktion $z(x,y)$ mit $dz = (x + \ln y)\,dx + (\frac{x}{y} + \sin y)\,dy$. Wegen (9.18) ist $z(x,y) = \int (x + \ln y)dx = \frac{1}{2}x^2 + x \cdot \ln y + K(y)$ und wegen (9.19) $\frac{x}{y} + \sin y = \frac{\partial z}{\partial y} = \frac{x}{y} + K'(y)$, also $K'(y) = \sin y$ oder $K(y) = -\cos y + c$.

Ergebnis: $z(x,y) = \frac{1}{2}x^2 + x \cdot \ln y - \cos y + c.$

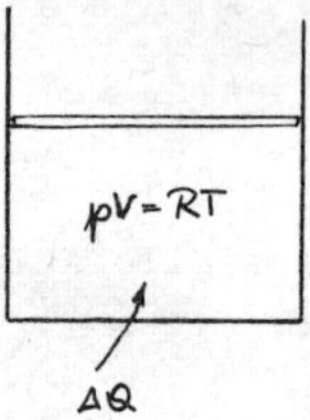

3. Die einem idealen Gas ($p \cdot V = R \cdot T$) zugeführte Wärmemenge ΔQ dient zu Temperaturerhöhung ΔT (spezifische Wärme c) und zur Volumenvergrößerung ΔV (geleistete Arbeit $p \cdot \Delta V$): $\Delta Q = c \cdot \Delta T + p \cdot \Delta V$.

   Die lineare Differentialform $c \cdot dT + p \cdot dV$ ist kein vollständiges Differential, weil $\frac{\partial c}{\partial V} = 0$ und $\frac{\partial p}{\partial T} = \frac{\partial}{\partial T}(\frac{RT}{V}) = \frac{R}{V} \neq 0$ also $\frac{\partial c}{\partial V} \neq \frac{\partial p}{\partial T}$ ist. Dividiert man hingegen den Ausdruck durch die Temperatur T, so ist

   $\frac{c}{T}dT + \frac{p}{T}dV = \frac{c}{T}dT + \frac{R}{V}dV = dS$ das vollständige Differential der in der Thermodynamik "Entropie" genannten Zustandsgröße S, denn jetzt ist $\frac{\partial}{\partial V}(\frac{c}{T}) = 0 = \frac{\partial}{\partial T}(\frac{R}{V})$.

   Wie in den vorigen Beispielen erhält man

   $S(T,V) = \int \frac{c}{T}dT = c \cdot \ln T + K(V)$, $\frac{R}{V} = \frac{\partial S}{\partial V} = 0 + K'(V)$,

   $K(V) = \int \frac{R}{V}dV = R \cdot \ln V +$ konst., also

   $S = c \cdot \ln T + R \cdot \ln V +$ konst.

Kurvenintegrale:

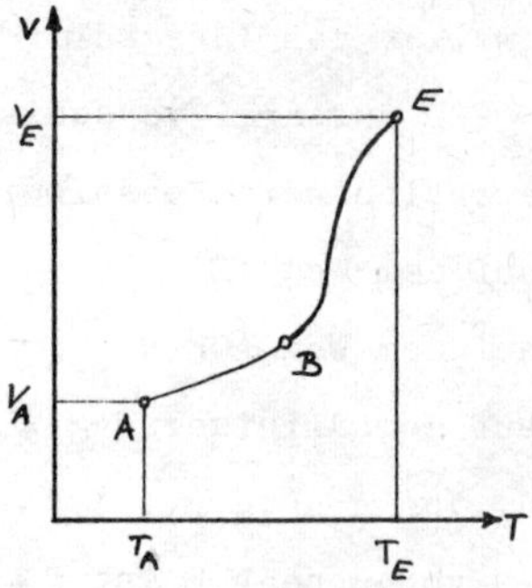

Ein eingeschlossenes Gas habe die Anfangstemperatur T_A und das Anfangsvolumen V_A, sein Zustand sei durch den Punkt A im T-V-Diagramm gekennzeichnet. Führt man dem Gas eine Wärmemenge $\Delta Q = c \cdot \Delta T + p \cdot \Delta V$ (vgl. letztes Beispiel) zu, so werden sich Temperatur und Volumen ändern und die zum Punkt B gehörigen Werte annehmen. Bei weiterer Wärmezufuhr wird die Zustandsänderung des Gases durch den Kurvenzug vom Ausganspunkt bis zum Endpunkt E mit der Endtemperatur T_E und dem Endvolumen V_E widergegeben. Die Änderung von A bis E ist hervorgerufen worden durch die Summe der zugeführten Wärmemengen

$$\sum \Delta Q = \sum (c \cdot \Delta T + p \cdot \Delta V) .$$

Bei kontinuierlicher (infinitesimaler) Änderung schreibt man statt

$$\lim \sum \Delta Q = \lim \sum (c \cdot \Delta T + p \cdot \Delta V)$$

entsprechend (7.1)

$$(9.20) \qquad \int \delta Q = \int (c\, dT + p\, dV) .$$

Dieser letzte Integralausdruck wird "Kurvenintegral" und die Kurve von A bis E "Integrationsweg" genannt. Das Symbol δ soll andeuten, daß es sich nicht um ein vollständiges Differential handelt!

Wir wollen das Integral (9.20) für ein ideales Gas $p \cdot V = R \cdot T$ auf drei verschiedenen Integrationswegen bestimmen:

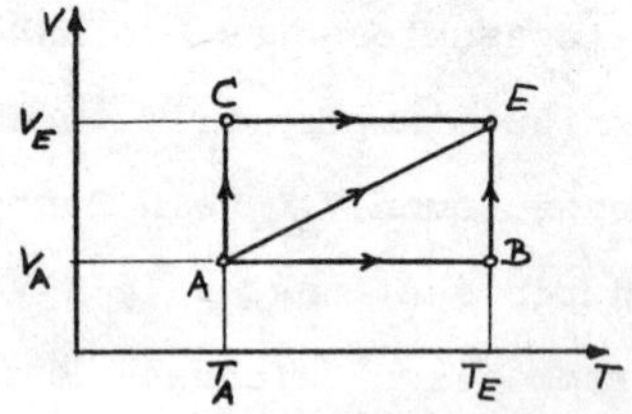

1. auf dem Weg ABE
2. auf dem Weg ACE
3. auf geradlinigem Weg $\overline{AE}$.

Zu 1. Von A nach B ist $V = V_A =$ konst., daher $dV = 0$ und von B nach E ist $T = T_E =$ konst., daher $dT = 0$, also

$$Q_1 = \int_A^B (c\,dT + p\,dV) + \int_B^E (c\,dT + p\,dV) =$$

$$= \int_A^B c\,dT + \int_B^E p\,dV = c \cdot (T_B - T_A) + \int_B^E \frac{R}{V} \cdot T_E\,dV =$$

$$= c \cdot (T_B - T_A) + R \cdot T_E \cdot (\ln V_E - \ln V_B).$$

Zu 2. Von A nach C ist $T = T_A =$ konst., $dT = 0$ und von C nach E ist $V = V_E =$ konst., $dV = 0$, also

$$Q_2 = \int_A^C p\,dV + \int_C^E c\,dT = R \cdot T_A \cdot \int_A^C \frac{1}{V}\,dV + c \cdot (T_E - T_C) =$$

$$= c \cdot (T_E - T_C) + R \cdot T_A \cdot (\ln V_C - \ln V_E).$$

Zu 3. Die Geradengleichung durch A und E lautet $V = m \cdot T + b$ mit der Steigung $m = \frac{V_E - V_A}{T_E - T_A}$ und $b = \frac{V_A\,T_E - V_E\,T_A}{T_E\,T_A}$. (Herleitung: $V_A = m \cdot T_A + b$ und $V_E = m \cdot T_E + b$ sind zwei lineare Bestimmungsgleichungen für m und b.) In $p\,dV = \frac{RT}{V}\,dV$ ist T gemäß der Geradengleichung (Integrationsweg) abhängig von V, also $T = \frac{V-b}{m}$, daher

$$Q_3 = \int_A^E \left(c\,dT + \frac{R}{V}\cdot\frac{V-b}{m}\,dV\right) = c\cdot(T_E - T_A) + \frac{R}{m}\cdot\int_A^E \left(1 - \frac{b}{V}\right) dV =$$

$$= c\cdot(T_E - T_A) + \frac{R}{m}\cdot(V_E - V_A) + \frac{b\cdot R}{m}\cdot(\ln V_E - \ln V_A) =$$

$$= c\cdot(T_E - T_A) + R\cdot(T_E - T_A) + \frac{V_A T_E - V_E T_A}{V_E - V_A}\cdot R\cdot\ln\frac{V_E}{V_A}$$

Die drei Wärmemengen Q_1, Q_2, Q_3 sind voneinander verschieden, obwohl Ausgangszustand und Endzustand in allen drei Beispielen gleich sind. Folgerung:
Der Wert eines Kurvenintegrals ist im allgemeinen wegabhängig. Man muß daher den Integrationsweg mit angeben.

Vergleicht man $Q_1 = c\cdot(T_E - T_A) + R\cdot T_E\cdot\ln\frac{V_E}{V_A}$

und $Q_2 = c\cdot(T_E - T_A) + R\cdot T_A\cdot\ln\frac{V_E}{V_A}$

(da $T_B = T_E$, $V_B = V_A$ und $T_C = T_A$, $V_C = V_E$) miteinander, so findet man für unser Beispiel wegen $T_E > T_A$ und $V_E > V_A$, daß $Q_1 > Q_2$ ist. Das bedeutet, daß man bei einer Zustandsänderung ausgehend vom Punkte A über B nach E und über C wieder zurück nach A einen Wärmeüberschuß aus dem "Kreisprozeß" erhält:

$$\oint_{ABECA} (c\,dT + p\,dV) = \int_{ABE} \ldots + \int_{ECA} \ldots = \int_{ABE} \ldots - \int_{ACE} \ldots = Q_1 - Q_2 =$$

$$= R\cdot(T_E - T_A)\cdot\ln\frac{V_E}{V_A}$$

Kurvenintegrale mit geschlossenem Integrationsweg werden mit $\oint$ gekennzeichnet.

Die berechtigte Frage, wann der Wert des Kurveninte-grals $\int_W [p(x,y)\,dx + q(x,y)\,dy]$ unabhängig vom Integrationsweg W (Anfangspunkt A, Endpunkt E) ist, läßt sich leicht beantworten: Ist die lineare Differentialform ein vollständiges Differential dz, dann ist das Kurvenintegral

(9.21) $$\int_W [p(x,y)\,dx + q(x,y)\,dy] = \int_A^E dz = z(E) - z(A)$$

allein vom Anfangs- und Endpunkt, nicht aber vom Integrationsweg abhängig.

Aus $\int_E^A dz = -\int_A^E dz$ ergibt sich für einen geschlossenen Integrationsweg

(9.22) $$\oint dz = 0 ,$$

ist der Integrand aber kein vollständiges Differential, dann ist

(9.23) $$\oint [p(x,y)\,dx + q(x,y)\,dy] \neq 0 .$$

Das volsständige Differential $\frac{c}{T}dT + \frac{p}{T}dV = \frac{c}{T}dT + \frac{R}{V}dV$ liefert für alle drei Integrationswege ABE, ACE und $\overline{AE}$ den gleichen Wert $c \cdot \ln({}^{T}E/T_A) + R\ln({}^{V}E/V_A)$. Da $\frac{c}{T}dT + \frac{R}{V}dV$ das vollständige Differential der Funktion $S = c \cdot \ln T + R \cdot \ln V + \text{konst.}$ (siehe S.140) ist, erhält man dieses Ergebnis auch direkt aus (9.21):

$$\int_A^E dS = S(E) - S(A) = c \cdot \ln \frac{T_E}{T_A} + R \cdot \ln \frac{V_E}{V_A} .$$

Mehrfachintegrale:

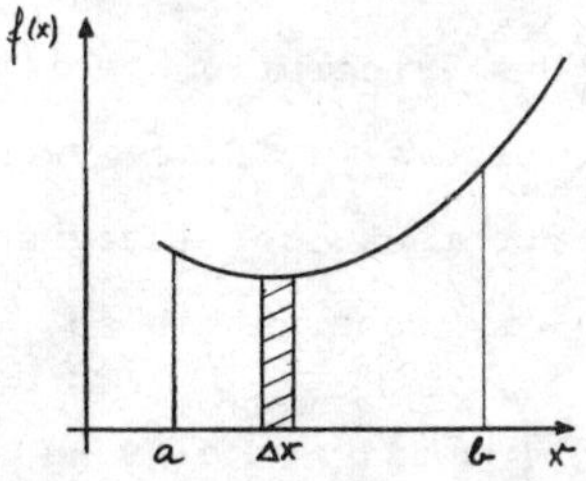

Das bestimmte Integral einer einer Funktion einer unabhängigen Veränderlichen $\int_a^b f(x)\,dx = \lim_{\Delta x \to 0} \sum_{\Delta x} f(x)\cdot\Delta x$ läßt sich veranschaulichen als Flächeninhalt über dem Integrationsgebiet $a \leq x \leq b$.

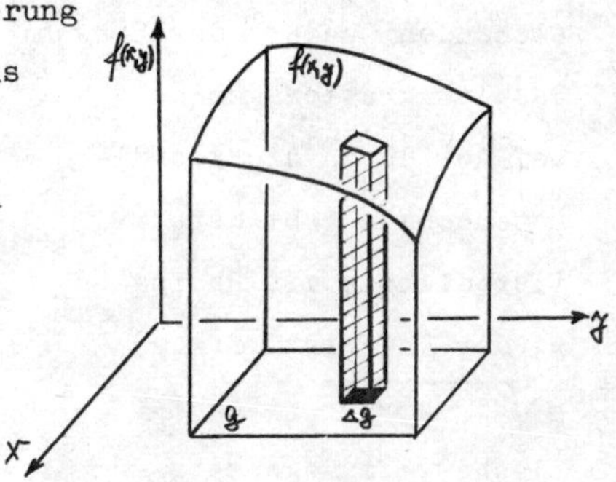

Die dreidimensionale Erweiterung ergibt folgende Analogie: Das Volumen unter dem durch die Funktion f(x,y) festgelegten Flächenstück senkrecht über einem Integrationsgebiet g in der x-y-Ebene läßt sich als Grenzwert

$$(9.24) \qquad \lim_{\Delta g \to 0} \sum_{\Delta g} f(x,y)\cdot\Delta g = \int_g f(x,y)\,dg$$

bestimmen. Zu summieren sind alle Zylinder im Gebiet g mit der Grundfläche Δg und der Höhe f(x,y). Sind x und y kartesische Koordinaten, so wird man das ganze Integrationsgebiet g in Rechtecke der Seitenlängen Δx und Δy einteilen, so daß $\Delta g = \Delta x\cdot\Delta y$ ist. Um nun das ganze Gebiet g zu erfassen, muß man sowohl über Δx als auch über Δy summieren; (9.24) lautet also jetzt

$$(9.25) \qquad \lim_{\substack{\Delta x \to 0 \\ \Delta y \to 0}} \sum_{\Delta x} \sum_{\Delta y} f(x,y)\cdot\Delta x\,\Delta y = \iint_g f(x,y)\,dx\,dy$$

Beispiele:

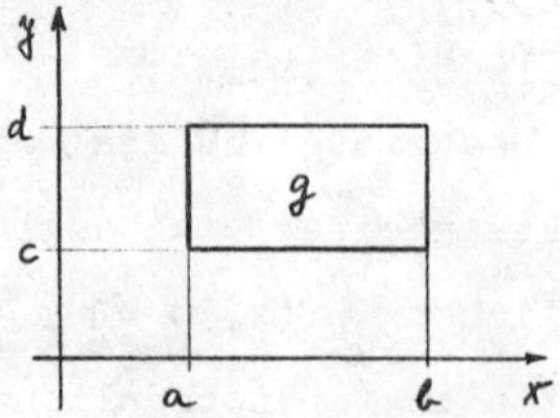

1. Das Integrationsgebiet g sei das durch $a \leq x \leq b$, $c \leq y \leq d$ gebildete Rechteck, der Integrand $f(x,y) = h =$ konstant, also

$$\int_c^d \int_a^b h\,dx\,dy = \int_c^d h\cdot(b-a)\,dy = h\cdot(b-a)\cdot(d-c)$$

Das Ergebnis ist das Volumen des auf dem Rechteck g stehenden Quaders der Höhe h.

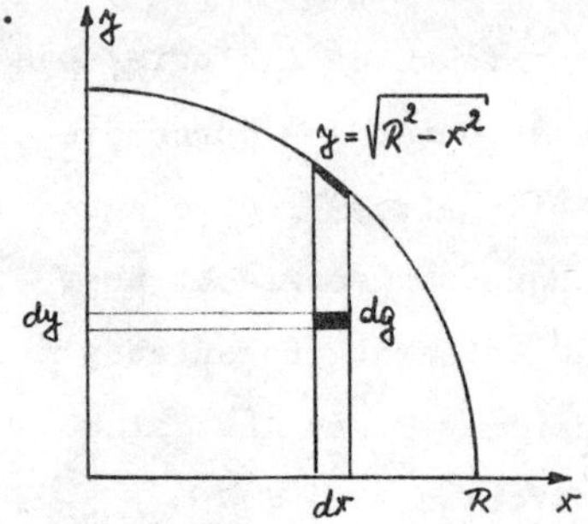

2. Das Integrationsgebiet g sei der durch die Koordinatenachsen gebildete Viertelkreis mit Radius R, der Integrand $f(x,y) = \sqrt{R^2 - x^2 - y^2}$ (Kugelfläche). Im Gegensatz zum ersten Beispiel sind jetzt die Integrationsgrenzen nicht mehr konstant; integriert man nämlich einen Streifen der Breite dx in Richtung von y, so ist zwar die untere Grenze $y = 0$, aber die obere Grenze ist eine Funktion der Begrenzungskurve des Integrationsgebietes, hier also die Kreisgleichung $y = \sqrt{R^2 - x^2}$. Integriert man nun alle Streifen der Breite dx, so ist die untere Grenze $x = 0$, die obere $x = R$. Bei der Durchführung der Integration muß man nun zunächst nach y integrieren, da durch die obere Grenze eine Funktion von x in den Integranden kommt.

$$\int_0^R \int_0^{\sqrt{R^2-x^2}} \sqrt{R^2-x^2-y^2}\,dy\,dx = \int_0^R \left[\frac{R^2-x^2}{2}\cdot \arcsin\frac{y}{\sqrt{R^2-x^2}} + \frac{y}{2}\cdot\sqrt{R^2-x^2-y^2}\right]_0^{\sqrt{R^2-x^2}} dx =$$

$$= \int_0^R \frac{R^2-x^2}{2}\cdot\frac{\pi}{2}\,dx = \frac{\pi}{4}\cdot\left[R^2x - \frac{x^3}{3}\right]_0^R = \frac{\pi}{6}\cdot R^3$$

Dies ist ein Achtel des Kugelvolumens, also $V_{Kugel} = \frac{4}{3}\pi\cdot R^3$.

Geeigneter als die kartesischen Koordinaten sind in diesem Fall ebene Polarkoordinaten. Das Flächenelement dg in Polarkoordinaten ist $r\cdot dr\,d\varphi$ und die Integrationsgrenzen sind durch $0 \leq r \leq R$ und $0 \leq \varphi \leq \frac{\pi}{2}$ festgelegt, so daß man mit den Transformationsgleichungen $x = r\cdot\cos\varphi$, $y = \sin\varphi$ aus

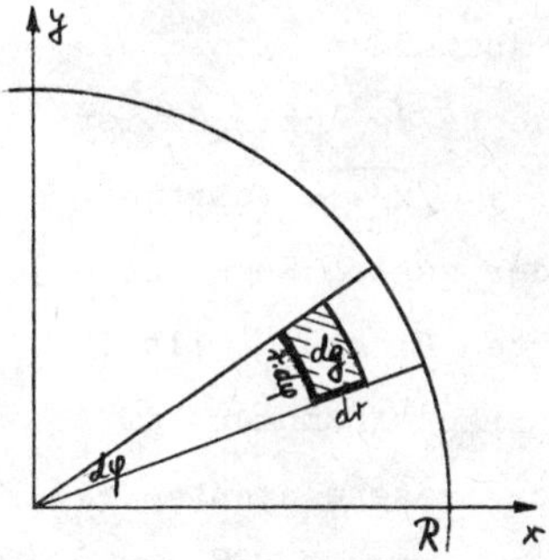

$$\int_g f(x,y)\,dg = \int_0^{\pi/2}\int_0^R f(r,\varphi)\cdot r\,dr\,d\varphi = \int_0^{\pi/2}\int_0^R \sqrt{R^2-r^2}\cdot r\,dr\,d\varphi =$$

$$= \Big[\varphi\Big]_0^{\pi/2}\cdot\left[(-\tfrac{1}{2})\cdot\tfrac{2}{3}\cdot\sqrt{R^2-r^2}^{\,3}\right]_0^R = \frac{\pi}{2}\cdot\frac{R^3}{3} = \frac{\pi}{6}\cdot R^3 \text{ erhält.}$$

Ohne Beweis geben wir die allgemeine Umformung für Gebietstransformationen von Mehrfachintegralen bei Einführung neuer Variabler u, v an:

$$\text{(9.26)}\qquad \boxed{\int_g f(x,y)\,dx\,dy = \int_g f(u,v)\cdot\frac{\partial(x,y)}{\partial(u,v)}\,du\,dv}$$

d.h. bei neuen Koordinaten u,v mit der Funktionaldeterminante (9.14) gilt

(9.27) $$dg = dx\,dy = \frac{\partial(x,y)}{\partial(u,v)}\,du\,dv$$

Beispiel: Trägheitsmoment ("Masse mal Abstandsquadrat") einer Kugel vom Radius R in bezug auf einen Durchmesser. Es sei z die Bezugsachse, der Abstand a eines Volumelements $dg = dx\,dy\,dz$ ist dann $a = \sqrt{x^2 + y^2}$. Mit der in der ganzen Kugel konstanten Dichte ρ gilt für das Trägheitsmoment dT eines Massenelementes $dm = \rho \cdot dg$ somit $dT = a^2 \cdot \rho\, dg$ und für das gesamte Trägheitsmoment T der Kugel

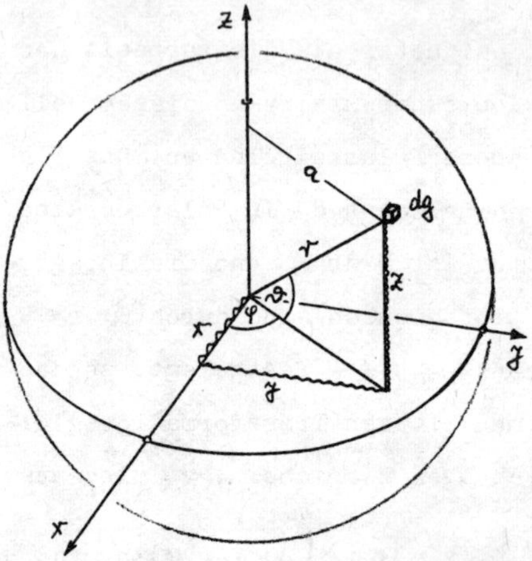

$$T = \rho \cdot \int_g a^2(x,y,z = \text{konst.})\,dg = \rho \cdot \int_g (x^2 + y^2)\,dx\,dy\,dz.$$

Führt man räumliche Polarkoordinaten ein, so wird wegen $x = r \cdot \cos\varphi \cdot \cos\vartheta$, $y = r \cdot \sin\varphi \cdot \cos\vartheta$, $z = r \cdot \sin\vartheta$ und $\frac{\partial(x,y,z)}{\partial(r, \ ,\ )} = r^2 \cdot \cos\vartheta$ (siehe 2.Beispiel Seite 136), also

$$T = \rho \cdot \int_{-\frac{\pi}{2}}^{\pi/2} \int_0^{2\pi} \int_0^R r^2 \cos^2\vartheta \cdot r^2 \cos\vartheta \,dr\,d\varphi\,d\vartheta = \rho \int_{-\pi/2}^{\pi/2} \int_0^{2\pi} \int_0^R r^4 \cdot \cos^3\vartheta \,dr\,d\varphi\,d\vartheta =$$

$$= \rho \cdot \left[\frac{r^5}{5}\right]_0^R \cdot \left[\sin\vartheta - \frac{1}{3}\sin^3\vartheta\right]_{-\pi/2}^{\pi/2} \cdot \left[\varphi\right]_0^{2\pi} = \rho \cdot \frac{R^5}{5} \cdot \frac{4}{3} \cdot 2\pi = \frac{8\pi}{15} R^5.$$

In der Wahrscheinlichkeitsrechnung und Statistik (aber auch bei technischen Problemen, z.B. bei Diffusionsvorgängen) spielt die Fehlerfunktion ("error function")

(9.28) $$\operatorname{erf} z = \frac{2}{\sqrt{\pi}} \cdot \int_0^z e^{-x^2} dx$$

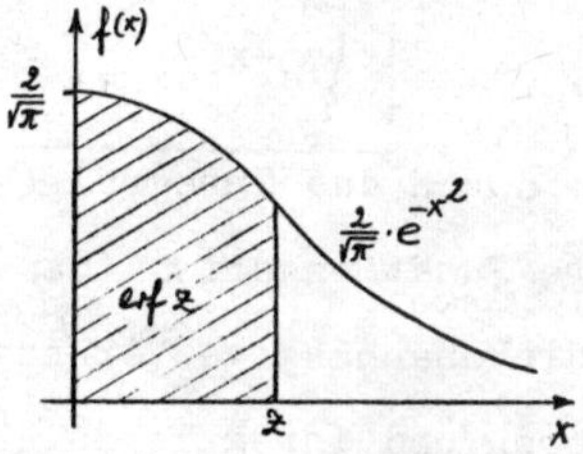

eine zentrale Rolle. Man kann sie veranschaulichen als Fläche unterhalb der Kurve $\frac{2}{\sqrt{\pi}} e^{-x^2}$ zwischen den Abszissen $x = 0$ und $x = z$. Der Faktor ist so gewählt, daß $\operatorname{erf}\infty = \frac{2}{\sqrt{\pi}} \int_0^\infty e^{-x^2} dx = 1$ wird. Die direkte Berechnung von $J = \int_0^z e^{-x^2} dx$ ist elementar nicht möglich, d.h. es gibt keine elementare (algebraische oder transzendente) Funktion, deren Ableitung e^{-x^2} ergibt. Multipliziert man aber die beiden gleichartigen Integrale $J = \int_0^z e^{-x^2} dx$ und $J = \int_0^z e^{-y^2} dy$ miteinander und führt statt x,y ebene Polarkoordinaten ein, so läßt sich

$$J^2 = \iint_g e^{-x^2-y^2} dx\,dy = \iint_g e^{-r^2} \cdot r\,dr\,d\varphi$$

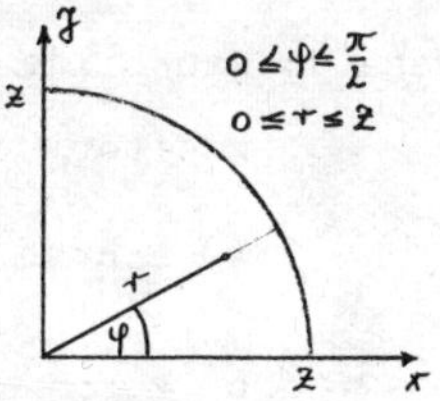

unter Berücksichtigung der neuen Integrationsgrenzen für das Gebiet g sofort integrieren:

$$J^2 = -\frac{1}{2} \int_0^{\pi/2}\int_0^z e^{-r^2} \cdot (-2r)\,dr\,d\varphi = \left[-\frac{1}{2} e^{-r^2}\right]_0^z \cdot \left[\varphi\right]_0^{\pi/2} = \frac{\pi}{4}(1 - e^{-z^2})$$

also

(9.29) $$J = \int_0^z e^{-x^2} dx = \frac{\sqrt{\pi}}{2} \cdot \sqrt{1 - e^{-z^2}} \quad \text{oder} \quad \operatorname{erf} z = \sqrt{1 - e^{-z^2}}$$

und damit

$$\lim_{z\to\infty} \operatorname{erf} z = \frac{2}{\sqrt{\pi}} \int_0^{\infty} e^{-x^2} dx = 1$$

bzw.

$$(9.30) \qquad \boxed{\int_{-\infty}^{+\infty} e^{-x^2} dx = \sqrt{\pi}}$$

Die durch das Integral (9.28) definierte nicht-elementare Funktion erf x (man vertausche dort x und z, damit x die unabhängige Veränderliche ist) kann man differentieren und integrieren. Die Ableitung ergibt nach dem Fundamentalsatz der Infinitesimalrechnung (S. 90)

$$\frac{d}{dx} \operatorname{erf} x = \frac{d}{dx} \frac{2}{\sqrt{\pi}} \cdot \int_0^x e^{-z^2} dz = \frac{2}{\sqrt{\pi}} \cdot e^{-x^2}$$

und durch partielle Integration wird

$$\int 1 \cdot \operatorname{erf} x \, dx = x \cdot \operatorname{erf} x - \int x \cdot \frac{2}{\sqrt{\pi}} \cdot e^{-x^2} dx =$$
$$= x \cdot \operatorname{erf} x + \frac{1}{\sqrt{\pi}} \cdot e^{-x^2} + C.$$

Aufgabe 1: Man bilde die partiellen Ableitungen erster und zweiter Ordnung und bestätige, daß $z_{xy} = z_{yx}$:

a) $\arctan \frac{x}{y} = z$, b) $z = \arctan \frac{x+y}{1-xy}$,

c) $z = \frac{xy}{x-y}$, d) $z = e^{xy}$, e) $z = x^y$.

Aufgabe 2: Für die Funktionen a) $U = \frac{1}{\sqrt{x^2+y^2+z^2}}$,

b) $U = y \cdot \ln(y+r) - r$ mit $r^2 = x^2 + y^2$,

c) $U = e^{\sqrt{x^2+y^2}}$, d) $U = \frac{\sin 2x}{\cosh 2y + \cos 2x}$,

e) $U = \ln r$ mit $r^2 = (x-a)^2 + (y-b)^2 + (z-c)^2$

berechne man den "Potentialausdruck" $\Delta U = U_{xx} + U_{yy} + U_{zz}$. (Das Differentiationssymbol $\Delta = \frac{\partial^2}{\partial^2 x} + \frac{\partial^2}{\partial^2 y} + \frac{\partial^2}{\partial^2 z}$ heißt "Laplace-Operator".)

Aufgabe 3: a) Das Volumen eines Kegelstumpfes der Höhe h ist $V = \frac{\pi}{3} h (a^2 + ab + b^2)$, wobei a und b die Radien der Begrenzungskreise sind. Mit welchem Fehler muß man für V rechnen, wenn die Abmessungen mit $a = 2 \pm 0{,}2$ cm, $b = 5 \pm 0{,}3$ cm, $h = 7 \pm 0{,}05$ cm angegeben werden?

b) Die Schwingungsdauer T eines Pendels der Länge l ist gegeben durch $T = 2\pi \cdot \sqrt{\frac{l}{g}}$. Man bestimme den Absolutfehler und den Relativfehler von T, wenn l, g und π fehlerbehaftet sind. Mit welcher prozentualen Genauigkeit muß die Pendellänge gemessen werden, wenn der Fehler für die Schwingungsdauer kleiner als 1‰ bleiben soll? Die Erdbeschleunigung g sei mit 0,2‰ und die Kreiszahl π mit 0,1‰ Genauigkeit bekannt.

Aufgabe 4: Man bestimme die vollständige Ableitung $\frac{dz}{dt}$ von a) $z = x^{\ln y}$ für $x = t^3$, $y = t^2$, b) $z = u(t)^{v(t)}$.

Aufgabe 5: Durch implizites Differentieren ermittle man $\frac{dy}{dx}$ von a) $x^3 + y^3 - 3axy = 0$ für $x = y$, b) $x^y = y^x$.

Aufgabe 6: Welche der folgenden Ausdrücke bilden ein vollständiges Differential dz? Man ermittle z:

a) $(2x+y)\,dx + (x-2y-3)\,dy$, b) $\frac{(x+2y)\,dx + y\,dy}{(x+y)^2}$

c) $(x+\ln y)\,dx + (\frac{x}{y} + \sin y)\,dy$,

d) $(\sin 2y - y\cdot\tan x)dx + (2x\cdot\cos 2y + \ln|\cos x| + 2y)dy$

Aufgabe 7: Man berechne den Wert des Kurvenintegrals a)

$\int [\cos(x+y) - (1+x)\cdot\sin(x+y)]\,dx - (1+x)\cdot\sin(x+y)\,dy$

von A(0;0) bis B(π;π) und begründe den gewählten Lösungsweg, b) $\int (x+y)\,dx + (x-y)\,dy$ von A(-1;1) bis B(1;1) längs der Parabel $y = x^2$.

Aufgabe 8: Bewegt sich ein Massenpunkt infolge einer Kraft $\vec{K} = P\vec{e}_x + Q\vec{e}_y$ längs des Weges $\vec{ds} = dx\,\vec{e}_x + dy\,\vec{e}_y$, so wird hierbei die Arbeit

$\delta A = \vec{K}\cdot\vec{ds} = P\,dx + Q\,dy$ geleistet.

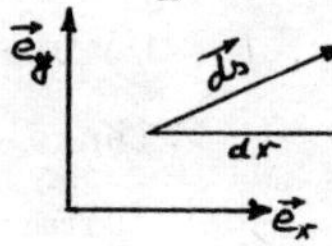

Für das Kraftfeld

$\vec{K} = (\cos x - y)\vec{e}_x + x\vec{e}_y$ bestimme man $A = \oint \vec{K}\cdot\vec{ds}$, wenn der Integrationsweg das Quadrat mit der Diagonale $P_1(\frac{\pi}{2};\frac{\pi}{2})$ $P_3(-\frac{\pi}{2};-\frac{\pi}{2})$ ist.

Aufgabe 9: Man berechne die Schwerpunktskoordinaten

$x_s = \frac{1}{M}\int x\,dm$, $y_s = \frac{1}{M}\int y\,dm$ (M Gesamtmasse)

a) der Fläche, die durch die x-Achse und die erste Halbperiode der Sinuskurve $y = \sin x$ begrenzt wird, b) eines halben Kreisringes mit den Radien R_1 und $R_2 > R_1$.

Aufgabe 10: Man bestimme das Trägheitsmoment $T = \int r^2\,dm$ für a) den Kreis $x^2 + y^2 = a^2$, b) das Dreieck $x + y = a$, $x = 0$, $y = 0$, c) einen Hohlzylinder der Höhe h, Außenradius R_2 und Innenradius R_1, d) einen massiven Zylinder.

§ 10 Differentialgleichungen

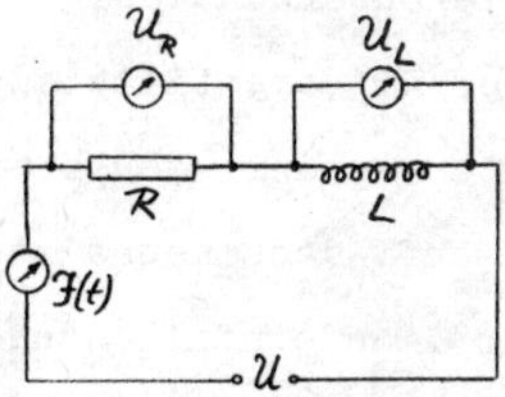

In einem elektrischen Stromkreis befinde sich ein Ohmscher Widerstand R und eine Spule der Induktivität L. Zur Erzeugung eines Stromes I ist außer der Ohmschen Spannung $U_R = R \cdot I$ eine induktive Spannung $U_L = L \cdot \frac{dI}{dt}$, die also der zeitlichen Änderung des Stromes I(t) proportional ist, erforderlich. Die Spannungsbilanz $U = U_R + U_L$ liefert

$$U = R \cdot I + L \cdot \frac{dI}{dt}. \tag{10.1}$$

Es ist nun die Funktion I(t) so zu bestimmen, daß sie die Gleichung (10.1), in der außer der gesuchten Funktion auch ihre Ableitung vorkommt, erfüllt.

Jede Gleichung, in der außer einer Funktion auch ihre Ableitungen (Differentialquotienten) vorkommen, nennt man eine "Differentialgleichung". Tritt nur eine unabhängige Veränderliche auf, so spricht man von "gewöhnlichen", bei zwei oder mehr unabhängigen Veränderlichen hingegen von "partiellen" Differentialgleichungen, da in ihr jetzt partielle Ableitungen der gesuchten Funktion vorkommen. Die Ordnung der höchsten in der Gleichung vorkommenden Ableitung gibt die Ordnung der Differentialgleichung an. So ist also $f(x,y,\frac{dy}{dx}) = 0$

eine gewöhnliche Differentialgleichung erster Ordnung, $f(x,y,\frac{dy}{dx},\frac{d^2y}{dx^2}) = 0$ eine zweiter Ordnung. Wichtig ist noch die Unterscheidung zwischen linearer und nichtlinearer Differentialgleichung: treten keine Produkte und Potenzen der gesuchten Funktion und ihrer Ableitungen auf, dann nennt man die Differentialgleichgung "linear", andernfalls "nichtlinear".

Die Gleichung (10.1) ist eine gewöhnliche, lineare Differentialgleichung erster Ordnung, die man durch "Trennung der Veränderlichen" (Separation) lösen kann: $\frac{dI}{U - R\cdot I} = \frac{1}{L}dt$, unbestimmte Integration beider Seiten liefert $-\frac{1}{R}\ln(U - R\cdot I) = \frac{1}{L}\cdot t + C$ oder $U - R\cdot I = e^{-\frac{R}{L}t - R\cdot C} = e^{-\frac{R}{L}t}\cdot e^{-R\cdot C} = K\cdot e^{-\frac{R}{L}t}$, wenn man für $e^{-R\cdot C}$ die neue Konstante K einführt. Zum Zeitpunkt $t = 0$ sei $I = 0$, d.h. zum Zeitpunkt des Einschaltens der Spannung U sei der Stromkreis stromlos, also durch Einsetzen in die letzte Gleichung wird $K = U$, und damit erhält man die Lösung

(10.2) $$I(t) = \frac{U}{R}(1 - e^{-\frac{R}{L}t})$$

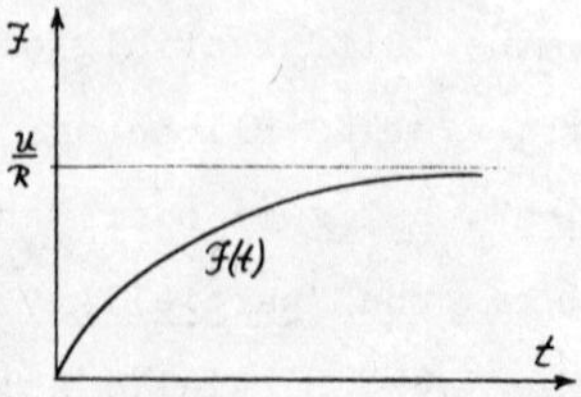

Diese Funktion gibt das Anwachsen des Gleichstromes beim Einschaltvorgang an.

Nicht nur (10.2) erfüllt die Diferentialgleichung (10.1), sondern auch $I = \frac{U}{R} - \frac{K}{R}\cdot e^{-\frac{R}{L}t}$ für jeden beliebigen Wert der Konstante K (man überzeuge sich durch Differentieren und Einsetzen in (10.1) davon). Die Lösungsfunktion ist folglich durch die Differentialgleichung allein nicht eindeutig bestimmt, sondern man muß noch zusätzliche Bedingungen (meist Anfangs- oder Randbedingungen) stellen, wenn man eine eindeutige Lösung haben will. Ist die Integrationskonstante nicht festgelegt, so stellt diese allgemeine Lösung geometrisch eine Schar von Lösungskurven dar; für einen speziellen Wert der Integrationskonstante hingegen erhält man mit der "partikulären" Lösung nur eine der möglichen unendlichvielen Lösungskurven.

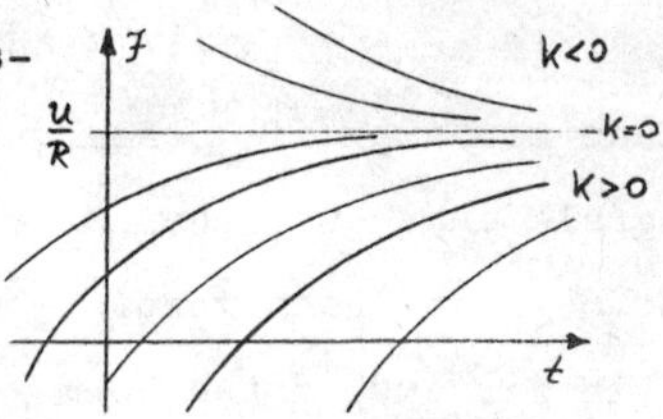

Die allgemeine Form der Differentialgleichung mit separierbaren Variablen ist

(10.3) $$\frac{dy}{dx} = f(x) \cdot g(y) ,$$

für die man durch unbestimmte Integration von

$\frac{dy}{g(y)} = f(x)\,dx$ die Lösung

(10.4) $$\int \frac{dy}{g(y)} = \int f(x)\,dx$$

erhält, oder wenn die Stammfunktionen $G(y) = \int \frac{dy}{g(y)}$ und $F(x) = \int f(x)\,dx$ bekannt sind, in der Form

(10.5) $$G(y) = F(x) + C$$

mit C als Integrationskonstante.

Zwei Anmerkungen: 1.) Es ist natürlich nicht in jedem Falle möglich, die Integration auch tatsächlich durchzuführen. Das ist aber ein Problem der Intagralrechnung. Das Problem der Differentialgleichung ist eigentlich beendet, wenn man es auf eine Integration zurückgeführt hat. Daher sagt man statt "die Differentialgleichung lösen" oft auch "die Differentialgleichung integrieren". 2.) Kann man zwar die Stammfunktionen der auftretenden Integrale angeben, dann ist es in vielen Fällen doch nicht möglich, nach y aufzulösen und die gesuchte Funktion in der expliziten Form $y = y(x)$ zu schreiben, man wird also die Lösung einer Differentialgleichung erster Ordnung nur in der Form $f(x,y) = C$ erhalten.

Beispiele:

1. $\sqrt{1-x^2} \cdot y' - y = 1$; die Variablen lassen sich trennen: $\frac{dy}{1+y} = \frac{dx}{\sqrt{1-x^2}}$ und durch Integration erhält man $\ln(1+y) = \arcsin x + C$.

2. $\frac{x^2}{y^2} \cdot y' + 1 + x^2 + y^2 + x^2y^2 = 0$; wegen $(1+x^2)(1+y^2) = 1+x^2+y^2+x^2y^2$ ist Separation der Variablen möglich:

$$\frac{dy}{y^2(1+y^2)} = -\frac{1+x^2}{x^2}\,dx\text{ , also}$$

$$\int\left(\frac{1}{y^2} - \frac{1}{1+y^2}\right)dy = \int\left(-\frac{1}{x^2} - 1\right)dx\text{, integriert:}$$

$\frac{1}{y} + \arctan y = x - \frac{1}{x} + C$. Probe durch Differentieren:

$-\frac{1}{y^2}y' + \frac{1}{1+y^2}y' = 1 + \frac{1}{x^2}$, zusammengefaßt liefert dies

$\frac{-1}{y^2(1+y^2)} \cdot y' = \frac{x^2+1}{x^2}$ oder $\frac{x^2}{y^2} \cdot y' + (1+x^2)(1+y^2)$, also genau die Ausgangsgleichung.

Lineare Differentialgleichung erster Ordnung:

Die Funktion y und ihre Ableitung y' dürfen nur linear und auch nicht als Produkt auftreten, die allgemeine Form lautet also

(10.6) $$y' + p(x) \cdot y = r(x)$$

Zunächst löst man den einfacheren Fall der homogenen Gleichung, für die die rechte Seite $r(x) = 0$ ist:

(10.7) $$y' + p(x) \cdot y = 0$$ stellt eine Differentialgleichung vom Typ (10.3) dar, sie ist also durch Trennung der Veränderlichen lösbar; aus $\int \frac{dy}{y} = -\int p(x)\,dx$ und $\ln y = -\int p(x)\,dx + C$ erhält man die Lösung y_h der homogenen Gleichung

(10.8) $$y_h = K \cdot e^{-\int p(x)\,dx}$$, wobei für $e^C = K$ gesetzt wurde. Die Lösung der inhomogenen Gleichung (10.6) bekommt man nun hieraus durch "Variation der Konstanten", d.h. man faßt $K = K(x)$ als Funktion der unabhängigen Veränderlichen auf und versucht $y = K(x) \cdot e^{-\int p(x)\,dx}$ so zu bestimmen, daß (10.6) erfüllt werden kann.

Da $y' = \frac{dK}{dx} \cdot e^{-\int p(x)\,dx} + K(x) \cdot \frac{d}{dx} e^{-\int p(x)\,dx} =$

$= \frac{dK}{dx} \cdot e^{-\int p(x)\,dx} - K(x) \cdot p(x) \cdot e^{-\int p(x)\,dx}$, erhält man durch Einsetzen in (10.6) $\frac{dK}{dx}\cdot e^{-\int p\,dx} = r(x)$ und durch Integration $K = \int r(x)\cdot e^{+\int p(x)\,dx}\,dx + C$. Damit wird die Lösung der inhomogenen Gleichung (10.6)

$$y = \left(C + \int r(x)\cdot e^{\int p(x)\,dx}\,dx\right)\cdot e^{-\int p(x)\,dx} \qquad (10.9)$$

Beispiel: $y' + y\cdot\cot x = 2\cos x$; hier ist $p(x) = \cot x$, $r(x) = 2\cos x$, also $\int p\,dx = \int \cot x\,dx = \ln\sin x$, $\int r(x)\cdot e^{\int p\,dx}\,dx = \int 2\cdot\cos x\cdot\sin x\,dx = \sin^2 x$ und damit die Lösung $y = \frac{1}{\sin x}(C + \sin^2 x) = \frac{C}{\sin x} + \sin x$.

Probe: $y' = -\frac{C\cos x}{\sin^2 x} + \cos x$ und y in die linke Seite der Ausgangsgleichung eingesetzt ergibt

$$-\frac{C}{\sin x}\cdot\cot x + \cos x + \cot x\cdot\frac{C}{\sin x} + \cos x = 2\cos x.$$

Bernoullische Differentialgleichung:

$$y' + p(x)\cdot y = r(x)\cdot y^n \qquad (10.10)$$

Diese nichtlineare Differentialgleichung erster Ordnung läßt sich auf die lineare (10.6) zurückführen. Dividiert man die ganze Gleichung durch y^n, so wird aus (10.10) $y^{-n}\cdot y' + p(x)\cdot y^{1-n} = r(x)$. Die Form dieser Gleichung legt die Substitution

$$y^{1-n} = u, \quad \frac{du}{dx} = (1-n)\cdot y^{-n}\cdot\frac{dy}{dx} \qquad (10.11)$$

nahe, also $\frac{1}{1-n}\cdot\frac{du}{dx} + p(x)\cdot u = r(x)$ und nach Multiplikation mit (1-n) erhält man die lineare Differentialgleichung

(10.12) $$u' + (1-n)\cdot p(x)\cdot u = (1-n)\cdot r(x).$$

(Bei der Substitution muß $n \neq 1$ sein; aber für $n = 1$ ist (10.10) schon linear und außerdem homogen!)

Beispiele:

1. $x\cdot y' + y = y^2x^2 \ln x$; nach Division durch x erhält man eine Bernoullische Differentialgleichung (10.10) mit $p(x) = \frac{1}{x}$, $r(x) = x\cdot\ln x$ und $n = 2$, die Substitution (10.11) $u = y^{-1}$ liefert (10.12) $u' - \frac{1}{x}\cdot u = -x\cdot\ln x$. Nach (10.9) ist die Lösung dieser linearen Differentialgleichung $u = (C + x - x\cdot\ln x)\cdot x$, also $\frac{1}{y} = (C + x - x\cdot\ln x)\cdot x$ für die Ausgangsgleichung.
   Probe durch Differentieren: $\frac{d}{dx}\frac{1}{y} = -\frac{1}{y^2}\cdot y' =$
   $= (C + x - x\cdot\ln x) + (1 - \ln x - 1)\cdot x = \frac{1}{xy} - x\cdot\ln x$, also
   $y' = x\cdot y^2\cdot\ln x - \frac{y}{x}$ und nach Multiplikation mit x erhält man die Ausgangsgleichung.
2. $y' = \frac{x}{y} + y$; hier ist durch Vergleich mit (10.10) $p(x) = -1$, $r(x) = x$, $n = -1$, also $u = y^2$ liefert $u' - 2u = 2x$ mit der Lösung $u = C\cdot e^{2x} - (x + \frac{1}{2}) = y^2$.
   Probe: $2yy' = 2\cdot C\cdot e^{2x} - 1$, $y' = \frac{C\cdot e^{2x} - 1/2}{y} = \frac{y^2 + x}{y}$.

<u>"Exakte" Differentialgleichung</u>: Jede Differentialgleichung erster Ordnung $y' = f(x,y)$ kann man in Form einer linearen Differentialform (9.15) schreiben:

(10.13) $p(x,y)\,dx + q(x,y)\,dy = 0.$

nennt man eine "exakte" Differentialgleichung, wenn $p(x,y)\,dx + q(x,y)\,dy = dz$ das vollständige Differential einer Funktion $z = z(x,y)$ ist. Für (10.13) ist dann wegen $dz = 0$ die Lösung $z(x,y) = C$.

Beispiele:

1. $3x^2 + y + 1 + (3y^2 + x + 1)\cdot y' = 0$ ist eine exakte Differentialgleichung, da mit $\frac{\partial}{\partial y}(3x^2 + y + 1) = 1$ und $\frac{\partial}{\partial x}(3y^2 + x + 1) = 1$ die Bedingung (9.17) für ein vollständiges Differential erfüllt ist. Man findet (siehe § 9) hierfür $(3x^2+y+1)\,dx + (3y^2+x+1)\,dy =$ $= d(x^3 + y^3 + xy + x + y) = 0$, also die Lösung für die Ausgangsgleichung $x^3 + y^3 + xy + x + y = C$.
   Probe durch Differentiation nach x:
   $3x^2 + 3y^2\cdot y' + y + x\cdot y' + 1 + y' = 0.$
2. $x\cdot y' + y = e^x$; exakte Differentialgleichung mit dem vollständigen Differential $x\,dy + (y - e^x)dx = d(xy - e^x)$, Lösung also $xy - e^x = C$.
3. $x + \ln y + (\frac{x}{y} + \sin y)\cdot y' = 0$; (vgl. 2.Beispiel S.139)
   $(x + \ln y)dx + (\frac{x}{y} + \sin y)dy = d(\frac{x^2}{2} + x\cdot\ln y - \cos y) = 0,$
   Lösung: $\frac{1}{2}x^2 + x\cdot\ln y - \cos y = C.$

"Integrierender Faktor"

Im 3.Beispiel auf Seite 140 haben wir gesehen, daß aus der linearen Differentialform $c\,dT + \frac{RT}{V}\,dV$ durch Multiplikation mit dem Faktor 1/T das vollständige Differential $\frac{c}{T}dT + \frac{R}{V}dV = d(c \cdot \ln T + R \cdot \ln V)$ entstanden ist. Jede lineare Differentialform läßt sich durch einen geeigneten "integrierenden Faktor" in ein vollständiges Differential verwandeln. Ist $p(x,y)\,dx + q(x,y)\,dy$ die lineare Differentialform, die durch Multiplikation mit dem integrierenden Faktor F(x,y) zu einem vollständigen Differential $F(x,y)\cdot p(x,y)\,dx + F(x,y)\cdot q(x,y)\,dy$ werden soll, dann muß F(x,y) die Bedingung des vollständigen Differentials (9.17) erfüllen: $\frac{\partial}{\partial y} F(x,y)\cdot p(x,y) = \frac{\partial}{\partial x} F(x,y)\cdot q(x,y)$ oder ausführlich:

$$p\cdot\frac{\partial F}{\partial y} + F\cdot\frac{\partial p}{\partial y} = q\cdot\frac{\partial F}{\partial x} + F\cdot\frac{\partial q}{\partial x} \tag{10.14}$$

Mit den gegebenen Funktionen p(x,y) und q(x,y) sind auch ihre partiellen Ableitungen $\frac{\partial p}{\partial y}$ und $\frac{\partial q}{\partial x}$ bekannt, so daß (10.14) eine partielle Differentialgleichung für die zu bestimmende Funktion des integrierenden Faktors F(x,y) ist. Prinzipiell läßt sich F(x,y) aus (10.14) bestimmen, allerdings ist die praktische Durchführung schwierig. Oft ist der integrierende Faktor Funktion von nur einer Veränderlichen, also nur von x oder nur von y abhängig, so daß die Bestimmung von F wesentlich einfacher wird.

Beispiele:

1. Für das unvollständige Differential (3.Bsp.S.140) $c\,dT + \frac{RT}{V}dV$ soll der integrierende Faktor F(T) be-

stimmt werden. Damit $F(T)\cdot c\,dT + F(T)\cdot\frac{RT}{V}\,dV$ ein vollständiges Differential wird, muß gelten:

$\frac{\partial}{\partial V}c\cdot F(T) = \frac{\partial}{\partial T}F(T)\cdot\frac{RT}{V}$ also $0 = \frac{dF}{dT}\cdot\frac{RT}{V} + \frac{R}{V}\cdot F$; das ist eine homogene, lineare Differentialgleichung erster Ordnung für $F(T)$, $\frac{dF}{dT} = -\frac{F}{T}$, die durch Separation der Variablen sofort lösbar ist: $\ln F = -\ln T = \ln T^{-1}$ oder $F(T) = \frac{1}{T}$.

2. Man bestimme den integrierenden Faktor für $(x^2 - 2axy)\cdot y' = 2ay^2 - 3xy$ und löse die Differentialgleichung. Ansatz: $F(x)\cdot(3xy - 2ay^2)\,dx + F(x)\cdot(x^2 - 2axy)\,dy = 0$ soll ein vollständiges Differential werden, also muß sein:

$F\cdot(3x - 4ay) = \frac{dF}{dx}(x^2 - 2axy) + F\cdot(2x - 2ay)$ oder

$\frac{dF}{dx} = \frac{F(x - 2ay)}{x^2 - 2axy} = \frac{F\cdot(x - 2ay)}{x\cdot(x - 2ay)} = \frac{F}{x}$ (Es ist wichtig, daß an dieser Stelle y aus der Gleichung herausfällt, denn F darf ja nur noch von x abhängen!) Durch Trennung der Veränderlichen und Integration wird $F(x) = x$. $(3x^2y - 2axy^2)\,dx + (x^3 - 2ax^2y)\,dy$ erweist sich als vollständiges Differential der Funktion $z(x,y) = x^3y - ax^2y^2$, die Lösung der gegebenen Differentialgleichung ist danit $x^3y - ax^2y^2 = C$.

Probe: $3x^2y + x^3y' - 2axy^2 - 2ax^2yy' = 0$, nach Division durch x in Übereinstimmung mit der Ausgangsgleichung.

3. Man integriere $(x^2 - y^2)\cdot y' - x + y = 0$; es gelingt weder $F(x)$ noch $F(y)$ als integrierenden Faktor zu bestimmen. Formt man aber wegen $x^2 - y^2 = (x+y)(x-y)$ um in

$(x + y)\frac{dy}{dx} - 1 = 0$, dann kann man einen integrierenden Faktor $F(y)$ für $-F(y)\,dx + F(y)\cdot(x + y)\,dy = 0$ ermitteln: $-\frac{dF}{dy} = F(y)$, also $F(y) = e^{-y}$ und als Lösung $x + y + 1 = C\cdot e^{y}$.

Probe: $1 + y' = C\cdot e^{y}\cdot y'$ oder $y' = \frac{1}{C\cdot e^{y} - 1} = \frac{1}{x + y}$ befriedigt die Ausgangsgleichung.

Überlagerungssätze für lineare Differentialgleichungen:

Für die homogene, lineare Differentialgleichung n-ter Ordnung

(10.15) $a_o(x)\cdot y + a_1(x)\cdot y' + a_2(x)\cdot y'' + \ldots + a_n(x)\cdot y^{(n)} = 0$

gilt:

1. Ist y_1 eine Lösung von (10.15), dann ist auch $C\cdot y_1$ eine Lösung, d.h. man darf eine Lösung einer homogenen, linearen Differentialgleichung mit einer beliebigen Konstanten multiplizieren.
2. Sind y_1 und y_2 Lösungen von (1o.15), dann ist auch $y_1 + y_2$ eine Lösung, d.h. man darf Lösungen einer homogenen, linearen Differentialgleichung addieren.

Die Richtigkeit erkennt man unmittelbar, indem man $y = C\cdot y_1$ und die Ableitungen $y^{(k)} = C\cdot y_1^{(k)}$, resp. $y = y_1 + y_2$ und $y^{(k)} = y_1^{(k)} + y_2^{(k)}$, $k = 1,2,\ldots n$, in (10.15) einsetzt.

Für die inhomogene, lineare Differentialgleichung n-ter Ordnung

(10.16) $a_o(x)\cdot y + a_1(x)\cdot y' + a_2(x)\cdot y'' + \ldots + a_n(x)\cdot y^{(n)} = r(x)$

gilt:

3. Ist y_s eine Sonderlösung (partikuläres Integral) der inhomogenen und y_h die allgemeine Lösung der zugehörigen homogenen linearen Differentialgleichung, dann ist die allgemeine Lösung der inhomogenen Gleichung $y = y_s + y_h$.
4. Ist die rechte Seite von (10.16) eine Summe von Funktionen $r(x) = r_1(x) + r_2(x) + \ldots + r_m(x)$ und sind $y_1, y_2, \ldots y_m$ die Lösungen der Teildifferentialgleichungen $f(x,y,y',\ldots) = r_1$, $f(x,y,y',..) = r_2$ usw., dann ist $y = y_1 + y_2 + \ldots + y_m$ die Lösung von (10.16).

Auch hier kann man die Richtigkeit durch Einsetzen in (10.16) erkennen.

Eine Folgerung aus dem 1. und 2.Satz: Sind $y_1, y_2, \ldots, y_n$ Lösungen der homogenen linearen Differentialgleichung (10.15), dann ist ihre allgemeine Lösung

(10.17) $$y = C_1 \cdot y_1 + C_2 \cdot y_2 + \ldots + C_n \cdot y_n$$

mit den n beliebigen Integrationskonstanten C_1 bis C_n. Allerdings müssen die n Funktionen y_1 bis y_n linear unabhängige Grundlösungen (ein "Fundamentalsystem") sein, d.h. $a_1 \cdot y_1 + a_2 \cdot y_2 + \ldots + a_n \cdot y_n = 0$ darf nur möglich sein, wenn die konstanten Koeffizienten a_k alle 0 sind. Es darf also keine der Funktionen als Linearkombination, etwa $y_n = b_1 \cdot y_1 + b_2 \cdot y_2 + \ldots + b_{n-1} \cdot y_{n-1}$, angegeben werden können.

Die notwendige und hinreichende Bedingung für lineare Abhängigkeit von n Funktionen $y_k(x)$ ist, daß die "Wronskische Determinante"

$$(10.18) \qquad \begin{vmatrix} y_1 & y_2 & \cdots & y_n \\ y_1' & y_2' & \cdots & y_n' \\ \cdots & \cdots & \cdots & \cdots \\ y_1^{(n-1)} & y_2^{(n-1)} & & y_n^{(n-1)} \end{vmatrix}$$

für alle x den Wert 0 annimmt.

Linear unabhängig sind alo z.B. die Funktionen $1, x, x^2$ usw. oder $\sin x$ und $\cos x$, um nur zwei Beispiele für Fundamentalsysteme zu nennen.

Ein wichtiger Sonderfall von (10.15) ist die homogene lineare Differentialgleichung <u>mit konstanten Koeffizienten</u>:

$$(10.19) \qquad a_n \cdot y^{(n)} + \ldots + a_2 \cdot y'' + a_1 \cdot y' + a_o \cdot y = 0$$

Die Lösung der Differentialgleichung erster Ordnung (10.7) legt für (10.19) eine Lösung der Form $y = e^{\lambda x}$ nahe, mit zu bestimmendem konstantem λ. Wegen

$y' = \lambda \cdot e^{\lambda x}$, $y'' = \lambda^2 \cdot e^{\lambda x}$, ... $y^{(n)} = \lambda^n \cdot e^{\lambda x}$ erhält man durch Einsetzen in (10.19) eine Bestimmungsgleichung n-ter Ordnung für λ:

$$(10.20) \qquad a_n \cdot \lambda^n + \ldots + a_2 \cdot \lambda^2 + a_1 \cdot \lambda + a_o = 0$$

Man nennt sie die "charakteristische Gleichung" von (10.19)

und hat n Lösungen $\lambda_1, \lambda_2, \dots \lambda_n$, die auch komplex sein können. Sind alle λ_k, $k = 1,2,\dots n$, verschieden, so hat man damit n unabhängige Grundlösungen $y_k = e^{\lambda_k \cdot x}$ und die allgemeine Lösung von (10.19) lautet folglich

$$(10.21) \qquad y = C_1 \cdot e^{\lambda_1 \cdot x} + C_2 \cdot e^{\lambda_2 \cdot x} + \dots + C_n \cdot e^{\lambda_n \cdot x}$$

mit n Integrationskonstanten C_k. Hat aber die charakteristische Gleichung zusammenfallende Lösungen, etwa $\lambda_1 = \lambda_2$, dann stellt (10.21) nicht die allgemeine Lösung von (10.19) dar, da man nicht mehr n linear unabhängige Grundlösungen und damit auch nicht die notwendigen n Integrationskonstanten erhält.

Dieser Fall kann schon bei Differentialgleichungen zweiter Ordnung auftreten: Die charakteristische Gleichung von

$$(10.22) \qquad a \cdot y'' + b \cdot y' + c \cdot y = 0 \quad \text{lautet}$$

$$a \cdot \lambda^2 + b \cdot \lambda + c = 0 \quad \text{mit den Lösungen}$$

$\lambda_{1,2} = -\frac{b}{2a} \pm \frac{1}{2a} \cdot \sqrt{b^2 - 4ac}$. Ist $b^2 = 4ac$, so wird $\lambda_1 = \lambda_2 = -\frac{b}{2a}$ und aus der allgemeinen Lösung (10.21) wird $y = C_1 \cdot e^{\lambda_1 x} + C_2 \cdot e^{\lambda_1 x} = (C_1 + C_2) \cdot e^{\lambda_1 \cdot x} = C \cdot e^{\lambda_1 \cdot x}$, also nur eine Integrationskonstante. Die allgemeine Lösung für (10.22) erhält man hieraus durch Variation der Konstanten: $y = C(x) \cdot e^{\lambda \cdot x}$, $y' = C' \cdot e^{\lambda \cdot x} + \lambda C \cdot e^{\lambda \cdot x}$ und $y'' = C'' \cdot e^{\lambda \cdot x} + 2\lambda C' \cdot e^{\lambda x} + \lambda^2 C \cdot e^{\lambda \cdot x}$ eingesetzt in (10.22) liefert $a \cdot (C'' + 2\lambda C' + \lambda^2 C) + b \cdot (C' + \lambda C) + c \cdot C = 0$ oder

$$a \cdot C'' + \underbrace{(2a\lambda + b)}_{=0 \text{ wegen } \lambda = -\frac{b}{2a}} \cdot C' + \underbrace{(a\lambda^2 + b\lambda + c)}_{=0, \text{ da charakteristische Gleichung}} \cdot C = 0$$

Es verbleibt also als Bedingung für die gesuchte Funktion $C(x)$ lediglich $C'' = \frac{d^2C}{dx^2} = 0$, d.h. $C(x)$ muß eine lineare Funktion sein: $C(x) = K_1 + K_2 \cdot x$ mit den Integrationskonstanten K_1, K_2. Damit ist die allgemeine Lösung der Differentialgleichung (10.22) bei Doppelwurzel $\lambda_1 = \lambda_2 = -\frac{b}{2a}$ der zugehörigen charakteristischen Gleichung

(10.23) $$y = (K_1 + K_2 \cdot x) \cdot e^{\lambda_1 x}$$

Die so erhaltenen Grundlösungen $e^{\lambda_1 x}$ und $x \cdot e^{\lambda_1 x}$ sind natürlich linear unabhängig, wie man sich nach (10.18) überzeugt.

Verallgemeinerung: Ist $\lambda_1 = \lambda_2 = \ldots = \lambda_r$ eine r-fache Lösung der charakteristischen Gleichung, dann ist

(10.24) $$y_p = (K_1 + K_2 \cdot x + K_3 \cdot x^2 + \ldots + K_r \cdot x^{r-1}) \cdot e^{\lambda_1 x}$$

eine partikuläre Lösung von (10.19).

Hat (10.22) konjugiert komplexe Lösungen $\lambda_1 = \alpha + i\beta$ und $\lambda_2 = \alpha - i\beta$, dann wird aus $y = C_1 \cdot e^{(\alpha + i\beta)x} + C_2 \cdot e^{(\alpha - i\beta)x}$ wegen (1.17) $y = e^{\alpha x} \cdot (C_1 + C_2) \cdot \cos \beta x + i \cdot (C_1 + C_2) \cdot \sin \beta x$ oder

(10.25) $$y = e^{\alpha x} \cdot (K_1 \cdot \cos \beta x + K_2 \cdot \sin \beta x)$$

Die Schwingungsgleichung: Das wichtigste Beispiel einer homogenen linearen Differentialgleichung mit konstanten Koeffizienten ist die Differentialgleichung zweiter Ordnung für die "freie Schwingung".

An einer Schraubenfeder der Federkonstante k hänge eine Masse m. Zieht man die Masse aus ihrer Ruhelage heraus und läßt sie dann frei, so vollführt sie freie Schwingungen. Die rücktreibende

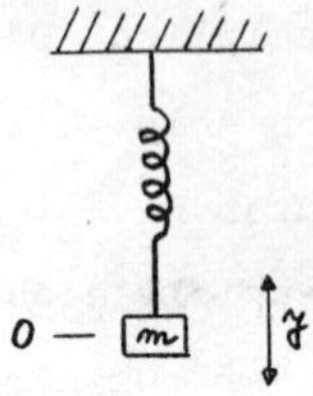

Kraft ist proportional zur Auslenkung y (Proportionalitätsfaktor k), die auftretenden Reibungskräfte seien proportional zur Geschwindigkeit $\frac{dy}{dt}$ (r Reibungskoeffizient). Die Kräftebillanz ("Masse mal Beschleunigung gleich Summe der wirkenden Kräfte") liefert dann

$$m\cdot\frac{d^2y}{dt^2} = -k\cdot y - r\cdot\frac{dy}{dt} \quad \text{oder}$$

(10.26) $$m\cdot y'' + r\cdot y' + k\cdot y = 0$$

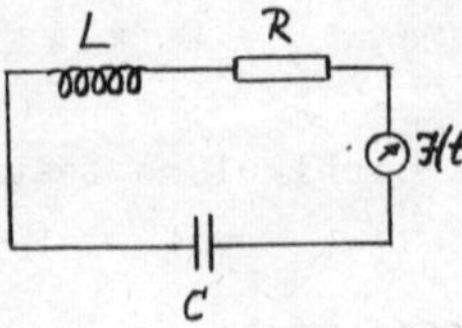

Auch für den elektrischen Schwingkreis mit der Induktivität L (entspricht der Masse m), dem ohmschen Widerstand R ($\hat{=}$ r) und der Kapazität C ($\hat{=} \frac{1}{k}$) erhält man eine analoge Differentialgleichung für die Stromstärke I(t): $L\cdot I'' + R\cdot I' + \frac{1}{C}\cdot I = 0$.

Die zu (10.26) gehörige charakteristische Gleichung $m\cdot\lambda^2 + r\cdot\lambda + k = 0$ hat die Lösungen

(10.27) $$\lambda_{1,2} = -\frac{r}{2m} \pm \frac{1}{2m}\cdot\sqrt{r^2 - 4\,mk}$$

Es sind nun folgende drei Fälle zu unterscheiden: $\lambda_{1,2}$ sind verschieden und reell, sie sind verschieden aber komplex und schließlich $\lambda_1 = \lambda_2$.

Fall a) $r^2 > 4\,mk$ (reelle Wurzel) bedeutet physikalisch große Reibung für das schwingungsfähige System. Die Lösung für (10.26) lautet also

(10.28) $$y(t) = C_1\cdot e^{\lambda_1\cdot t} + C_2\cdot e^{\lambda_2\cdot t}$$

Hierin sind beide Exponenten $\lambda_{1,2}$ negativ

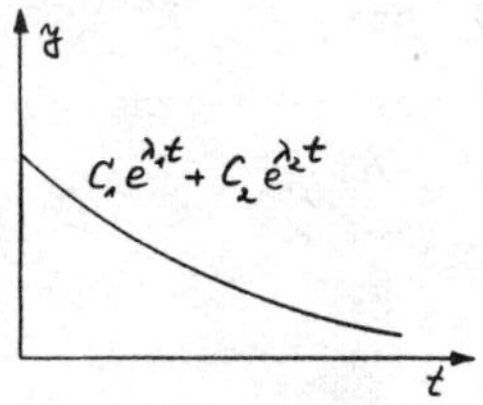

($\sqrt{r^2 - 4mk} < r$), das bedeutet, daß die aus der Ruhelage ausgelenkte Masse m, ohne zu schwingen wieder allmählich in sie zurückkehrt (im elektrischen Schwingkreis entlädt sich der Kondensator ohne Schwingung). Die Integrationskonstanten C_1, C_2 sind durch die Anfangsbedingungen bestimmbar: Zum Zeitpunkt $t = 0$ habe die Masse eine Auslenkung y_o und eine Geschwindigkeit $\frac{dy}{dt} = v_o$, also $y_o = C_1 + C_2$ und $v_o = \lambda_1\cdot C_1 + \lambda_2\cdot C_2$ und somit wird

$$C_1 = \frac{\lambda_2 y_o - v_o}{\lambda_2 - \lambda_1}\,,\quad C_2 = \frac{v_o - \lambda_1 y_o}{\lambda_2 - \lambda_1}\,.$$

Fall b) $r^2 < 4\,mk$ (kleine Reibung); $\lambda_{1,2} = -\Lambda \pm i\omega$ sind konjugiert komplex mit den Abkürzungen $\Lambda = \frac{r}{2m}$ und $\omega = \frac{1}{2m}\cdot\sqrt{4\,mk - r^2}$.

Entsprechend (10.25) lautet also jetzt die Lösung für die Schwingungsgleichung (10.26)

$$y(t) = e^{-\Lambda t} \cdot (A \cdot \cos\omega t + B \cdot \sin\omega t)$$

Die Klammer kann man wegen

$$C \cdot \sin(\omega t + \varphi) = C \cdot (\sin\omega t \cdot \cos\varphi + \cos\omega t \cdot \sin\varphi) =$$
$$= C \cdot \cos\varphi \cdot \sin\omega t + C \cdot \sin\varphi \cdot \cos\omega t =$$
$$= A \cdot \cos\omega t + B \cdot \sin\varphi t$$

als phasenverschobene Sinusschwingung (Phasenverschiebung φ) mit den neuen Integrationskonstanten C und φ schreiben. Der Zusammenhang von C und φ mit A und B ist gegeben durch $A = C \cdot \sin\varphi$, $B = C \cdot \cos\varphi$ bzw. $A^2 + B^2 = C^2$, $\frac{A}{B} = \tan\varphi$. Der Bewegungsvorgang y(t) ist also eine gedämpfte Schwingung (Dämpfungsfaktor $e^{-\Lambda t}$):

(10.29) $$y(t) = C \cdot e^{-\Lambda t} \cdot \sin(\omega t + \varphi)$$

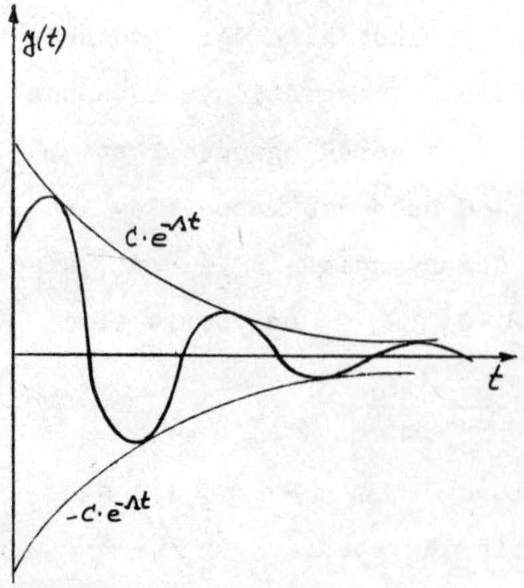

Die Amplitude der Schwingung $C \cdot e^{-\Lambda t}$ nimmt exponentiell mit der Zeit t ab. Je kleiner die Reibung r, umso weniger ist die Schwingung gedämpft, und für r = 0 erhält man wegen $\Lambda = \frac{r}{2m} = 0$ die ungedämpfte Schwingung $C \cdot \sin(\omega t + \varphi)$.

Fall c) $r^2 = 4\,mk$, also $\lambda_1 = \lambda_2 = -\frac{r}{2m}$ liefert den "aperiodischen Grenzfall" mit der Lösung (vgl.(10.23))

(10.30) $$y(t) = (C_1 + C_2 \cdot t) \cdot e^{\lambda_1 \cdot t}$$

Erzwungene Schwingung: Bei der freien Schwingung erfolgt die Erregung des schwingungsfähigen Systems durch einen einmaligen Anstoß. Ist nun die Erregung selbst eine Funktion der Zeit f(t), wenn z.B. der Aufhängepunkt der Schraubenfeder (siehe S. 168) sich periodisch auf und ab bewegt, dann ist die zugehörige Differentialgleichung nicht mehr homogen, sondern die "Störfunktion" f(t) erscheint als rechte Seite der linearen Differentialgleichung mit konstanten Koeffizienten.

Nach den Überlagerungssätzen (S. 164) benötigt man für die allgemeine Lösung der inhomogenen Gleichung nur ein partikuläres Integral und die homogene Lösung. Ein naheliegender Versuch, das partikuläre Integral zu bestimmen, ist der Lösungsansatz vom Typ der Störfunktion, man nennt ihn auch den "Gleichtakt-Ansatz".

Beispiele:

1. In $y'' - 4y' + 4y = 4x + 8x^3$ ist die Störfunktion ein Polynom dritten Grades, also wird man für die Sonderlösung ansetzen $y_s = a + bx + cx^2 + dx^3$ mit den vier zu bestimmenden Koeffizienten a,b,c,d. Durch Einsetzen in die Differentialgleichung

   $$2c + 6dx - 4\cdot(b+2cx+3dx^2) + 4\cdot(a+bx+cx^2+dx^3) = 4x + 8x^3$$

und Koeffizientenvergleich findet man $a = 7$, $b = 10$, $c = 6$ und $d = 2$. Da die Lösung der zugehörigen homogenen Gleichung $y_h = (C_1 + C_2 \cdot x) \cdot e^{2x}$ lautet, ist die allgemeine Lösung der inhomogenen Differentialgleichung $y = y_h + y_s = (C_1 + C_2 \cdot x) \cdot e^{2x} + 7 + 10x + 6x^2 + 2x^3$.

2. $y'' - 2y' - 3y = 8\,e^x$; Ansatz: $y_s = a \cdot e^x$, eingesetzt in die Differentialgleichung liefert Bestimmungsgleichung für a: $(a - 2a - 3a) \cdot e^x = 8\,e^x$, also $a = -2$. Mit $y_h = C_1 e^{3x} + C_2 e^{-x}$ wird $y = y_h + y_s = C_1 e^{3x} + C_2 e^{-x} - 2e^x$.

3. Hat die homogene Gleichung (10.26) die Lösung (10.29), kann also das System Eigenschwingungen vollführen, dann ist (physikalisch) interessant eine sinusförmige Erregerfunktion:

(10.31) $$m \cdot y'' + r \cdot y' + k \cdot y = A \cdot \sin \Omega t$$

Es ist hier bequemer, mit der komplexen Störfunktion $A \cdot e^{i\Omega t} = A \cdot (\cos \Omega t + i \sin \Omega t)$ zu rechnen und im Ergebnis dann nur den Imaginärteil $\mathfrak{Im}\, A \cdot e^{i\Omega t} = A \cdot \sin \Omega t$ zu berücksichtigen.

Gleichtaktansatz: $y_s = a \cdot e^{i\Omega t}$, $y_s' = i\Omega \cdot a \cdot e^{i\Omega t}$, $y'' = -\Omega^2 \cdot a \cdot e^{i\Omega t}$ eingesetzt in die Differentialgleichung: $(-\Omega^2 \cdot m + i\Omega \cdot r + k) \cdot a \cdot e^{i\Omega t} = A \cdot e^{i\Omega t}$ ergibt

$$a = \frac{A}{k - \Omega^2 \cdot m + i\Omega \cdot r} = \frac{A}{\sqrt{(k - \Omega^2 \cdot m)^2 + (\Omega \cdot r)^2} \cdot e^{i\phi}}$$

mit $\tan \phi = \dfrac{\Omega \cdot r}{k - \Omega^2 \cdot m}$ (siehe (1.13,14,18)).

Das partikuläre Integral von (10.31) lautet also

$$y_s = \mathfrak{Im}\, a \cdot e^{i\Omega t} = \mathfrak{Im} \frac{A}{(k-\Omega^2 \cdot m)^2 + (\Omega \cdot r)^2} \cdot e^{i(\Omega t - \phi)}, \text{ somit}$$

$$(10.32) \qquad y_s = \frac{A}{\sqrt{(k-\Omega^2 \cdot m)^2 + (\Omega \cdot r)^2}} \cdot \sin(\Omega t - \phi).$$

Die erzwungene Schwingung ist also eine um $-\phi$ phasenverschobene Schwingung der gleichen Frequenz wie die Erregerschwingung. Die Gesamtlösung ergibt sich zusammen mit der gedämpften Eigenschwingung y_h aus (10.29), die aber für wachsende t gegen null strebt, so daß nach einer gewissen Einschwingzeit, in der sich y_s und y_h überlagern, nur noch die erzwungene Schwingung y_s übrig bleibt.

Vom physikalischen Standpunkt aus ist es wichtig zu wissen, wie sich die Amplitude $a = \frac{A}{\sqrt{(k-\Omega^2 \cdot m)^2 + (\Omega \cdot r)^2}}$ der erzwungenen Schwingung in Abhängigkeit der Erregerfrequenz verändert. Für $\Omega = 0$ ist $a = \frac{A}{k}$ und für $\Omega \to \infty$ geht $a \to 0$.

Ist die Reibung $r = 0$ (ungedämpfte Eigenschwingung), dann

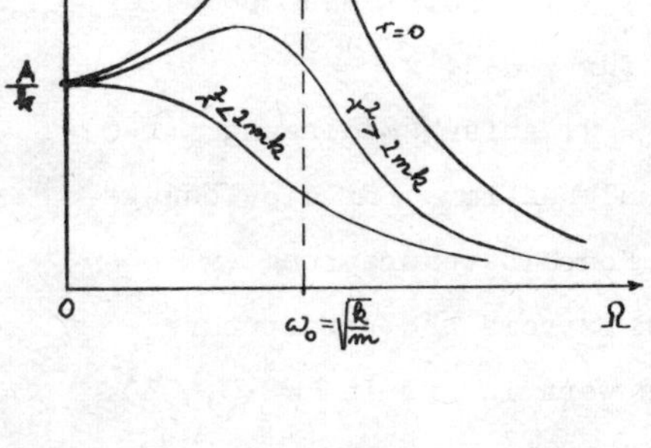

kommt es an der Stelle $\Omega = \sqrt{\frac{k}{m}}$ zur "Resonanzkatastrophe", d.h. die Amplitude wächst über alle Grenzen. Vergleicht man mit der Eigenfrequenz $\omega = \frac{1}{2m} \cdot \sqrt{4mk - r^2} = \sqrt{\frac{k}{m}} = \omega_0$ (für $r = 0$), so findet man, daß dies genau dann eintritt, wenn Erregerfrequenz und Eigenfrequenz übereinstimmen. Ist die Eigenschwingung gedämpft, dann bleibt auch im Resonanzfall die Amplitude endlich. Das Maximum der Amplitude errechnet sich aus $\frac{da}{d\Omega} = -A\cdot\frac{(k-\Omega^2 m)(-2\Omega m)+\Omega r^2}{\sqrt{(k-\Omega^2 m)^2+(\Omega r)^2}^3} = 0$,

also an der Stelle $\Omega = \sqrt{\frac{2mk - r^2}{2m^2}} < \omega_0$, d.h. mit zunehmender Dämpfung verschiebt sich das Amplitudenmaximum nach kleineren Frequenzen und tritt nicht mehr auf, sobald $r^2 > 2mk$.

Aufgabe 1: Man zeige, daß $y_1 = e^{ax}$, $y_2 = x\cdot e^{ax}$, $y_3 = x^2\cdot e^{ax}$ linear unabhängige Funktionen sind.

Aufgabe 2: Für welche linearen Differentialformen (nicht vollständige Differentiale) $p(x,y)\,dx + q(x,y)\,dy$ ist der integrierende Faktor nur Funktion einer einzigen Veränderlichen?

Man beschreibe die folgenden Differentialgleichungen und gebe ihre allgemeinen Lösungen an:

Aufgabe 3: $(1+x)\cdot y' + 3y = e^x\cdot(1+x)^{-2}$

Aufgabe 4: $(x^2-1)\cdot y' + xy = e^x\cdot y^{-2}\cdot\sqrt{x^2-1}$

Aufgabe 5: $y\cdot y' = e^{x+2y}\cdot\sin x$, Anfangsbedingung $x = 0$, $y = 0$

Aufgabe 6: $2y'\cdot\sin x - y\cdot\cos x = y^3\cdot\sin x\cdot\cos x$ und die Partikulärlösung für $y = -1$, $x = \frac{\pi}{2}$

Aufgabe 7: $y'\cdot\cos x + y\cdot\sin x = 1$, Anfangsbedingung $y(x=0)=1$

Aufgabe 8: $y'' - 5y' + 4y = 0$ und bestimme für die Lösungskurven durch den Koordinatenursprung $(x = 0 = y)$ die Abszissen der Extrema und Wendepunkte (benötigter Zahlenwert $\ln 4 = 2\cdot\ln 2 \approx 2\cdot 0{,}693$).

Anhang I: Additionstheoreme trigonometrischer Funktionen

Im Einheitskreis (Radius 1) entspricht dem $\begin{Bmatrix}\text{Sinus}\\ \text{Cosinus}\end{Bmatrix}$ eines Winkels die $\begin{Bmatrix}\text{Gegen-}\\ \text{An-}\end{Bmatrix}$Kathete.

Es ist $\sin 0^\circ = 0,\quad \sin 90^\circ = 1,\quad \cos 0^\circ = 1,\quad \cos 90^\circ = 0$

$$\sin(180^\circ - \alpha) = +\sin\alpha \qquad \cos(180^\circ - \alpha) = -\cos\alpha$$

$$\sin(180^\circ + \alpha) = -\sin\alpha \qquad \cos(180^\circ + \alpha) = -\cos\alpha$$

(I.1) $$\sin(-\alpha) = -\sin\alpha \qquad \cos(-\alpha) = +\cos\alpha$$

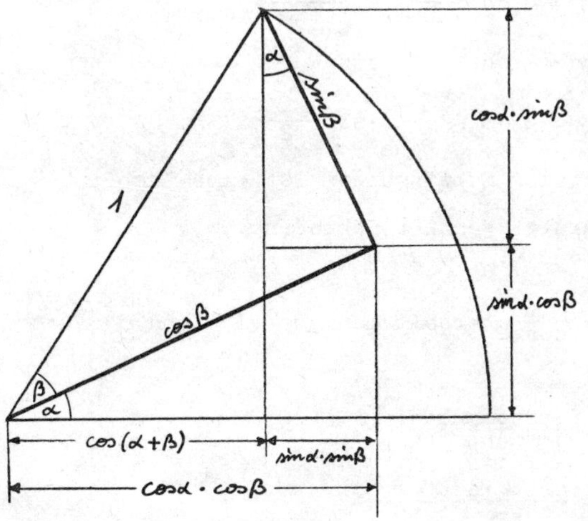

Aus der nebenstehenden Skizze entnimmt man die Formeln (I.2,3) für die Winkelsumme. Ersetzt man hierin β durch $-\beta$, so folgen wegen (I.1) sofort die Formeln für die Winkeldifferenz.

(I.2) $$\sin(\alpha \pm \beta) = \sin\alpha \cdot \cos\beta \pm \cos\alpha \cdot \sin\beta$$

(I.3) $$\cos(\alpha \pm \beta) = \cos\alpha \cdot \cos\beta \mp \sin\alpha \cdot \sin\beta$$

Für $\alpha = \beta$ erhält man speziell $\cos(\alpha - \alpha) = 1 = \cos^2\alpha + \sin^2\alpha$,

(I.4) $$\sin 2\alpha = 2 \cdot \sin\alpha \cdot \cos\alpha$$

(I.5) $$\cos 2\alpha = \cos^2\alpha - \sin^2\alpha = 1 - 2\cdot\sin^2\alpha = 2\cdot\cos^2\alpha - 1$$

Durch Addition bzw. Subtraktion der Gleichungen (I.2 und 3) erhält man zunächst

$$\sin(\alpha+\beta) + \sin(\alpha-\beta) = 2\cdot\sin\alpha\cdot\cos\beta$$

$$\cos(\alpha+\beta) + \cos(\alpha-\beta) = 2\cdot\cos\alpha\cdot\cos\beta$$

$$\cos(\alpha+\beta) - \cos(\alpha-\beta) = -2\cdot\sin\alpha\cdot\sin\beta$$

und setzt man $\alpha+\beta = x$, $\alpha-\beta = y$, also $\alpha = \frac{x+y}{2}$, $\beta = \frac{x-y}{2}$, so wird

(I.6)

$$\sin x + \sin y = 2\cdot\sin\frac{x+y}{2}\cdot\cos\frac{x-y}{2}$$

$$\sin x - \sin y = 2\cdot\cos\frac{x+y}{2}\cdot\sin\frac{x-y}{2}$$

$$\cos x + \cos y = 2\cdot\cos\frac{x+y}{2}\cdot\cos\frac{x-y}{2}$$

$$\cos x - \cos y = -2\cdot\sin\frac{x+y}{2}\cdot\sin\frac{x-y}{2}$$

(Hinweis: Die Summe zweier Schwingungen ist eine "amplitudenmodulierte" Schwingung, genannt Schwebung.)

Wegen $\tan\alpha = \frac{\sin\alpha}{\cos\alpha} = \frac{1}{\cot\alpha}$ erhält man aus (I.2 und 3) auch

$$\tan(\alpha\pm\beta) = \frac{\tan\alpha \pm \tan\beta}{1 \mp \tan\alpha\cdot\tan\beta}$$

$$\cot(\alpha\pm\beta) = \frac{\cot\alpha\cdot\cot\beta \mp 1}{\cot\alpha \pm \cot\beta}$$

$$\tan\alpha \pm \tan\beta = \frac{\sin(\alpha\pm\beta)}{\cos\alpha\cdot\cos\beta}$$

$$\cot\alpha \pm \cot\beta = \pm\frac{\sin(\alpha\pm\beta)}{\sin\alpha\cdot\sin\beta}$$

Anhang II: Die Binomialkoeffizienten

Bei der Berechnung der Potenzen eines Binoms

$(a+b)^2 = a^2 + 2ab + b^2$, $(a+b)^3 = a^3 + 3a^2b + 3ab^2 + b^3$,

$(a+b)^4 = a^4 + 4a^3b + 6a^2b^2 + 4ab^3 + b^4$, allgemein

$$(a+b)^n = a^n + \binom{n}{1}\cdot a^{n-1}b + \binom{n}{2}\cdot a^{n-2}b^2 + \binom{n}{3}\cdot a^{n-3}b^3 + \ldots$$

$$+ \binom{n}{k}\cdot a^{n-k}b^k + \binom{n}{k+1}\cdot a^{n-k-1}b^{k+1} + \ldots + \binom{n}{n}\cdot b^n$$

kann man die Vorzahlen der einzelnen Summanden, die sogenannten Binomialkoeffizienten $\binom{n}{k}$ [gelesen: n über k] durch folgenden Ausdruck errechnen:

$$\text{(II.1a)} \qquad \boxed{\binom{n}{k} = \frac{n\cdot(n-1)(n-2)\ldots(n-k+1)}{1\cdot\ 2\ \cdot\ 3\cdot\ldots\cdot\ k}}$$

Führt man für das Produkt der k ersten natürlichen Zahlen die Abkürzung

$$\text{(II.2)} \qquad k! = 1\cdot2\cdot3\cdot\ \ldots\ \cdot k \qquad \text{(lies: k Fakultät)}$$

ein, so läßt sich (II.1a), nachdem man den Bruch mit $(n-k)!$ erweitert hat, also

$$\binom{n}{k} = \frac{n\cdot(n-1)\ldots(n-k+1)\cdot(n-k)\cdot\ \ldots\ \cdot2\cdot1}{1\cdot\ 2\ \ldots\ k\ \cdot(n-k)\cdot\ \ldots\ \cdot2\cdot1}$$ auch schreiben

in der Form

$$\text{(II.1b)} \qquad \boxed{\binom{n}{k} = \frac{n!}{k!(n-k)!}}$$

Hier erkennt man, daß die Binomialkoeffizienten symmetrisch sind, d.h.

(II.3) $\binom{n}{n-k} = \binom{n}{k}$. Speziell: $\binom{n}{n} = \binom{n}{0} = 1$, also muß

$0! = 1$ sein.

Aus $(a+b)^{n+1} = (a+b)^n \cdot (a+b) =$

$$= \left[a^n + \ldots + \binom{n}{k} \cdot a^{n-k} b^k + \binom{n}{k+1} \cdot a^{n-k-1} b^{k+1} + \ldots\right] \cdot (a+b) =$$

$$= a^{n+1} + \ldots + \underbrace{\left\{\binom{n}{k} + \binom{n}{k+1}\right\}}_{\binom{n+1}{k+1}} \cdot a^{n-k} b^{k+1} + \ldots$$

erkennt man, daß für die Binomialkoeffizienten (II.1) gelten muß:

(II.4) $$\binom{n+1}{k+1} = \binom{n}{k} + \binom{n}{k+1}$$

Beweis: $$\binom{n}{k} + \binom{n}{k+1} = \frac{n!}{k!(n-k)!} + \frac{n!}{(k+1)!(n-k-1)!} =$$

$$= \frac{n!(k+1) + n!(n-k)}{(k+1)!(n-k)!} = \frac{n!(n+1)}{(k+1)!(n-k)!} =$$

$$= \frac{(n+1)!}{(k+1)!(n-k)!} = \binom{n+1}{k+1}.$$

Anhang III: Lösungen der Aufgaben

§1;1: $\dfrac{(\sqrt{2}+\sqrt{6})^2}{(\sqrt{2}-\sqrt{6})\cdot(\sqrt{2}+\sqrt{6})} = -2-\sqrt{3}$ irrational,

$\dfrac{(4\sqrt{2}-2\sqrt{3})\cdot(\sqrt{3}+\sqrt{8})}{(\sqrt{3}-\sqrt{8})\cdot(\sqrt{3}+\sqrt{8})} = -2$ rational.

§1;2: $\dfrac{(a+b\sqrt{2})\cdot(c-d\sqrt{2})}{(c+d\sqrt{2})\cdot(c-d\sqrt{2})} = \dfrac{ac-2bd+(bc-ad)\cdot\sqrt{2}}{c^2-2\cdot d^2}$

Da der Nenner rational ist, wird der gesamte Bruch rational, wenn $bc-ad=0$, also $\frac{a}{b}=\frac{c}{d}$ bzw. $\frac{a}{c}=\frac{b}{d}$.

§1;3:

$$\begin{array}{llll} i^1 = i & i^{-1} = \frac{1}{i} & = \frac{i}{i^2} & = -i \\ i^2 = -1 & i^{-2} = \frac{1}{i^2} & & = -1 \\ i^3 = -i & i^{-3} = \frac{1}{i^3} & = \frac{i}{i^4} & = +i \\ i^4 = +1 & i^{-4} = \frac{1}{i^4} & & = +1 \end{array}$$

i^n ist reell für gerade Exponenten und zwar ist

$$i^n = \begin{cases} +1 & \text{für } n = \dots -8, -4, 0, 4, 8, 12, \dots \\ -1 & \text{für } n = \dots -6, -2, 2, 6, 10, \dots \end{cases}$$

$i^7 = i^4\cdot i^3 = -i$; $i^{13} = i^{12}\cdot i = i$; $i^{18} = -1$; $i^{-9} = -i$.

§1;4: $z_1+z_2 = 17+9i$; $z_1-z_2 = -9-i$; $z_1\cdot z_2 = 16+63i$;

$\dfrac{z_1}{z_2} = \dfrac{(3+4i)(12-5i)}{(12+5i)(12-5i)} = \dfrac{56}{169}+\dfrac{33}{169}i.$

§1;5: a) $3+4i = 5\cdot e^{i(53{,}13^\circ + n\cdot 360^\circ)}$, $n = 0,1,2,\dots$

b) $1\cdot e^{-i\pi/4} = \cos 45^\circ - i\sin 45^\circ = \frac{1}{2}\sqrt{2} - \frac{i}{2}\sqrt{2}$

c) $(1+i)^3 = -2+2i = 2\sqrt{2}\cdot e^{i\,3\pi/4}$

d) $\dfrac{1+i}{1-i} = \dfrac{(1+i)^2}{(1-i)(1+i)} = i = 1\cdot e^{i\pi/2}$, (Realteil 0)

e) $7\cdot e^{i\,2\pi/3} = 7\cdot(\cos 120^\circ + i\sin 120^\circ) = -\frac{7}{2} + i\,\frac{7}{2}\sqrt{3}$

f) $1+i\sqrt{3} = 2\cdot e^{i(60^\circ + n\cdot 360^\circ)}$, $n = 0,1,2,\dots$

§1;5: g) $\frac{5-i}{2-3i} = 1+i = \sqrt{2}\cdot e^{i(\pi/4+2\pi n)}$, $n = 0,1,2,\ldots$

h) $\cos\alpha - i\sin\alpha = 1\cdot e^{-i\alpha}$

i) mit Realteil 1 und Imaginärteil $\tan\alpha$ wird der Betrag $\sqrt{1+\tan^2\alpha} = \frac{1}{\cos\alpha}$ und für das Argument $\tan\varphi = \frac{\tan\alpha}{1}$, also $\varphi = \alpha$, somit $1+i\cdot\tan\alpha = \frac{1}{\cos\alpha}\cdot e^{i\alpha}$

j) wegen $i = e^{i(\frac{\pi}{2}+2\pi n)}$ wird $i^i = e^{-(\frac{\pi}{2}+2\pi n)}$, reell(!)

k) $\frac{2+i}{1-i} + \frac{1-i}{2+i} = \frac{1+3i}{2} + \frac{1-3i}{5} = \frac{7}{10} + i\frac{9}{10}$; der Betrag ist $\frac{1}{10}\sqrt{130} \approx 1{,}1402$ und das Argument $\tan\varphi = \frac{9}{7}$, $\varphi \approx 52{,}1^\circ$

§1;6: a) $(a+ib)(a-ib) = a^2+b^2 = |a+ib|^2 = |a-ib|^2$

Das Produkt konjugiert komplexer Zahlen ist reell und gleich dem Betragsquadrat.

b) $\left|\frac{a+ib}{a-ib}\right| = \left|\frac{a^2-b^2}{a^2+b^2} + i\,\frac{2ab}{a^2+b^2}\right| = \sqrt{\frac{(a^2-b^2)^2+4a^2b^2}{(a^2+b^2)^2}} =$

$= \sqrt{\frac{(a^2+b^2)^2}{(a^2+b^2)^2}} = 1$. Der Quotient zweier konjugiert komplexer Zahlen hat den Betrag 1.

§1;7: $a^7-21a^5b^2+35a^3b^4-7ab^6 - i\cdot(b^7-21a^2b^5+35a^4b^3-7a^6b)$

§1;8: a) $\sqrt[3]{8} = 2\cdot e^{i2\pi n/3} = \begin{cases} 2 & \text{für } n=0 \\ -1+i\sqrt{3} & \text{für } n=1 \\ -1-i\sqrt{3} & \text{für } n=2 \end{cases}$

b) $\sqrt[6]{-64} = 2\cdot e^{i\frac{\pi+2\pi n}{6}} = \begin{cases} \sqrt{3}\pm i & \text{für } n=0 \text{ und } 5 \\ \pm 2i & \text{für } n=1 \text{ und } 4 \\ -\sqrt{3}\pm i & \text{für } n=2 \text{ und } 3 \end{cases}$

c) $\sqrt[5]{1} = e^{i2\pi n/5} = \begin{cases} \cos 0^\circ + i\sin 0^\circ = 1 \\ \cos 72^\circ + i\sin 72^\circ \approx 0{,}309 + i\,0{,}951 \\ \cos 144^\circ + i\sin 144^\circ \approx -0{,}809 + i\,0{,}588 \\ \cos 216^\circ + i\sin 216^\circ \approx -0{,}809 - i\,0{,}588 \\ \cos 288^\circ + i\sin 288^\circ \approx 0{,}309 - i\,0{,}951 \end{cases}$

d) $\sqrt[5]{32} = 2\cdot\sqrt[5]{1}$ (siehe Aufg.c), e) $\sqrt[5]{-32} = -2\cdot\sqrt[5]{1}$

§1;8: f) (vgl. Aufg. 5a) $\sqrt{3+4i} = \sqrt{5}\cdot e^{\frac{i}{2}(53{,}1^\circ + n\cdot 360^\circ)} =$

$= \pm 2{,}236\cdot(0{,}895 + i\,0{,}447) = \pm(2+i)$ für $n = 0$ und 1

g) $\sqrt{i} = e^{i(\frac{\pi}{4} + \pi n)} = \pm(\frac{1}{2}\sqrt{2} + \frac{i}{2}\sqrt{2})$ für $n = 0$ und $n = 1$

h) $\sqrt[3]{i} = e^{i(\frac{\pi}{6} + \frac{2\pi n}{3})} = \begin{cases} \pm\sqrt{3}/2 + i/2 & \text{für } n = 0 \text{ und } 1 \\ -i & \text{für } n = 2 \end{cases}$

i) $\sqrt[3]{-i} = -\sqrt[3]{i}$, siehe Aufg. h)

j) $\sqrt[4]{-1} = e^{i(\frac{\pi}{4} + \frac{\pi n}{2})} = \begin{cases} \frac{1}{2}\sqrt{2} \pm \frac{i}{2}\sqrt{2} & \text{für } n = 0 \text{ und } 3 \\ -\frac{1}{2}\sqrt{2} \pm \frac{i}{2}\sqrt{2} & \text{für } n = 1 \text{ und } 2 \end{cases}$

k) (vgl. Aufg. 5f) $\sqrt{1 - i\sqrt{3}} = \sqrt{2}\cdot e^{i(-30^\circ + n\cdot 180^\circ)} =$

$= \pm\frac{\sqrt{2}}{2}\cdot(\sqrt{3} - i)$ für $n = 0$ und $n = 1$

§1;9: a) $x_{1,2} = -2 \pm\sqrt{4-13} = -2 \pm 3i$; Probe: $(-2 \pm 3i)^2 +$

$+ 4\cdot(-2 \pm 3i) + 13 = 4 \mp 12i - 9 - 8 \pm 12i + 13 = 0$

b) $x_{1,2} = -\frac{5}{2} + i \pm\sqrt{(-\frac{5}{2} + i)^2 - 5(1-i)} = -\frac{5}{2} + i \pm \frac{1}{2} = \begin{cases} -2 + i \\ -3 + i \end{cases}$

c) $x = \sqrt[4]{-4} = \sqrt[2]{2}\cdot\sqrt[4]{-1} = \pm 1 \pm i$ (vgl. Aufg. 8j)

d) $x = \sqrt[6]{-\frac{1}{64}} = \frac{1}{2}\cdot\sqrt[6]{-1} = \begin{cases} \pm\frac{1}{4}\sqrt{3} \pm \frac{i}{4} \\ \pm\frac{i}{2} \end{cases}$ (vgl. Aufg. 8b)

§1;10: $\cos 2\varphi + i\sin 2\varphi = (\cos\varphi + i\sin\varphi)^2 =$

$= \cos^2\varphi + 2i\cos\varphi\cdot\sin\varphi - \sin^2\varphi$,

durch Vergleich von Real- und Imaginärteil:

$\cos 2\varphi = \cos^2\varphi - \sin^2\varphi$ und wegen $\cos^2\varphi + \sin^2\varphi = 1$

$\cos 2\varphi = 1 - 2\cdot\sin^2\varphi = 2\cdot\cos^2\varphi - 1$;

$\sin 2\varphi = 2\cdot\sin\varphi\cdot\cos\varphi$; analog findet man:

$\sin 3\varphi = 3\cdot\sin\varphi - 4\cdot\sin^3\varphi$; $\cos 3\varphi = 4\cdot\cos^3\varphi - 3\cdot\cos\varphi$

§1;11: Wegen (1.23) ist $z^{\pm n} = \cos n\varphi \pm i\sin n\varphi$, also

$z^n + z^{-n} = 2\cdot\cos n\varphi$ und $z^n - z^{-n} = 2i\cdot\sin n\varphi$, damit wird $16\cdot\sin^5\varphi = 16\left(\frac{z-z^{-1}}{2i}\right)^5 = \frac{z^5-5z^3+10z-10z^{-1}+5z^{-3}-z^{-5}}{2i} =$

$= \frac{z^5-z^{-5}}{2i} - 5\cdot\frac{z^3-z^{-3}}{2i} + 10\cdot\frac{z-z^{-1}}{2i} = \sin 5\varphi - 5\sin 3\varphi + 10\sin\varphi$.

Analog $32\cdot\cos^6\varphi = 32\cdot\left(\frac{z+z^{-1}}{2}\right)^6 = \frac{z^6+z^{-6}}{2} + 6\cdot\frac{z^4+z^{-4}}{2} +$

$+15\cdot\frac{z^2+z^{-2}}{2} + 20\cdot\frac{z^0}{2} = \cos 6\varphi + 6\cdot\cos 4\varphi + 15\cdot\cos 2\varphi + 10$.

b) Das $\cos 5\varphi + 5\cdot\cos 3\varphi + 10\cdot\cos\varphi = 16\cdot\cos^5\varphi$, lautet die Bestimmungsgleichung für φ: $\cos^5\varphi = \frac{1}{32}$, also $\cos\varphi = \frac{1}{2}$ und folglich $\varphi = \pm\frac{\pi}{3} + 2\pi n$, $n = 0,1,2,\ldots$

§2;1: $\vec{r} = \overrightarrow{AB}\times\overrightarrow{AC} = \begin{vmatrix} \vec{e}_x & \vec{e}_y & \vec{e}_z \\ -6 & 6 & 0 \\ -6 & 0 & 4 \end{vmatrix} = 24\,\vec{e}_x + 24\,\vec{e}_y + 36\,\vec{e}_z$,

Flächeninhalt des Dreiecks ABC ist $\frac{|\vec{r}|}{2} = 6\cdot\sqrt{17}$.

§2;2: $\vec{s} = \overrightarrow{P_1P_2} = (-1;2;4)$, $A = (1;-2;1)\cdot(-1;2;4) = -1$.

§2;3: $\overrightarrow{OC} = \frac{\overrightarrow{OA}\times\overrightarrow{OB}}{|\overrightarrow{OA}|} = \frac{1}{11}\cdot\begin{vmatrix} \vec{e}_x & \vec{e}_y & \vec{e}_z \\ 6 & 7 & 6 \\ 2 & 6 & -9 \end{vmatrix} = -9\,\vec{e}_x + 6\,\vec{e}_y + 2\,\vec{e}_z$.

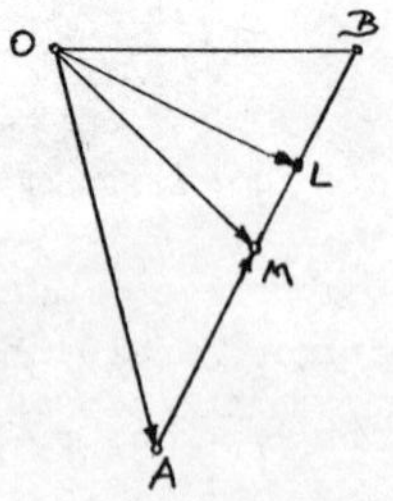

§2;4: $\overrightarrow{AB} = (2;4)$, $\overrightarrow{AM} = \frac{1}{2}\overrightarrow{AB} = (1;2)$

$\overrightarrow{OM} = \overrightarrow{OA} + \overrightarrow{AM} = (2;-2)$

$\cos(\overrightarrow{OM},\overrightarrow{AB}) = \frac{\overrightarrow{OM}\circ\overrightarrow{AB}}{|\overrightarrow{OM}|\cdot|\overrightarrow{AB}|} = \frac{4-8}{\sqrt{8}\cdot\sqrt{20}} =$

$= -\frac{1}{\sqrt{10}} \approx -0{,}316$

$\sphericalangle(\overrightarrow{OM},\overrightarrow{AB}) \approx 71{,}55^\circ$ bzw. $108{,}45^\circ$.

$\overrightarrow{OL} = (x;y) = \overrightarrow{OA} + \overrightarrow{AL} = \overrightarrow{OA} + \lambda\,\overrightarrow{AB} = (1;-4) + \lambda(2;4) =$

$= (1+2\lambda;\,-4+4\lambda)$, also (1) $x = 1+2\lambda$
(2) $y = -4+4\lambda$

Da $\overrightarrow{OL}$ senkrecht auf $\overrightarrow{AB}$ steht, muß $\overrightarrow{OL}\cdot\overrightarrow{AB} = 0$ sein, also $2x+4y=0$; (1) und (2) eingesetzt liefert $\lambda = \frac{7}{10}$ und damit $x = 2{,}4$ und $y = -1{,}2$.

§2;5: $\vec{OE} = \vec{OB} + \vec{AC} = (1;5;2) + (-12;0;0)$

$= (-11;5;2)$, analog

$\vec{OF} = \vec{OB} + \vec{AD} = (-14;5;-6)$

$\vec{OG} = \vec{OF} + \vec{AC} = (-26;5;-6)$

$\vec{OH} = \vec{OD} + \vec{AC} = (-14;0;-6)$

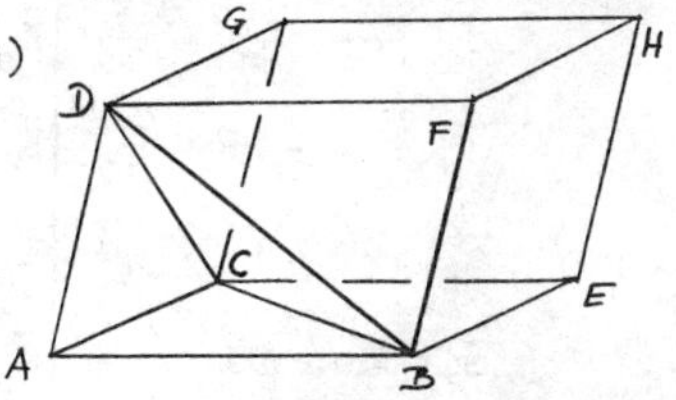

$$V_{Spat} = (\vec{AB},\vec{AC},\vec{AD}) = \begin{vmatrix} -12 & 5 & 0 \\ -12 & 0 & 0 \\ -15 & 0 & -8 \end{vmatrix} = -480$$ (negatives Vorzeichen, da AB, AC, AD Linkssystem!)

$$d = \frac{|V_{Spat}|}{\text{Fläche(ABCE)}} = \frac{|V_{Spat}|}{|\vec{AB}\times\vec{AC}|} = \frac{480}{60} = 8.$$

$$V_{Tetraeder} = \frac{1}{3}\cdot\text{Grundfläche}\cdot\text{Höhe} = \frac{1}{3}\cdot\frac{|\vec{AB}\times\vec{AC}|}{2}\cdot d = \frac{V_{Spat}}{6}$$

§2;6: $(\vec{a}-\vec{b})\times(\vec{a}+\vec{b}) = \vec{a}\times\vec{a} + \vec{a}\times\vec{b} - \vec{b}\times\vec{a} - \vec{b}\times\vec{b} =$

$= \vec{o} + \vec{a}\times\vec{b} + \vec{a}\times\vec{b} + \vec{o} = 2\,\vec{a}\times\vec{b}$

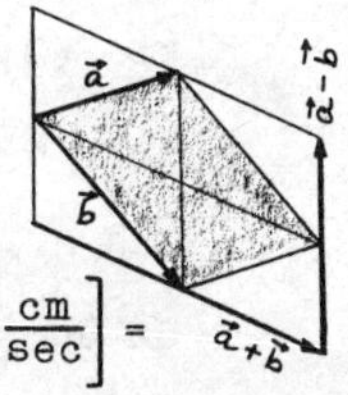

§2;7: $$\vec{K} = \begin{vmatrix} \vec{e}_x & \vec{e}_y & \vec{e}_z \\ 5 & -9 & 8 \\ 3 & -2 & -2 \end{vmatrix}\cdot 1{,}6\cdot 10^{-19}\cdot 10^{-8}\left[\text{Asec}\cdot\frac{\text{Vsec}}{\text{cm}^2}\cdot\frac{\text{cm}}{\text{sec}}\right] =$$

$$= (34\,\vec{e}_x + 34\,\vec{e}_y + 17\,\vec{e}_z)\cdot\frac{1{,}6\cdot 10^{-27}}{9{,}81\cdot 10^{-5}}[\text{pond}]$$

$$\approx 8{,}3\cdot 10^{-22}\cdot(\tfrac{2}{3}\vec{e}_x + \tfrac{2}{3}\vec{e}_y + \tfrac{1}{3}\vec{e}_z);\ |\vec{K}| \approx 8{,}3\cdot 10^{-22}\ \text{pond.}$$

§2;8: Die Richtungscosinus sind gleich, also folgt aus (2.31) $3\cdot\cos^2\alpha = 1$, oder $\cos\alpha = (\pm)\frac{1}{3}\sqrt{3}$ (das negative Vorzeichen scheidet aus, da spitze Winkel!);

$\vec{e} = \frac{1}{3}\sqrt{3}\,(\vec{e}_x + \vec{e}_y + \vec{e}_z)$.

§2;9: $\vec{K} = |\vec{K}_a|\cdot\frac{\vec{a}}{|\vec{a}|} + |\vec{K}_b|\cdot\frac{\vec{b}}{|\vec{b}|} + |\vec{K}_c|\cdot\frac{\vec{c}}{|\vec{c}|} =$

$= |\vec{K}_a|\cdot(\frac{3}{13};\frac{-4}{13};\frac{12}{13}) + |\vec{K}_b|\cdot(\frac{12}{17};\frac{9}{17};\frac{-8}{17}) + |\vec{K}_c|\cdot(\frac{-2}{3};\frac{1}{3};\frac{2}{3})$

Durch Koeffizientenvergleich erhält man drei lineare Gleichungen für $|\vec{K}_a|$, $|\vec{K}_b|$, $|\vec{K}_c|$:

$$\vec{e}_x \longrightarrow \quad -5 = \frac{3}{13}\cdot\left|\vec{K}_a\right| + \frac{12}{17}\cdot\left|\vec{K}_b\right| - \frac{2}{3}\cdot\left|\vec{K}_c\right|$$

$$\vec{e}_y \longrightarrow -15 = \frac{-4}{13}\cdot\left|\vec{K}_a\right| + \frac{9}{17}\cdot\left|\vec{K}_b\right| + \frac{1}{3}\cdot\left|\vec{K}_c\right|$$

$$\vec{e}_z \longrightarrow \quad 16 = \frac{12}{13}\cdot\left|\vec{K}_a\right| - \frac{8}{17}\cdot\left|\vec{K}_b\right| + \frac{2}{3}\cdot\left|\vec{K}_c\right|$$

mit den Lösungen $\left|\vec{K}_a\right| = 13\,\text{kp}$, $\left|\vec{K}_b\right| = 17\,\text{kp}$, $\left|\vec{K}_c\right| = -6\,\text{kp}$.

§2;10: Die Koordinaten der Tetraedereckpunkte sind $A(0;1;0)$, $B(\frac{1}{2}\sqrt{3};\,\frac{1}{2};0)$, $C(\frac{1}{6}\sqrt{3};\,\frac{1}{2};\,\frac{1}{3}\sqrt{6})$.

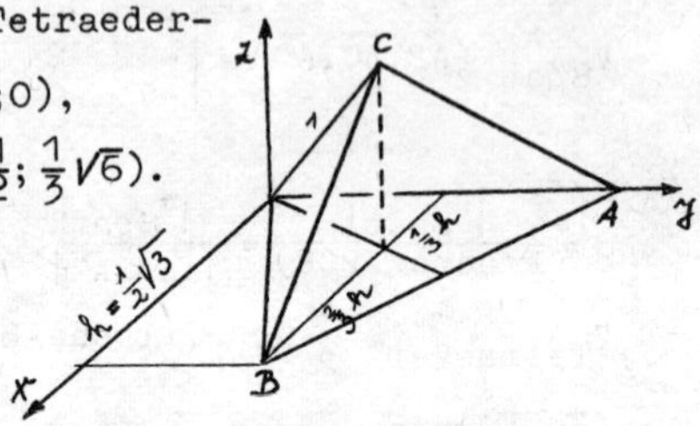

Die drei Kräfte sind

$\vec{K}_A = (0;2;0)$,

$\vec{K}_B = (2\sqrt{3};\,2;0)$,

$\vec{K}_C = (\sqrt{3};\,3;\,2\sqrt{6})$; $\vec{R} = (3\sqrt{3};\,7;\,2\sqrt{3})$, $|\vec{R}| = 10$.

§2;11: $\vec{c}+\vec{d} = (\vec{a}\cdot\vec{b})\vec{a} + (\vec{a}\times\vec{b})\times\vec{a} = (\vec{a}\cdot\vec{b})\vec{a} \underbrace{- (\vec{a}\cdot\vec{b})\vec{a} + (\vec{a}\cdot\vec{a})\vec{b}}_{\text{wegen (2.47)}} = \vec{b}$,

da $\vec{a}\cdot\vec{a} = \vec{a}^2 = 1$;

$\vec{c}\cdot\vec{d} = (\vec{a}\cdot\vec{b})\vec{a}\cdot\left\{-\vec{a}(\vec{a}\cdot\vec{b}) + \vec{b}\right\} = -(\vec{a}\cdot\vec{b})^2(\vec{a}\cdot\vec{a}) + (\vec{a}\cdot\vec{b})^2 = 0.$

§2;12: Da $(\vec{a}\times\vec{b})\cdot(\vec{c}\times\vec{d}) = (\vec{a}\cdot\vec{c})(\vec{b}\cdot\vec{d}) - (\vec{a}\cdot\vec{d})(\vec{b}\cdot\vec{c})$, siehe S.34 ist $(\vec{a}\times\vec{b})^2 = (\vec{a}\cdot\vec{a})(\vec{b}\cdot\vec{b}) - (\vec{a}\cdot\vec{b})(\vec{b}\cdot\vec{a}) = \vec{a}^2\vec{b}^2 - (\vec{a}\cdot\vec{b})^2$, also $(\vec{a}\cdot\vec{b})^2 + (\vec{a}\times\vec{b})^2 = \vec{a}^2\vec{b}^2$.

§3;1: a) der Wert der Determinante ist 13.

b)
$$\underbrace{\begin{vmatrix} 1 & -3 & 4 & -2 \\ 6 & 3 & 2 & 8 \\ 3 & 4 & 1 & 7 \\ 4 & 1 & 4 & 5 \end{vmatrix} = \begin{vmatrix} 0 & 0 & 1 & 0 \\ 6 & 3 & 2 & 8 \\ 3 & 4 & 1 & 7 \\ 4 & 1 & 4 & 5 \end{vmatrix}}_{\text{(1.)+(3.)-(4.) Zeile}} = \underbrace{\begin{vmatrix} 6 & 3 & 8 \\ 3 & 4 & 7 \\ 4 & 1 & 5 \end{vmatrix} = \begin{vmatrix} 6 & 3 & -1 \\ 3 & 4 & 0 \\ 4 & 1 & 0 \end{vmatrix}}_{\text{(3.)-(2.)-(1.) Spalte}}$$

§3;2: Man entwickelt die rechte Seite nach der ersten Zeile und faßt zu den beiden Determinanten der linken Seite wieder zusammen.

§3;3: a) $-9n$ b) Die erste Zeile kann als Linearkombination der beiden anderen geschrieben werden:

$$\frac{1}{\cos x\cdot\sin x}\begin{vmatrix} \sin 2x & -\cos 2x & 1 \\ \sin x\cdot\cos x & -\cos^2 x & \cos^2 x \\ \sin x\cdot\cos x & \sin^2 x & \sin^2 x \end{vmatrix}$$

$\sin 2x = 2\cdot\sin x\cdot\cos x$, $\cos 2x = \cos^2 x - \sin^2 x$,

$1 = \sin^2 x + \cos^2 x$ (siehe Anhang I).

§3;4: $x = 3$; $y = 4$; $z = 1$.

§3;5: a) nicht lösbar, da Nennerdeterminate 0, aber alle Zählerdeterminanten ungleich 0;

b) lösbar, da Nenner- und Zählerdeterminanten 0; eine Gleichung ist Linearkombination der anderen: z.B. "zweite Gleichung minus fünfmal dritte ergibt zweimal erste Gleichung". Durch Elimination von z erhält man $x = 2y + 4$ und $z = 6 - 3y$; für jedes y erhält man ein Lösungstripel, z.B. (4;0;6) oder (2;-1;9).

§4;1: a) $\lim\limits_{n\to\infty} \frac{1 + 1/n}{1 - 1/n} = 1$; $\frac{1}{10} = \varepsilon > \left|\frac{n^2 + n}{n^2 - n} - 1\right| = \frac{2}{n-1}$,

$n > 21$, $a_{22} = \frac{23}{21} \approx 1{,}096$

b) $(1-2) + (3-4) + \ldots + (2n-1-2n) = n\cdot(-1)$,

$$\lim_{n\to\infty} \frac{1-2+-\ldots-2n}{\sqrt{n^2+1}} = \lim_{n\to\infty}\frac{-n}{\sqrt{n^2+1}} = \lim_{n\to\infty}\frac{-1}{\sqrt{1+1/n^2}} = -1;$$

$\frac{1}{10} > \left|\frac{-n}{\sqrt{n^2+1}} + 1\right|$, $n^2 > \frac{81}{19}$, $n > 2$, $a_3 = \frac{-3}{\sqrt{10}} \approx -0{,}95$.

c) $a_n = \frac{n\cdot(n+1)}{2\cdot(n+2)} - \frac{n}{2} = \frac{-n}{2\cdot(n+2)}$, $\lim\limits_{n\to\infty} a_n = -\frac{1}{2}$; $n > 8$.

d) $a_n = \sqrt{n}\cdot\frac{(\sqrt{n+1}-\sqrt{n})(\sqrt{n+1}+\sqrt{n})}{\sqrt{n+1}+\sqrt{n}} = \frac{1}{1+\sqrt{1+1/n}}$

$\lim\limits_{n\to\infty} a_n = \frac{1}{2}$; $n > \frac{4}{5}$, $a_1 = (\sqrt{2}-1) \approx 0{,}414$

§4;2: $\lim_{n\to\infty}(\frac{1}{m^2}-\frac{1}{n^2})\cdot R = \frac{R}{m^2}$; $0{,}02\cdot R > \left|\frac{R}{m^2}-(\frac{R}{m^2}-\frac{R}{n^2})\right| = \frac{R}{m^2}$,

$n^2 > \frac{1}{0{,}02} = 50$, $n > 7$;

n	m = 1	m = 2	m = 3
2	0,750·R		
3	0,889·R	0,139·R	
4	0,937·R	0,187·R	0,049·R
5	0,960·R	0,210·R	0,071·R
6	0,973·R	0,223·R	0,084·R
7	0,979·R	0,229·R	0,090·R
8	0,984·R	0,234·R	0,095·R
	R	0,250·R	0,111·R

§4;3: a) $$\lim_{n\to\infty}\frac{a^{2n}}{1+a^{2n+1}} = \lim_{n\to\infty}\frac{1}{\frac{1}{a^{2n}}+a} = \begin{cases}\frac{1}{a} & \text{für } a > 1\\ \frac{1}{2} & \text{für } a = 1\\ 0 & \text{für } a < 1\end{cases}$$

b) $$\lim_{n\to\infty}\frac{a^n - a^{-n}}{a^n + a^{-n}} = \begin{cases}\lim\limits_{n\to\infty}\frac{1-1/a^{2n}}{1+1/a^{2n}} = 1 & \text{für } a > 1\\ = 0 & \text{für } a = 1\\ \lim\limits_{n\to\infty}\frac{a^{2n}-1}{a^{2n}+1} = -1 & \text{für } a < 1\end{cases}$$

§4;4: a) $\sum_{n=2}^{\infty}\frac{\sqrt{n}+1-\sqrt{n}+1}{(\sqrt{n}-1)(\sqrt{n}+1)} = \sum_{n=2}^{\infty}\frac{2}{n-1} = 2\cdot\sum_{n=1}^{\infty}\frac{1}{n}$ divergent (4.16)

b) Konvergent, da Leibniz-Kriterium erfüllt.

§4;5: a) $$\lim_{n\to\infty}(1+\frac{1}{n-3})^{n+4} = \lim_{m\to\infty}(1+\frac{1}{m})^{m+7} = \lim_{m\to\infty}(1+\frac{1}{m})^m\cdot(1+\frac{1}{m})^7 =$$

$$= \lim_{m\to\infty}(1+\frac{1}{m})^m\cdot\lim_{m\to\infty}(1+\frac{1}{m})^7 = e\cdot 1 = e$$

b) $$\lim_{n\to\infty}(1+\frac{2}{n})^n = \lim_{n\to\infty}(1+\frac{1}{n})^n\cdot\lim_{n\to\infty}(1+\frac{1}{n+1})^n = e\cdot e = e^2$$

c) $$\lim_{n\to\infty}(1+\frac{m}{n})^n = \lim_{n\to\infty}(1+\frac{1}{n})^n\cdot(1+\frac{m-1}{n+1})^n = e\cdot\lim_{n\to\infty}(1+\frac{m-1}{n+1})^n =$$

$$= e\cdot\lim_{n\to\infty}(1+\frac{1}{n+1})^n\cdot(1+\frac{m-2}{n+2})^n = e^2\cdot\lim_{n\to\infty}(1+\frac{m-2}{n+2})^n = \ldots$$

$$= e^{m-1}\cdot\lim_{n\to\infty}(1+\frac{1}{n+m})^n = e^m$$

§4;6: a) $$\sum_{k=1}^{\infty}\frac{1}{(2k-1)(2k+1)} = \frac{1}{2}\cdot\sum_{k=1}^{\infty}(\frac{1}{2k-1}-\frac{1}{2k+1}) = \frac{1}{2}(1\overbrace{-\frac{1}{3}+\frac{1}{3}}^{=0}-+\ldots)$$

§4;6: b) $\sum_{n\geq 1}^{\infty} \frac{1}{n(n+1)6n+2)} = \sum_{n\geq 1}^{\infty} \frac{1/2}{n} - \frac{1}{n+1} + \frac{1/2}{n+2} =$

$$= \frac{1}{2}\cdot\sum_{n\geq 1}^{\infty}\left(\frac{1}{n} - \frac{1}{n+1}\right) - \frac{1}{2}\cdot\sum_{n\geq 1}^{\infty}\left(\frac{1}{n+1} - \frac{1}{n+2}\right) =$$

$$= \frac{1}{2}\,(1 \underbrace{- \tfrac{1}{2} + \tfrac{1}{2}}_{0} \underbrace{- \tfrac{1}{3} + \tfrac{1}{3}}_{0} - + \ldots) - \frac{1}{2}\,(\tfrac{1}{2} \underbrace{- \tfrac{1}{3} + \tfrac{1}{3}}_{0} - + \ldots) = \frac{1}{4}$$

§5;1: a)

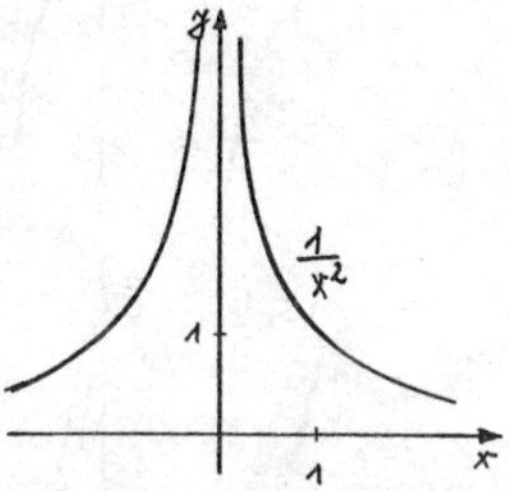

gerade Funktion, Pol bei $x = 0$; stetig., monoton fallend für $0 < x$;

b)

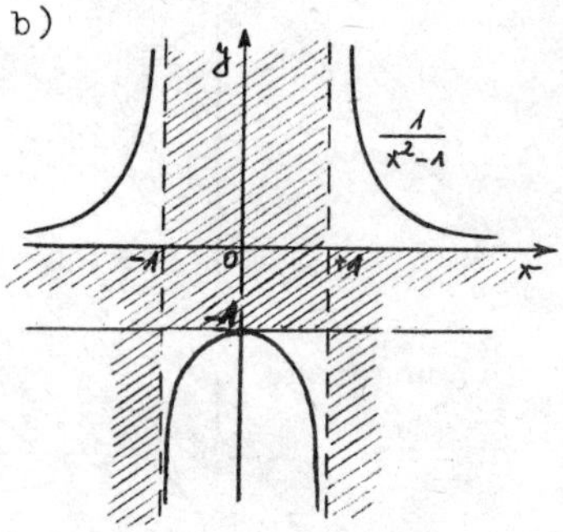

Pol bei $x = \pm 1$; gerade, im Bereich $0 \leq x < 1$ und $1 < x$ stetige, monoton fallende Funktion; $\lim_{x\to 1} \frac{1}{x^2-1} = \lim_{\varepsilon\to 0} \frac{1}{(1\pm\varepsilon)^2 - 1} =$

$$= \lim_{\varepsilon\to 0} \frac{1}{\pm 2\varepsilon + \varepsilon^2} = \begin{cases} +\infty & \text{rechtsseitig} \\ -\infty & \text{linksseitig} \end{cases}$$

c)

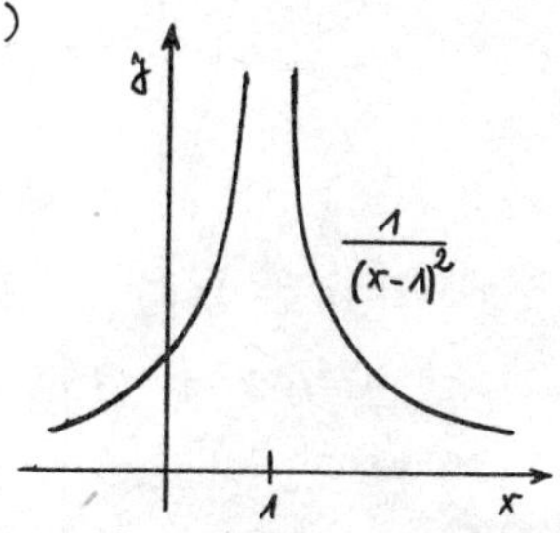

d)

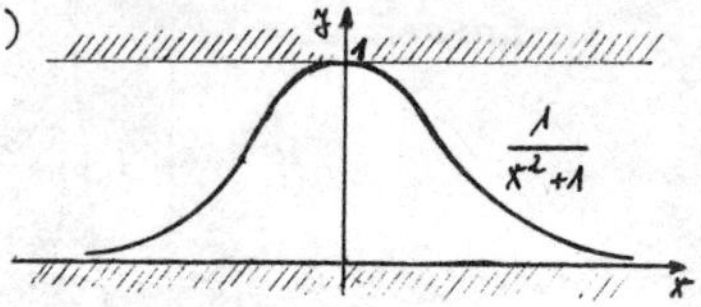

$0 < \frac{1}{x^2+1} \leq 1$ für alle x.

e) $\lim_{n\to\infty} \frac{1}{1+x^{2n}} = \begin{cases} 0 & \text{für } |x| > 1 \\ \frac{1}{2} & \text{für } |x| = 1 \\ 1 & \text{für } |x| < 1 \end{cases}$

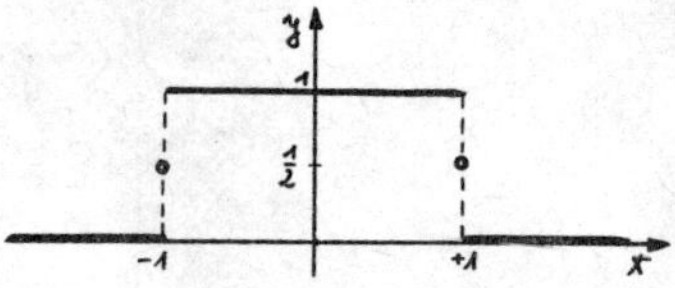

§5;2: a)

$\frac{x^2+1}{x} = x + \frac{1}{x}$

ungerade Funktion

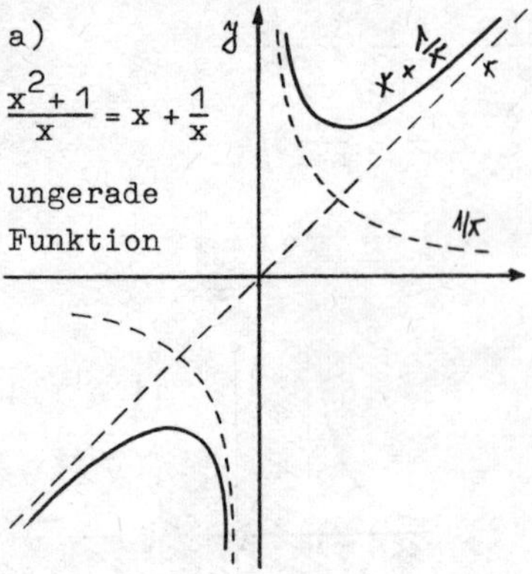

b)

ungerade

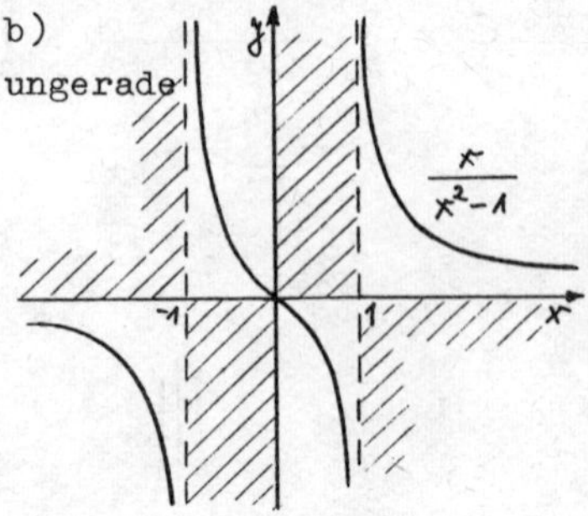

c) ungerade

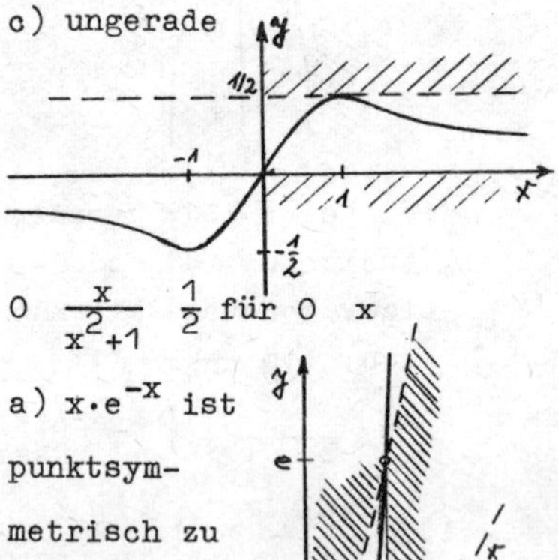

$0 \quad \frac{x}{x^2+1} \quad \frac{1}{2}$ für $0 \quad x$

d)

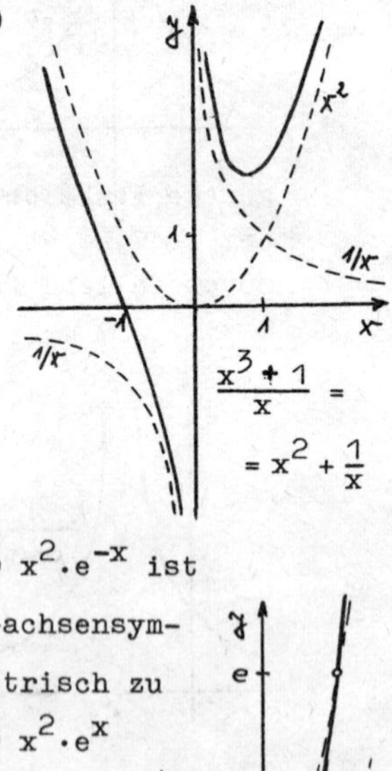

$\frac{x^3+1}{x} =$

$= x^2 + \frac{1}{x}$

§5;3: a) $x \cdot e^{-x}$ ist punktsymmetrisch zu

b) $x \cdot e^x$

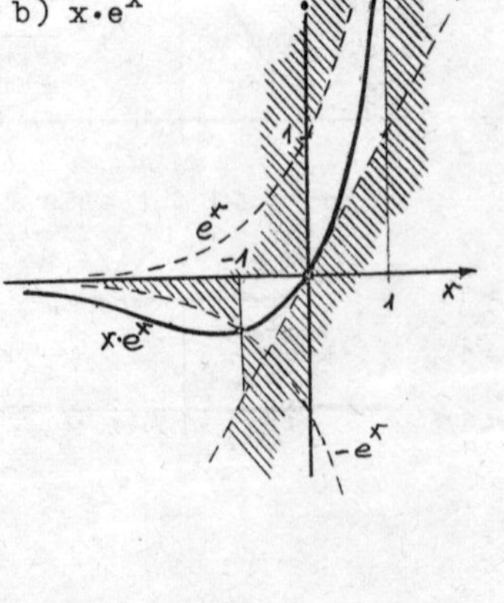

c) $x^2 \cdot e^{-x}$ ist y-achsensymmetrisch zu

d) $x^2 \cdot e^x$

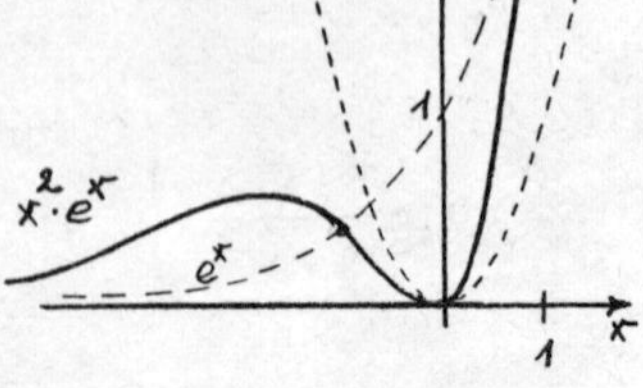

§5;3: e) $e^{-1/x}$ ist y-achsensymmetrisch zu $e^{+1/x}$

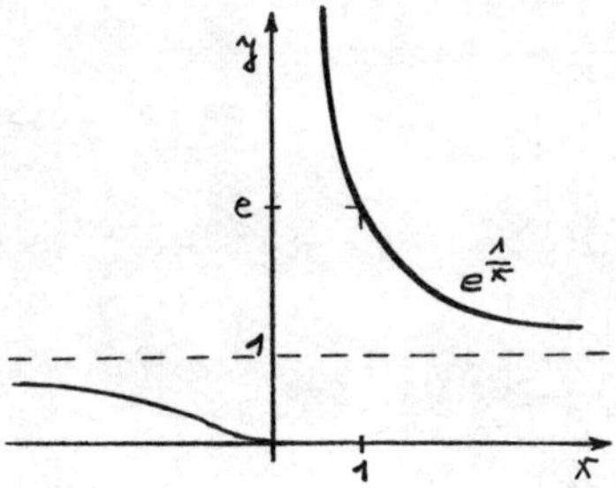

f) gerade Funktion

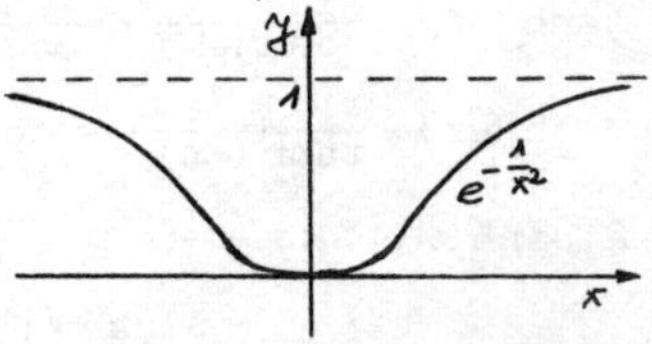

§5;4: a),d) $\sin x \cdot \cos x =$

$= \frac{1}{2} \sin 2x$

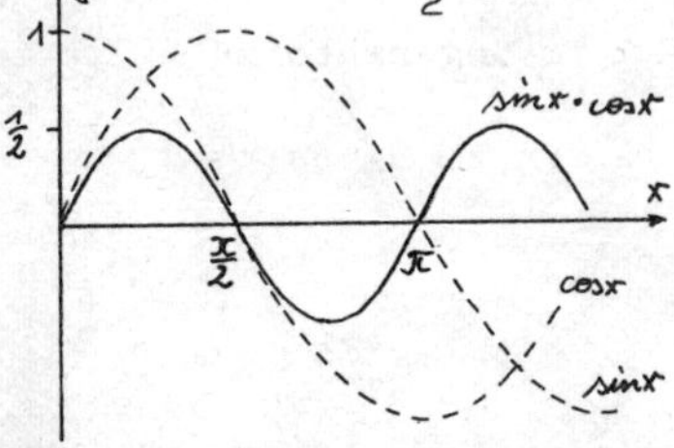

b) $\sin^2 x = \frac{1}{2} \cdot (1 - \cos 2x)$

c)

e) $\cos^2 x = \frac{1}{2} \cdot (\cos 2x - 1)$

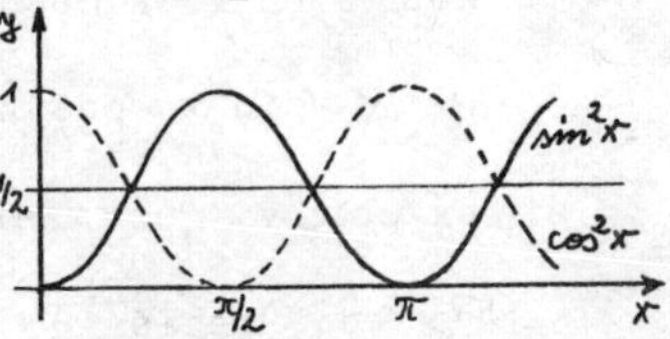

f) gerade Funktion

$\lim \frac{\sin x}{x} =$

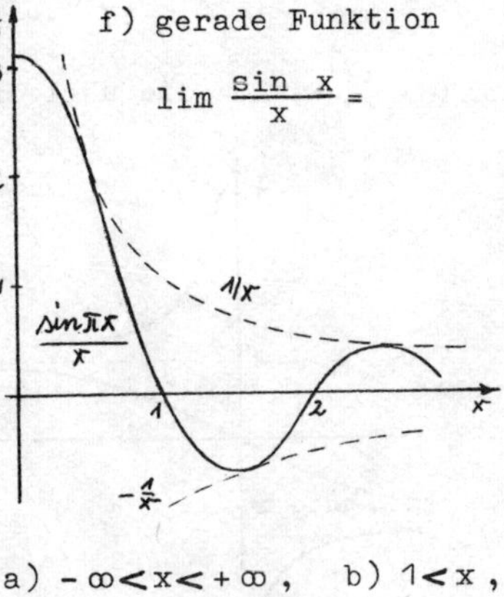

g) gerade Funktion

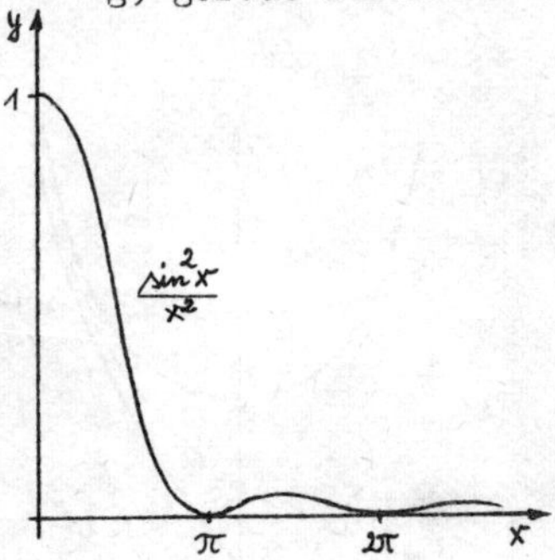

§5;5: a) $-\infty < x < +\infty$, b) $1 < x$, c) $|x| < 1$, d) $1 < |x|$

(vgl. hierzu Aufgabe 7).

§5;6: a),b) $\sinh(-x) = \frac{1}{2}(e^{-x} - e^{x}) = -\frac{1}{2}(e^{x} - e^{-x}) = -\sinh x$,

$\cosh(-x) = \frac{1}{2}(e^{-x} + e^{x}) = \cosh x$,

$\tanh(-x) = \frac{\sinh(-x)}{\cosh(-x)} = \frac{-\sinh x}{\cosh x} = -\tanh x$,

$\coth(-x) = \frac{1}{\tanh(-x)} = -\coth x$;

$$2\cdot\sinh x\cdot\cosh x = \frac{1}{2}(e^{x} - e^{-x})(e^{x} + e^{-x}) = \frac{1}{2}(e^{2x} - e^{-2x}) =$$
$$= \sinh 2x;$$

$$\cosh^2 x - \sinh^2 x = \frac{1}{4}(e^{2x} + 2 + e^{-2x}) - \frac{1}{4}(e^{2x} - 2 + e^{-2x}) = 1$$

im Gegensatz zu $\cos^2 x + \sin^2 x = 1$;

$$\cosh^2 x + \sinh^2 x = \frac{1}{2}(e^{2x} + e^{-2x}) = \cosh 2x =$$
$$= 1 + 2\cdot\sinh^2 x = 2\cdot\cosh^2 x - 1$$ im Gegensatz zu

$$\cos^2 x - \sin^2 x = \cos 2x = 1 - \sin^2 x = 2\cdot\cos^2 x - 1;$$

$$\sinh x\cdot\cosh y + \cosh x\cdot\sinh y =$$
$$= \frac{1}{4}(e^{x}-e^{-x})(e^{y}+e^{-y}) + \frac{1}{4}(e^{x}+e^{-x})(e^{y}-e^{-y}) =$$
$$= \frac{1}{4}(e^{x+y} - e^{-x+y} + e^{x-y} - e^{-x-y} + e^{x+y} + e^{-x+y} - e^{x-y} - e^{-x-y})$$
$$= \frac{1}{2}(e^{x+y} - e^{-(x+y)}) = \sinh(x+y),$$ analog die übrigen.

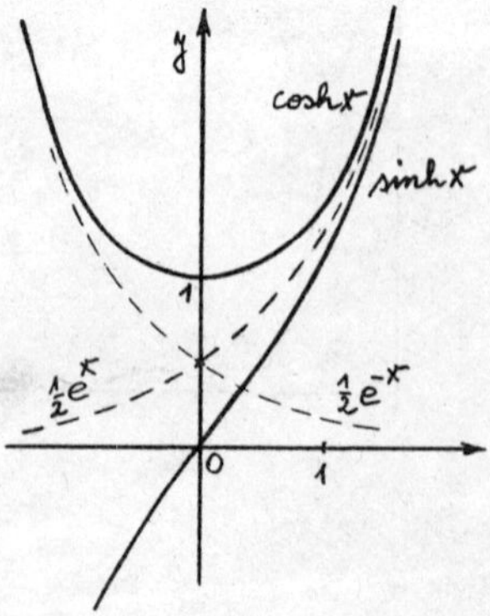

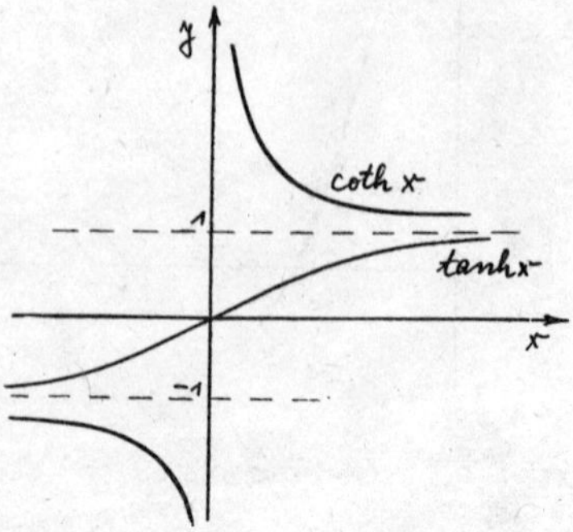

§5;6: c) $\sinh(ix) = \frac{1}{2}(e^{ix} - e^{-ix}) =$ (wegen (1.17))

$= \frac{1}{2}(\cos x + i\sin x - \cos(-x) - i\sin(-x)) =$

$= \frac{1}{2}(\cos x + i\sin x - \cos x + i\sin x) = i\sin x;$

$\cosh(ix) = \frac{1}{2}(e^{ix} + e^{-ix}) = \cos x;$

ersetzt man in diesen beiden Formeln x durch ix, so erhält man unmittelbar

$\sin(ix) = \frac{1}{i}\sinh(i^2x) = -i\sinh(-x) = i\sinh x$ und

$\cos(ix) = \cosh(i^2x) = \cosh x.$

§5;7: $\sinh x = y = \frac{1}{2}(e^x - e^{-x})$ löst man nach x auf:

$2y = e^x - e^{-x}$ oder $(e^x)^2 - 2y\cdot e^x - 1 = 0$, also

$e^x = y_{(\pm)}\sqrt{y^2+1}$, das Minuszeichen scheidet aus, da $e^x > 0$,

$x = \ln(y + \sqrt{y^2+1})$, durch Umbenennen erhält man

$\operatorname{arsinh} x = \ln(x + \sqrt{x^2+1})$, analog die übrigen.

§6;1: a) $\frac{\sqrt{1+3(x+\Delta x)} - \sqrt{1+3x}}{\Delta x} \cdot \frac{\sqrt{1+3(x+\Delta x)} + \sqrt{1+3x}}{\sqrt{1+3(x+\Delta x)} + \sqrt{1+3x}} =$

$= \frac{3\cdot\Delta x}{\Delta x\cdot(\sqrt{1+3(x+\Delta x)} + \sqrt{1+3x})} \rightarrow \frac{3}{2\sqrt{1+3x}}$ für $\Delta x \rightarrow 0$.

b) $\lim\limits_{\Delta x\to 0} \frac{4\cdot(x^2 + b + 2x\cdot\Delta x + \Delta x^2)^3 - 4\cdot(x^2+b)^3}{\Delta x} =$

$= \lim\limits_{\Delta x\to 0} 4\cdot(3\cdot(x^2+b)^2\cdot(2x+\Delta x) + 3\cdot(x^2+b)(2x+\Delta x)^2\cdot x + \Delta x^2 =$

$= 4\cdot 3\cdot(x^2+b)^2\cdot 2x$

c) wegen $\tan(\alpha+\beta) = \frac{\tan\alpha + \tan\beta}{1 - \tan\alpha\cdot\tan\beta}$ wird

$\lim\limits_{\Delta x\to 0} \frac{\tan(x+\Delta x) - \tan x}{\Delta x} = \lim\limits_{\Delta x\to 0} \frac{(1+\tan^2 x)\cdot\tan\Delta x}{\Delta x}$,

wegen $\lim\limits_{x\to 0} \frac{\sin x}{x} = 1$ ist auch $\lim\limits_{\Delta x\to 0} \frac{\tan\Delta x}{\Delta x} = 1$, also

$\frac{d}{dx}\tan x = 1 + \tan^2 x$

§6;1: d) $\lim\limits_{\Delta x\to 0} \frac{1}{x}\cdot\left(\frac{f(x+\Delta x)}{g(x+\Delta x)} - \frac{f(x)}{g(x)}\right) =$

$$= \lim_{\Delta x\to 0} \frac{f(x+\Delta x)\,g(x)-f(x)g(x)+f(x)g(x)-f(x)\,g(x+\Delta x)}{x\cdot g(x+\Delta x)\cdot g(x)} =$$

$$= \lim_{\Delta x\to 0} \frac{f(x+\Delta x)-f(x)}{x\cdot g(x+\Delta x)} - \lim_{\Delta x\to 0} \frac{g(x+\Delta x)-g(x)}{x\cdot g(x+\Delta x)}\cdot\frac{f(x)}{g(x)} =$$

$$= \frac{f'}{g} - \frac{f\cdot g'}{g^2} = \frac{g\cdot f' - f\cdot g'}{g^2}$$

§6;2: a) $e^{ax}(a\cdot\sin bx + b\cdot\cos bx)$, b) $-x\cdot e^{-x^2/2}$,

c) $x^3\cdot\ln^2 x$, d) $\frac{(1+7x^2+6x^5)(1+x^2)^2}{(1+x^3)^{4/3}}$, e) $\frac{1+x^4}{1+x^6}$

f) $\frac{x}{1+x^2}$, g) $\frac{1}{x^2-1}$, h) $\frac{\ln\sqrt{x}}{x}$, i) $\arctan x$

j) $\frac{2}{1+x^2}$

§6;3: $\frac{d}{dx}\sinh x = \frac{d}{dx}\frac{e^x-e^{-x}}{2} = \frac{e^x+e^{-x}}{2} = \cosh x$, analog

$\frac{d}{dx}\cosh x = \sinh x$, $\frac{d}{dx}\tanh x = \frac{1}{\cosh^2 x} = 1-\tanh^2 x$,

$\frac{d}{dx}\coth x = \frac{-1}{\sinh^2 x} = 1-\coth^2 x$;

$$\frac{d}{dx}\operatorname{arsinh} x = \frac{d}{dx}\ln\left(x+\sqrt{x^2+1}\right) = \frac{1}{x+\sqrt{x^2+1}}\cdot\left(1+\frac{x}{\sqrt{x^2+1}}\right) =$$

$= \frac{1}{\sqrt{x^2+1}}$ (vgl. § 5 Aufgabe 7) oder als

Umkehrfunktion $x = \sinh y$: wegen (6.10) wird

$$\frac{d}{dx}\operatorname{arsinh} x = \frac{1}{\frac{d}{dy}\sinh y} = \frac{1}{\cosh y} = \frac{1}{\sqrt{1+\sinh^2 y}} = \frac{1}{\sqrt{x^2+1}}$$

analog: $\frac{d}{dx}\operatorname{arcosh} x = \pm\frac{1}{\sqrt{x^2-1}}$, $\frac{d}{dx}\operatorname{artanh} x = \frac{1}{1-x^2}$

für $|x|<1$ und $\frac{d}{dx}\operatorname{arcoth} x = \frac{1}{1-x^2}$ für $|x|>1$.

§6;4: (6.4) gilt für alle ganzzahligen Exponenten; aus

$y = x^{p/q}$ bzw. $y^q = x^p$ folgt durch Differentiation bei ganzzahligem p und q: $\frac{d}{dx}y^q = q\cdot y^{q-1}\cdot\frac{dy}{dx} = p\cdot x^{p-1}$

also $\frac{dy}{dx} = \frac{p}{q}\cdot x^{p-1}\cdot y^{1-q} = \frac{p}{q}\cdot x^{p-1}\cdot x^{\frac{p}{q}(1-q)} = \frac{p}{q}\cdot x^{\frac{p}{q}-1}$.

§6;5: a) $y = f(x)\cdot g(x)$, $\ln y = \ln f(x) + \ln g(x)$,

$\frac{d}{dx}\ln y = \frac{1}{y}\cdot y' = \frac{1}{f}\cdot f' + \frac{1}{g}\cdot g'$, $y' = \left(\frac{f'}{f} + \frac{g'}{g}\right)\cdot f\cdot g = gf' + fg'$

b) $y = \frac{f(x)}{g(x)}$, $\ln y = \ln f - \ln g$, $\frac{y'}{y} = \frac{f'}{f} - \frac{g'}{g}$, $y' = \frac{gf' - fg'}{g^2}$

c) $\ln y = x\cdot\ln x$, $\frac{y'}{y} = \ln x + x\cdot\frac{1}{x} = \ln x + 1$,

$\frac{d}{dx}x^x = x^x\cdot(1 + \ln x)$

§6;6: a) $y = x^3 - 4x + 1$, $y' = 3x^2 - 4$; da $y(0) = 1$ und $y(1) = -2$ muß in diesem Intervall eine Nullstelle existieren; als erste Näherung $x_1 \approx 0$

x	y	y'	y/y'
0	1	-4	-0,25
0,25	0,0156	-3,81	-0,0041
0,2541	0,000		

Durch zweimalige Verbesserung nach dem Newtonschen Verfahren erhält man als Nullstelle 0,2541.

Nach Division durch den Linearfaktor

$(x^3 - 4x + 1):(x - 0{,}2541) = x^2 + 0{,}2541 - 3{,}9353$ kann man die beiden anderen Nullstellen bestimmen:

$x_{2,3} \approx 0{,}12705 \pm \sqrt{0{,}01616 + 3{,}9353} = \begin{cases} 2{,}117 \\ 1{,}863 \end{cases}$

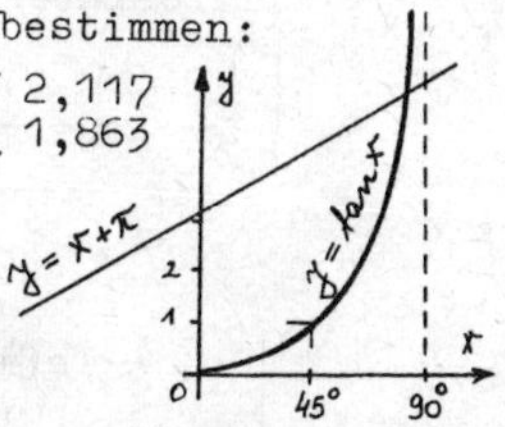

b) Die Gerade $x + \pi$ schneidet die Kurve $\tan x$ etwa bei $80^\circ \mathrel{\hat{\approx}} 1{,}4$

$y = x + \pi - \tan x$; $y' = -\tan^2 x$

x	x + π	tan x	y	y'	y/y'
1,4	4,54	5,85	-1,31	-34,2	0,038
1,362	4,503	4,72	-0,22	-22,2	0,010
1,352	4,493	4,495	-0,002	-20,1	0,0001

§7;1: a) Substitution $x = a \cdot \sinh z$, $dx = a \cdot \cosh z\,dz$, dann partielle Integration: $a^2\int \cosh^2 z\,dz = a^2 \cdot \cosh z \cdot \sinh z - a^2\int \sinh^2 z\,dz = a^2 \cdot \cosh z \cdot \sinh z - a^2\int \cosh^2 z\,dz + a^2\int dz = \frac{a^2}{2}(\cosh z \cdot \sinh z + z) + C = \frac{x}{2}\sqrt{x^2+a^2} + \frac{a^2}{2} \cdot \operatorname{arsinh}\frac{x}{a} + C$

b) Substitution $x = a \cdot \cosh z$, sonst wie a)

c) $x = a \cdot \sin z$ oder $x = a \cdot \cos z$, dann analog a)

d) Substitution $\frac{a}{x} = z$, $dz = -\frac{a}{x^2}dx$; $\int \frac{dx}{x \cdot \sqrt{x^2 + a^2}} = \int \frac{dx}{x^2 \cdot \sqrt{1 + a^2/x^2}} = -\frac{1}{a}\int \frac{dz}{\sqrt{1 + z^2}} = -\frac{1}{a} \cdot \operatorname{arsinh} z + C$, s.(7.18)

e),f) gleiche Substitution wie bei d) führen auf (7.17) bzw. (7.19).

g) Substitution $x = \sin^2 t$, $dx = 2 \cdot \sin t \cdot \cos t\,dt$;

$$\int \frac{\sqrt{x}}{\sqrt{1-x}}dx = \int \frac{\sin t}{\cos t} \cdot 2 \cdot \sin t \cdot \cos t\,dt = 2\int \sin^2 t\,dt =$$

$$= t - \sin t \cdot \cos t + C = \arcsin\sqrt{x} - \sqrt{x} \cdot \sqrt{1-x} + C.$$

§7;2: a) $-\frac{1}{3}\cos 3x\Big|_0^{\pi} = \frac{1}{3}$, b) $\frac{1}{4}\sin^4 x\Big|_0^{\pi/4} = \frac{1}{16}$, c) durch partielle Integration: $bx \cdot \arcsin(ax) - \int \frac{bx}{\sqrt{1-(ax)^2}}dx = bx \cdot \arcsin(ax) + \frac{b}{a^2}\sqrt{1 - a^2x^2} + C$, d) $\frac{x^2}{2} \cdot \arctan x - \frac{1}{2}\int \frac{x^2}{x^2+1}dx = \frac{x^2+1}{2} \cdot \arctan x - \frac{x}{2} + C$, e) $bx \cdot \arctan(ax) - \frac{b}{2a} \cdot \ln(1 + a^2x^2) + C$, f) $\frac{a}{\sqrt{bc}} \cdot \arctan(\frac{c}{b} \cdot x) + C$,

g) $\left[2x - \frac{3}{2} \cdot \ln(4x+3)\right]_0^3 = 6 - \frac{3}{2} \cdot \ln 5$, h) $e^{-x} = z$, untere Grenze $z = 1$, obere Grenze $z = 0$, $-\int_1^0 \cos z\,dz = \sin 1 \approx 0{,}84$

i) $x^2 = z$, $\frac{1}{2} \cdot \arctan x^2 + C$, j) $\tan x = z$, $2 \cdot \sqrt{\tan x} + C$

§7;3: a) $4\cdot\int_0^{\pi/4}\cos 2x\,dx = 2$

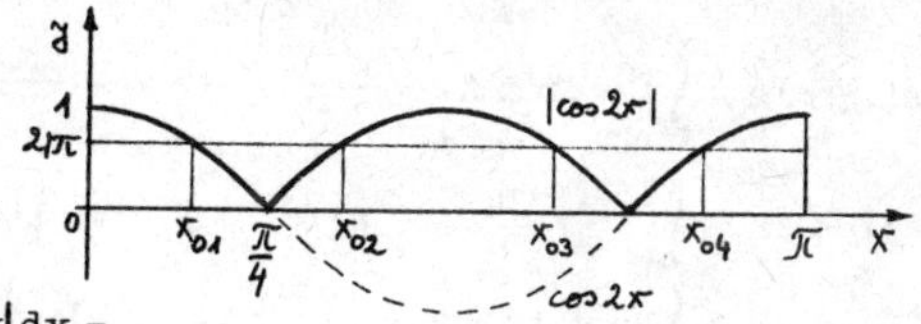

b) wegen (7.5) wird

$|\cos 2x_0| = \frac{1}{\pi}\int_0^{\pi}|\cos 2x|\,dx =$

$= \frac{2}{\pi} \approx 0{,}636$; $x_0 \approx n\cdot 90^\circ \pm 25{,}4^\circ$; im Intervall

$0 \leq x \leq \pi$ liegen $25{,}4^\circ$, $64{,}6^\circ$, $115{,}4^\circ$ und $154{,}6^\circ$.

§7;4: a) $\int x^n\cdot e^x\,dx = x^n\cdot e^x - n\cdot\int x^{n-1}\cdot e^x\,dx$; für n=1 ist also

$\int x\cdot e^x\,dx = x\cdot e^x - \int e^x\,dx = x\cdot e^x - e^x + C = (x-1)\cdot e^x + C$,

für n=2: $\int x^2\cdot e^x\,dx = x^2\cdot e^x - 2\cdot\int x\cdot e^x\,dx = (x^2-2x+2)\,e^x + C$,

für n=3: $\int (x^3 - 3x^2 + 6x - 6)\cdot e^x + C$.

b) $\int x^n\cdot\sin x\,dx = -x^n\cdot\cos x + n\cdot\int x^{n-1}\cdot\cos x\,dx =$

$= -x^n\cos x + n.x^{n-1}\sin x - n(n-1)\int x^{n-2}\cdot\sin x\,dx$;

für n=1: $-x\cdot\cos x + \sin x + C$

für n=2: $(-x^2+2)\cdot\cos x + 2x\cdot\sin x + C$

für n=3: $(-x^3+6x)\cdot\cos x + (3x^2-6)\cdot\sin x + C$

c) $\int x^n\cdot\cos x\,dx = x^n.\sin x - n.\int x^{n-1}.\cos x\,dx$; n = 1,2,3:

$x\cdot\sin x + \cos x + C$, $(x^2+2)\cdot\sin x + 2x\cdot\cos x + C$,

$(x^3 - 6x)\cdot\sin x + (3x^2 - 6)\cdot\cos x + C$.

d) $\int x^n\cdot(\ln x)^m\,dx = \frac{x^{n+1}}{n+1}\cdot(\ln x)^m - \frac{m}{n+1}\cdot\int x^n\cdot(\ln x)^{m-1}\,dx$;

für n=−1 gilt wegen (7.27):

$\int\frac{1}{x}\cdot(\ln x)^m\,dx = \frac{1}{m+1}\cdot(\ln x)^{m+1} + C$;

§7;4: e) $\int x^n \cdot \ln x\,dx = \frac{x^{n+1}}{n+1}\cdot(\ln x - \frac{1}{n+1}) + C$;

$\int(\ln x)^n\,dx = x\cdot(\ln x)^n - n\cdot\int(\ln x)^{n-1}\,dx$; also

$\int \ln x\,dx = x\cdot\ln x - \int dx = x\cdot\ln x - x + C$,

$\int \ln^2 x\,dx = x\cdot\ln^2 x - 2x\cdot\ln x + 2x + C$,

$\int \ln^3 x\,dx = x\cdot\ln^3 x - 3x\cdot\ln^2 x + 6x\cdot\ln x - 6x + C$.

§7;5: a) $-\frac{1}{x}(\ln x + 1) + C$ wegen §7;4e), $\int\frac{\ln x}{x^2}\,dx = -1$;

b) $\left[\frac{1}{3}\cdot\ln^3 x\right]_1^e = \frac{1}{3}$, siehe §7;4d);

c) $\left[-\frac{1}{x}\cdot(\ln^2 x + 2\ln x + 2)\right]_{1/e}^1 = e - 2$;

d) $\left[\frac{x^{k+1}}{k+1}\cdot(\ln x - \frac{1}{k+1})\right]_1^e = \frac{k\cdot e^{k+1} + 1}{(k+1)^2}$;

e) $\int\frac{dx}{2\cdot\tan\frac{x}{2}\cdot\cos^2\frac{x}{2}} = \ln\left|\tan\frac{x}{2}\right| + C$

f) $\int_0^{\pi/2}(8\cdot\sin x\cdot\cos^4 x - 6\cdot\sin x\cdot\cos^2 x)\,dx =$

$= \left[-\frac{8}{5}\cdot\cos^5 x + 2\cdot\cos^3 x\right]_0^{\pi/2} = -\frac{2}{5}$

g) $\left[-\frac{1}{3}\cdot e^{-x^3}\right]_0^\infty = \frac{1}{3}$

§7;6: a) $\int(\frac{1}{x+1} - \frac{1}{(x+1)^2} + \frac{1}{(x+1)^3})\,dx = \ln(x+1) + \frac{1}{x+1} - \frac{1/2}{(x+1)^2} + C$,

b) Nullstellen des Nenners: $x_1 = 1$, $x_{2,3} = i$, $x_{4,5} = -i$;

$\frac{x^4+1}{(x-1)(x^2+1)^2} = \frac{A}{x-1} + \frac{Bx+C}{x^2+1} + \frac{Dx+E}{(x^2+1)^2}$ liefert $A = B = C = \frac{1}{2}$

und $D = E = -1$, daher $\int\frac{1}{2}\frac{dx}{x-1} + \frac{1}{2}\int\frac{x+1}{x^2+1}\,dx - \int\frac{x+1}{(x^2+1)^2}\,dx =$

$= \frac{1}{2}\ln|x-1| + \frac{1}{4}\int\frac{2x}{x^2+1}\,dx + \frac{1}{2}\int\frac{dx}{x^2+1} - \frac{1}{2}\int\frac{2x\,dx}{(x^2+1)^2} - \int\frac{dx}{(x^2+1)^2} =$

$= \frac{1}{2}\ln|x-1| + \frac{1}{4}\ln|x^2+1| + \frac{1}{2}\arctan x + \frac{1/2}{x^2+1} - \int\frac{dx}{(x^2+1)^2}$, das letzte Integral ergibt sich aus (7.29) zu

$-\frac{1}{2}\frac{x}{x^2+1}+\frac{1}{2}\arctan x + C$, so daß das Gesamtergebnis

lautet: $\frac{1}{2}\ln|x-1| + \frac{1}{4}\ln|x^2+1| - \frac{1}{2}\frac{x-1}{x^2+1} + C$

§7;6: c) $\int (x - \frac{1}{x+1} + \frac{1}{x^2+1})\,dx = \frac{1}{2}x^2 - \ln|x+1| + \arctan x + C$

d) $\frac{1}{x^4-1} = \frac{1/4}{x-1} - \frac{1/4}{x+1} - \frac{1/2}{x^2+1}$, daher $\int \frac{dx}{x^4-1} = \frac{1}{4}\ln|x-1| -$

$-\frac{1}{4}\ln|x+1| - \frac{1}{2}\arctan x + C = \frac{1}{4}\ln\frac{x-1}{x+1} - \frac{1}{2}\arctan x + C$

e) $\int (\frac{-2}{x-1} + \frac{1}{(x-1)^2} + \frac{2x+1}{x^2+1})\,dx =$

$= -2\ln|x-1| + \ln|x^2+1| + \arctan x - \frac{1}{x-1} + C$

f) Substitution $e^x = z$, $dz = e^x\,dx$,

$\int \frac{e^x-1}{e^x+1}\,dx = \int \frac{z-1}{z+1}\cdot\frac{dz}{z} = \int (\frac{2}{z+1} - \frac{1}{z})\,dz = 2\cdot\ln|z+1| - \ln z + C$

$= 2\cdot\ln|e^x+1| - x + C.$

§8;1: a) $\ln\frac{1+x}{1-x} = \ln(1+x) - \ln(1-x) = 2\cdot(x + \frac{x^3}{3} + \frac{x^5}{5} + \ldots)$

b) aus (8.8) folgt $\frac{1}{(1+x)^2} = (1+x)^{-2} = 1 - 2x + 3x^2 - 4x^3 +-..$

c) $(1+x)^{\frac{1}{2}} = 1 + \frac{1}{2}x - \frac{1}{2^2}\cdot\frac{1}{2}x^2 + \frac{1}{2^3}\cdot\frac{1\cdot 3}{2\cdot 3}x^3 - \frac{1}{2^4}\cdot\frac{1\cdot 3\cdot 5}{2\cdot 3\cdot 4}x^4 - + \ldots$

d) $(1-x^2)^{-1/2} = 1 + \frac{1}{2}x^2 + \frac{1\cdot 3}{2\cdot 4}x^4 + \frac{1\cdot 3\cdot 5}{2\cdot 4\cdot 6}x^6 + \ldots$

§8;2: Wegen (8.5) ist $e^{-x^2} = 1 - \frac{1}{1!}x^2 + \frac{1}{2!}x^4 - \frac{1}{3!}x^6 + - \ldots$,

und durch Integration erhält man die alternierende Reihe

$\sum_{k=0}^{\infty} \frac{(-1)^k\cdot x^{2k+1}}{(2k+1).k!} = x - \frac{1}{1!}\cdot\frac{x^3}{3} + \frac{1}{2!}\cdot\frac{x^5}{5} - \frac{1}{3!}\cdot\frac{x^7}{7} + - \cdots$, der Fehler ist kleiner als der erste nicht berücksichtigte

Summand, daher wird

a) $\int_0^1 e^{-x^2}dx \approx 1 - \frac{1}{3} + \frac{1}{10} - \frac{1}{42} + \frac{1}{216} - \frac{1}{1320} + \frac{1}{9360} =$

$= 0{,}7468 + 0{,}0001$

b) $\int_0^{1/2} e^{-x^2}dx \approx \frac{1}{2} - \frac{1}{24} + \frac{1}{320} - \frac{1}{5376} = 0{,}4615 + 0{,}0002$

c) $\int_0^{1/4} e^{-x^2}dx \approx \frac{1}{4} - \frac{1}{192} + \frac{1}{10240} = 0{,}2448 + 0{,}00001$

§8;3: $\sin x = \sin\frac{\pi}{6} + \frac{(x-30^\circ)}{1!}\cos\frac{\pi}{6} - \frac{(x-30^\circ)^2}{2!}\sin\frac{\pi}{6} -$

$- \frac{(x-30^\circ)^3}{3!}\cos\frac{\pi}{6} + + - - \ldots$

$\sin 31^\circ \approx \frac{1}{2} + 1^\circ\cdot\frac{1}{2}\sqrt{3} - \frac{(1^\circ)^2}{2!}\cdot\frac{1}{2} - \frac{(1^\circ)^3}{3!}\cdot\frac{1}{2}\sqrt{3} =$

$= 0{,}5 + 0{,}01511 - 0{,}00007 - 0{,}2\cdot10^{-6} = 0{,}51504$

§8;4: $\sin x\cdot\cos x = \frac{1}{2}\cdot\sin 2x$ und mit (8.6) wird

$\sin x\cdot\cos x = \frac{1}{2}\cdot(2x - \frac{(2x)^3}{3!} + \frac{(2x)^5}{5!} - + \ldots)$, Fehler kleiner als $+\frac{1}{7680} \approx 1{,}3\cdot10^{-4}$

§8;5: a) $\frac{d}{dx}\arcsin x = \frac{1}{\sqrt{1-x^2}}$, $\frac{d^2}{dx^2}\arcsin x = \frac{x}{\sqrt{(1-x^2)^3}}$ usw.

$\frac{d^5}{dx^5}\arcsin x = \frac{9}{\sqrt{(1-x^2)^5}} + \frac{90\cdot x^2}{\sqrt{(1-x^2)^7}} + \frac{105\cdot x^4}{\sqrt{(1-x^2)^9}}$,

$f'(0) = 1 = f'''(0)$, $f'''''(0) = 9$, $f(0) = f''(0) = f''''(0) = 0$,

$\arcsin x = x + \frac{1}{3!}x^3 + \frac{9}{5!}x^5 + \ldots$, oder durch Integration von (s. §8;1d) $\frac{1}{\sqrt{1-x^2}}$: $\arcsin x = x + \frac{1}{2}\frac{x^3}{3} + \frac{1\cdot3}{2\cdot4}\cdot\frac{x^5}{5} + \ldots$

(Wegen $\arcsin 0 = 0$ ist die Integrationskonstante 0.)

b) für $f(x) = \arctan x$ wird $f(0) = f''(0) = f''''(0) = 0$,

$f'(0) = 1$, $f'''(0) = -2$, $f'''''(0) = 24$, daher

$\arctan x = x - \frac{x^3}{3} + \frac{x^5}{5} - + \ldots$, oder durch Integration von $\frac{1}{1+x^2} = 1 - x^2 + x^4 - + \ldots$ erhält man ebenfalls die arctan - Reihe.

Setzt man $x = \frac{1}{2}$ in der arcsin - Reihe, so kann man näherungsweise die Kreiszahl π berechnen:

$$\arcsin\frac{1}{2} = \frac{\pi}{6} = \frac{1}{2} + \frac{1}{6}\cdot\left(\frac{1}{2}\right)^3 + \frac{3}{40}\cdot\left(\frac{1}{2}\right)^5 + \frac{5}{112}\cdot\left(\frac{1}{2}\right)^7 + \ldots$$

oder $\pi = 3 + \frac{1}{8} + \frac{9}{640} + \frac{15}{7168} + \ldots \approx 3 + 0{,}125 + 0{,}014 + 0{,}002 =$

$\approx 3{,}141$; wie man sieht, konvergiert diese Reihe rasch, hingegen ist

$\arctan 1 = \frac{\pi}{4} = 1 - \frac{1}{3} + \frac{1}{5} - \frac{1}{7} + - \ldots$ ungeeignet zur Berechnung von π, da hier der fünfzigste Summand noch größer als 0,01 ist.

§8;6: a) $\lim\limits_{x\to 0} \frac{x - \sin x}{x^3} = \lim\limits_{x\to 0} \frac{1 - \cos x}{3x^2} = \lim\limits_{x\to 0} \frac{\sin x}{6x} = \lim\limits_{x\to 0} \frac{\cos x}{6} = \frac{1}{6}$

oder wegen (8.6) ist $\frac{x - \sin x}{x^3} = \frac{1}{3!} - \frac{x^2}{5!} + \frac{x^4}{7!} - + \ldots \to \frac{1}{3!}$

b) $\frac{1}{2}$; c) 0 ; d) $\frac{1}{x}$; e) $p_o v_o \ln 2$; f) $\frac{k}{a\cdot(a-k)}$

§8;7: $\ln\cos x = -\left(\frac{x^2}{2} + \frac{x^4}{12} + \frac{x^6}{45} + \ldots\right)$;

$\ln\cos x \approx -\frac{x^2}{2} - \frac{x^4}{12} = -\frac{7}{12}x^2 \longrightarrow x^4 - x^2 = 0,$

$x_{1,2} = 0$ ist exakte Lösung für $\ln\cos x = -\frac{7}{12}x^2$,

$x_{3,4} = \pm 1$ sind Näherungslösungen;

$y = \ln\cos x + \frac{7}{12}x^2$, $y' = -\tan x + \frac{7}{6}x$, für $x = +1$ wird

$y(1) \approx -0{,}616 + 0{,}583 = -0{,}033$ und $y'(1)\ \ -0{,}392$;

verbesserte Lösung: $x_3 = 1 - \frac{-0{,}033}{-0{,}392} = 0{,}916$ bzw. $-0{,}916$.

§8;8: a) $x_{1,2} = 35 \pm \sqrt{1225-1} \approx 35 \pm 35$; $x_1 \approx 70$ und $x_2 \approx 0$;

$$\sqrt{1225-1} = 35\cdot\sqrt{1-\frac{1}{35^2}} \approx 35\cdot\left(1-\frac{1}{2}\cdot\frac{1}{35^2}\right) = 35-\frac{1}{70} \approx$$

$\approx 35 - 0{,}014 = 34{,}986$; damit wird

$x_1 = 35 + \sqrt{1224} \approx 69{,}986$ und $x_2 = 35 - \sqrt{1224} \approx 0{,}014$.

b) $x_{1,2} = -\frac{p}{2} \pm \sqrt{p^2/4 - q} = -\frac{p}{2} \pm \frac{p}{2}\cdot\sqrt{1-4q/p^2} \approx$

$$\approx -\frac{p}{2} \pm \frac{p}{2}\cdot\left(1-\frac{1}{2}\cdot\frac{4q}{p^2}\right) = \begin{cases} -q/p \\ -p+q/p \end{cases}$$

§8;9: $(1+x)\cdot(1+y) = 1+x+y+x\cdot y \approx 1+x+y$, da $|x\cdot y|$ wesentlich kleiner als $|x|$ und $|y|$;

$(1+x)\cdot(1+y)^{-1} = (1+x)\cdot(1-y+y^2-+\dots) =$

$= 1+x-y-x\cdot y+y^2+-\dots \approx 1+x-y$;

$$\frac{1{,}03\cdot 0{,}96^2}{\sqrt{1{,}05\cdot 0{,}98^3}} \approx \frac{(1+0{,}03)\cdot(1-2\cdot 0{,}04)}{\sqrt{(1+0{,}05)\cdot(1-3\cdot 0{,}02)}} \approx \frac{1+0{,}03-0{,}08}{\sqrt{1+0{,}05-0{,}06}} \approx$$

$$\approx \frac{1-0{,}05}{1-\frac{1}{2}\cdot 0{,}01} \approx 1-0{,}05+0{,}005 = 0{,}955.$$

§9;1: a) $z_x = \frac{y}{x^2+y^2}$, $z_y = \frac{-x}{x^2+y^2}$, $z_{xy} = \frac{x^2-y^2}{(x^2+y^2)^2} = z_{yx}$,

$$z_{xx} = \frac{-2xy}{(x^2+y^2)^2}, \quad z_{yy} = \frac{+2xy}{(x^2+y^2)^2}.$$

b) $z_x = \frac{y}{1-2xy+2x^2y^2}$, $z_y = \frac{x}{1-2xy+2x^2y^2}$,

$$z_{xy} = \frac{1-2x^2y^2}{(1-2xy+2x^2y^2)^2} = z_{yx},$$

$$z_{xx} = \frac{2y^2-4xy^3}{(1-2xy+2x^2y^2)^2}, \quad z_{yy} = \frac{2x^2-4x^3y}{(1-2xy+2x^2y^2)^2}.$$

§9;1: c) $z_x = \frac{-y^2}{(x-y)^2}$, $z_y = \frac{+x^2}{(x-y)^2}$, $z_{xy} = \frac{-2xy}{(x-y)^3} = z_{yx}$,

$z_{xx} = \frac{2y^2}{(x-y)^3}$, $z_{yy} = \frac{2x^2}{(x-y)^3}$.

d) $z_x = y \cdot e^{xy}$, $z_y = x \cdot e^{xy}$, $z_{xy} = (xy+1) \cdot e^{xy} = z_{yx}$,

$z_{xx} = y^2 \cdot e^{xy}$, $z_{yy} = x^2 \cdot e^{xy}$.

e) $z_x = y \cdot x^{y-1}$, $z_y = x^y \cdot \ln x$, $z_{xy} = (y \cdot \ln x + 1) \cdot x^{y-1}$,

$z_{xx} = y \cdot (y-1) \cdot x^{y-2}$, $z_{yy} = x^y \cdot \ln^2 x$.

§9;2: a) $U_x = -\frac{x}{r^3}$, $U_{xx} = -\frac{1}{r^3} + \frac{3x^2}{r^5}$, $U_{yy} = -\frac{1}{r^3} + \frac{3y^2}{r^5}$,

$U_{zz} = -\frac{1}{r^3} + \frac{3z^2}{r^5}$ mit $r = \sqrt{x^2+y^2+z^2}$, $\Delta U = 0$.

b) $U_x = \frac{-x}{y+r}$, $U_{xx} = \frac{-y}{r \cdot (y+r)}$, $U_y = \ln(y+r)$, $U_{yy} = \frac{1}{r}$

$U_{xx} + U_{yy} = \frac{1}{y+r}$.

c) $U_x = \frac{x}{r} \cdot e^r$, $U_{xx} = (\frac{x^2}{r^2} + \frac{y^2}{r^3}) \cdot e^r$, $U_{yy} = (\frac{y^2}{r^2} + \frac{x^2}{r^3}) \cdot e^r$

mit $r = \sqrt{x^2+y^2}$; $\Delta U = \frac{1}{r} \cdot e^r = \frac{U}{r}$.

d) $U_y = \frac{-2 \cdot \sin 2x \cdot \sinh 2y}{(\cosh 2y + \cos 2x)^2}$, $U_x = \frac{2 \cdot \cos 2x \cdot \cosh 2y + 2}{(\cosh 2y + \cos 2x)^2}$,

$U_{yy} = \frac{-4 \sin 2x \cdot (1 + \cos 2x \cdot \cosh 2y - \sinh^2 2y)}{(\cosh 2y + \cos 2x)^3}$,

$U_{xx} = \frac{-4 \sin 2x \cdot (\cosh^2 2y - \cos 2x \cdot \cosh 2y - 2)}{(\cosh 2y + \cos 2x)^3}$,

$U_{xx} + U_{yy} = 0$.

§9;2: e) $U_x = \frac{x-a}{r^2}$, $U_{xx} = \frac{1}{r^2} - \frac{2}{r^4}\cdot(x-a)$, $U_{yy} = \frac{1}{r^2} - \frac{2}{r^4}\cdot(y-b)$,

$U_{zz} = \frac{1}{r^2} - \frac{2}{r^4}\cdot(z-c)$, $\Delta U = \frac{1}{r^2}$.

§9;3: a) $dV = \frac{\pi}{3}(a^2+ab+b^2)\,dh + \frac{\pi}{3}(2a+b)\,da + \frac{\pi}{3}(a+2b)\,db$

$dV \approx 13{,}25\cdot\pi \approx 41{,}6$ cm ; $\frac{dV}{V} = \frac{13{,}25}{51} \approx 26\%$

b) $dT = 2\sqrt{\frac{l}{g}}\,d\pi + \frac{\pi}{\sqrt{gl}}\,dl - \pi\frac{\sqrt{l}}{\sqrt{g^3}}\,dg$

$\frac{dT}{T} = \frac{d\pi}{\pi} + \frac{1}{2}\cdot\frac{dl}{l} - \frac{1}{2}\cdot\frac{dg}{g}$ (vgl. (9.9))

$\left|\frac{dl}{l}\right| \le 2\cdot\left(\left|\frac{dT}{T}\right| + \left|\frac{d\pi}{\pi}\right| + \frac{1}{2}\cdot\left|\frac{dg}{g}\right|\right) = 2{,}4‰$

§9;4: a) $\frac{dz}{dt} = 12\cdot\ln t\cdot t^{6\ln t - 1}$; b) $v\cdot u^{v-1}\cdot u' + u^v\cdot\ln u\cdot v'$

§9;5: a) nach (9.10) ergibt sich $\frac{dy}{dx} = -\frac{3x^2-3ay}{3y^2-3ax}$ und für

$x = y$ wird $\frac{dy}{dx} = -1$.

b) $-\frac{y\cdot x^{y-1} - y^x\cdot\ln y}{x^y\cdot\ln x - x\cdot y^{x-1}} = \frac{\ln y - \frac{y}{x}}{\ln x - \frac{x}{y}}$

§9;6: Alle aufgeführten Beispiele sind vollständige Differentiale, da (9.17) erfüllt.

a) $x^2 + xy + y^2 - 3y + C$, b) $\ln(x+y) - \frac{y}{x+y} + C$,

c) $\frac{1}{2}x^2 + x\cdot\ln y - \cos y + C$, d) $x\cdot\sin 2y + y\cdot\ln\cos x + C$.

§9;7: a) Vollständiges Differential, da

$\frac{\partial}{\partial y}\left(\cos(x+y) - (1+x)\cdot\sin(x+y)\right) = \frac{\partial}{\partial x}\left(-(1+x)\cdot\sin(x+y)\right)$, also wegunabhängiges Kurvenintegral, d.h. beliebiger Integrationsweg. Andere Möglichkeit: der Integrand ist das vollständige Differential der Funktion

$z = (1+x)\cdot\cos(x+y) + C$, daher ist $\int_{(0|0)}^{(\pi|\pi)} dz = \pi$.

b) Wegen $y = x^2$ und $dy = 2x\,dx$ erhält man

$$\int_{-1}^{+1} (x + 3x^2 - 2x^3)\,dx = 2.$$

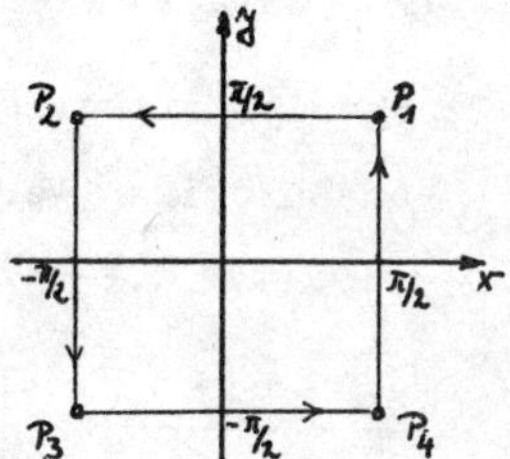

§9;8: $A = \int_{P_1}^{P_2} (\cos x - y)\,dx + x\,dy =$

$$= \int_{P_1}^{P_2} (\cos x - \tfrac{\pi}{2})\,dx + \int_{P_2}^{P_3} (-\tfrac{\pi}{2})\,dy +$$

$$+ \int_{P_3}^{P_4} (\cos x + \tfrac{\pi}{2})\,dx + \int_{P_4}^{P_1} \tfrac{\pi}{2}\,dy =$$

$$= \left[\sin x - \tfrac{\pi}{2}x\right]_{\pi/2}^{-\pi/2} - \tfrac{\pi}{2}y\Big|_{\pi/2}^{-\pi/2} + \left[\sin x + \tfrac{\pi}{2}x\right]_{-\pi/2}^{+\pi/2} + \tfrac{\pi}{2}y\Big|_{-\pi/2}^{+\pi/2} = 2\pi^2.$$

§9;9: a) $M = \int_0^{\pi} \sin x\,dx = 2$; $x_s = \frac{1}{2}\int_0^{\pi}\int_{y=0}^{\sin x} x\,dy\,dx = \int_0^{\pi} x\cdot\sin x\,dx = \frac{\pi}{2}$

(auch ohne Rechnung aus Symmetriegründen);

$$y_s = \frac{1}{2}\int_0^{\pi}\int_{y=0}^{\sin x} y\,dy\,dx = \frac{1}{4}\int_0^{\pi} \sin^2 x\,dx = \frac{\pi}{8}$$

b) in Polarkoordinaten: $M = \int_0^{\pi}\int_{R_1}^{R_2} r\,dr\,d\varphi = \frac{\pi}{2}\cdot(R_2^2 - R_1^2)$;

$x_s = \frac{1}{M}\int_0^{\pi}\int_{R_1}^{R_2} r\cdot\cos\varphi\cdot r\,dr\,d\varphi = 0$; $y_s = \frac{1}{M}\int_0^{\pi}\int_{R_1}^{R_2} r\cdot\sin\varphi\cdot r\,dr\,d\varphi =$

$$= \frac{1}{M}\cdot\left[-\cos\varphi\right]_0^{\pi}\cdot\frac{r^3}{3}\Big|_{R_1}^{R_2} = \frac{4}{3\pi}\cdot\frac{R_2^3 - R_1^3}{R_2^2 - R_1^2} = \frac{4}{3\pi}\cdot(R_2^2 + R_1R_2 + R_1^2).$$

§9;10: a) $T = \int_0^{2\pi}\int_0^{a} r^3\,dr\,d\varphi = \frac{\pi}{2}a^4$

b) $T = \int_0^{a}\int_{y=0}^{a-x} (x^2 + y^2)\,dy\,dx = \int_0^{a} \left\{x^2\cdot(a-x) + \frac{(a-x)^3}{3}\right\}dx = \frac{a^4}{6}$

c) $T = \int_0^{h}\int_0^{2\pi}\int_{R_1}^{R_2} r^2\cdot r\,dr\,d\varphi\,dz = \frac{\pi h}{2}\cdot(R_2^4 - R_1^4)$

d) $T = \frac{\pi h}{2}\cdot R^4$, folgt aus c) wegen $R_1 = 0$.

§10;1: Aus jeder Zeile der Wronski-Determinante kann man e^{ax} ausklammern, so daß nur übrigbleibt:

$$\begin{vmatrix} 1 & x & x^2 \\ a & 1+ax & 2x+ax^2 \\ a^2 & 2a+a^2x & 2+4ax+a^2x^2 \end{vmatrix} = \begin{vmatrix} 1 & x & x^2 \\ 0 & 1 & 2x \\ 0 & 2a & 2+4ax \end{vmatrix} = 2 \neq 0$$

§10;2: Ist der integrierende Faktor F nur Funktion <u>einer</u> unabhängigen Veränderlichen, z.B. F(x), dann lautet (10.14) $q\cdot\frac{dF}{dx} = F\cdot\left(\frac{\partial p}{\partial y} - \frac{\partial q}{\partial x}\right)$ oder

$\frac{dF}{F} = \frac{p_y - q_x}{q}\,dx$, d.h. $\frac{p_y - q_x}{q}$ darf nur von x abhängen;

ist $F = F(y)$, dann muß $\frac{p_y - q_x}{p}$ eine Funktion von y alleine sein.

§10;3: inhomogene, lineare Dgl. erster Ordnung, $y_{homogen} = \frac{K}{(1+x)^3}$, $y = \frac{e^x + C}{(1+x)^3}$.

§10;4: Bernoullische Dgl. $y^2y' + \frac{x}{x^2-1}\cdot y^3 = \frac{e^x}{\sqrt{x^2-1}}$, $u = y^3$ führt auf die lineare Dgl. erster Ordnung

$u' + \frac{3x}{x^2-1} = \frac{3e^x}{\sqrt{x^2-1}}$ mit der Lösung $u_h = \frac{K}{\sqrt{x^2-1}^{\,3}}$ und

$u = \frac{3\cdot e^x\cdot(x-1)^2 + C}{\sqrt{x^2-1}^{\,3}} = y^3$.

§10;5: Durch Separation lösbar: $\int y\cdot e^{-2y}dy = \int e^x\cdot\sin x\,dx$,

$-\frac{1}{4}(2y+1)\cdot e^{-2y} = \frac{1}{2}(\sin x - \cos x)\cdot e^x + C$, für die Anfangsbedingung wird $C = -1$, also Lösung:

$(2y+1)\cdot e^{-2y} = 2(\cos x - \sin x)\cdot e^x - 1$.

§10;6: Bernoullische Dgl. $2y^{-3}y' - y^{-2}\cdot\cot x = \cos x$, $u = -y^{-2}$ und $u' = 2y^{-3}y'$ führt auf $u' + u\cdot\cot x = \cos x$ mit der Lösung $u_h = \frac{K}{\sin x}$, $u = \frac{\sin^2 x + C}{2 \cdot \sin x}$, also

$$y^2 = \frac{2 \cdot \sin x}{c - \sin^2 x} \text{ und } y = -\frac{2 \cdot \sin x}{3 - \sin^2 x}$$

§10;7: Inhomogene, lineare Dgl. erster Ordnung:

$y_h = K \cdot \cos x$, $y = (\tan x + C) \cdot \cos x$, $y_p = \sin x + \cos x$.

§10;8: Lineare, homogene Dgl. zweiter Ordnung mit konstanten Koeffizienten: Lösungen der charakteristischen Gleichung sind $\lambda_1 = 4$ und $\lambda_2 = 1$, also $y = C_1 \cdot e^{4x} + C_2 \cdot e^x$, $x = 0 = y$ führt zu $y = C \cdot (e^{4x} - e^x)$, Abszissen der Extrema ($y' = 0$) erhält man aus $4 \cdot e^{4x} - e^x = 0$, also $x_E = -\frac{1}{3} \cdot \ln 4 \approx -0{,}462$ und für die Wendepunkte ($y'' = 0$) $x_W = -\frac{1}{3} \cdot \ln 16 = 2 \cdot x_E \approx -0{,}924$.

Literaturverzeichnis

1. Lehrbücher

G.Alexits und S.Fenyö: Mathematik für Chemiker. Leipzig: Akademische Verlagsgesellschaft 1962.

B.Baule: Die Mathematik des Naturforschers und Ingenieurs. 15.Auflage 1966. Leipzig-Stuttgart: S.Hirzel.

R.Courant: Vorlesungen über Differential- und Integralrechnung. 3.Auflage 1955. Berlin: Springer.

H.Dallmann und K.Elster: Einführung in die höhere Mathematik. Braunschweig: Vieweg & Sohn 1968.

A.Duschek: Vorlesungen über höhere Mathematik. 3.Auflage 1960. Wien: Springer.

M.Gow: A Course in Pure Mathematics. London: The English Universities Press Ltd 1960.

V.Jenson and G.Jeffreys: Mathematical Methods in Chemical Engineering. London: Academic Press 1963.

G.Joos und E.Richter (bis zur 10.Auflage G.Joos und T. Kaluzza): Höhere Mathematik für den Praktiker. 11.Auflage 1968. Leipzig: J.A.Barth.

D.Laugwitz: Ingenieurmathematik. Mannheim: Bibliographisches Institut 1964.

A.Ostrowski: Vorlesungen über Differential- und Integralrechnung. 2.Auflage 1960. Basel: Birkhäuser.

R.Rothe: Höhere Mathematik für Mathematiker, Physiker, Ingenieure. 17.Auflage 1962. Stuttgart: B.G.Teubner.

R.Sauer: Ingenieur-Mathematik. 3.Auflage 1964. Berlin: Springer.

W.Smirnow: Lehrgang der höheren Mathematik. 4.Auflage 1961. Berlin: VEB Verlag der Wissenschaften.

R.Zurmühl: Praktische Mathematik für Ingenieure und Physiker. 5.Auflage 1965. Berlin: Springer.

2. Aufgabensammlungen

R.Albrecht und H.Hochmuth: Übungsaufgaben zur höheren Mathematik. München: R.Oldenbourg 1955.

N.Günter und R.Kusmin: Aufgabensammlung zur höheren Mathematik. Berlin: VEB Verlag der Wissenschaften 1966.

D.Laugwitz und C.Schmieden: Aufgaben zur Ingenieurmathematik. Mannheim: Bibliographisches Institut 1966.

A.Ostrowski: Aufgabensammlung zur Infinitesimalrechnung. Basel-Stuttgart: Birkhäuser 1964.

R.Rothe: Höhere Mathematik für Mathematiker, Physiker, Ingenieure, Teil IV.

3. Formelsammlungen

H.Netz - G.Arnold: Formeln der Mathematik. Braunschweig: G.Westermann 1965.

I.Bronstein und K.Semendjajew: Taschenbuch der Mathematik. 9.Auflage 1969. Frankfurt: H.Deutsch.

K.Rottmann: Mathematische Formelsammlung. Mannheim: Bibliographisches Institut 1962.

Stichwortverzeichnis

Abhängigkeit, lineare 45,164
Ableitung 78
- , partielle 121
- , totale 127,138,144
algebraische Funktion 67
alternierende Reihe 56
Arcus-Funktion 69,84
Area-Funktion 76,85
Assoziativgesetz 5,11,21,33
Asymptote 65

Bernoullische DGl. 158
beschränkte Zahlenfolge 51
bestimmtes Integral 87,91
Betrag 12,13,21,27

charakteristische Gleichung 165
Cramersche Regel 38

Determinante 30,37,136,147,165
Differenzenquotient 78
Differenzieren, implizit 132
- , logarithmisch 83
Differential, totales 128
Differentialform, lineare 138
Differentialgleichungen 153
Differentialquotient 78
divergent 48,53
Distributivgesetz 5,11,25,29
Drehfaktor 13

Ebenen-Normalenvektor 45
Einheitsvektor 22,28
Einheitswurzel 16
error function 106,149
erzwungene Schwingung 171
Euler 13,52
Exponentialfunktion 67,82
extrapolieren 61

Faktor, integrierender 160
Fehlerfunktion 106,149
Fehlerintegral 106
Fehlerrechnung 130
Folgen 47,52
freie Schwingung 168
Fundamentalsatz 90
Fundamentalsystem 164
Funktionen 59,121
Funktionaldeterminante 136,147

Gauß 11,16,106
geometrische Reihe 52,113
Grenzwerte 47,66,71,78,87
Grundintegrale 92
Grundlösungen 164

harmonische Reize 55
homogenes Gleichungssystem 41
l'Hospitalsche Regel 118
Hyperbelfunktion 76,85

Identität von Lagrange 36
- - Legendre 33
imaginär 9
inhomog.Gleichungssystem 41

Integral, bestimmtes 87,91
- , unbestimmtes 90
- , Kurven- 141
- , Mehrfach- 145
integrierender Faktor 160
Integration, numerische 107
- , partielle 94
- , durch Substitution 96
Interpolation 61,62
inverse Funktion 68,80
irrational 8

Kettenregel 80,128
kleine Größen 117
Kommutativgesetz 5,11,21,24,29,31
kOmplanar 32,45
komplex 9,73,72
konjugiert komplex 10,16,74,167
Komponente, Vektor- 19
konvergent 48,53
Konvergenzkriterium 55,56
Kurvenintegral 141

Lagrange 36
Laplace-Operator 151
Legendre 33
Leibniz 56,57,113
lineare Abhängigkeit 45,164
lineare Differentialform 138
Linearfaktor 74
Linearkombination 23,41,45
Logarithmen 13,70,82

Mac-Laurin-Reihe 114
Mehrfachintegrale 145
Mittelwertsatz 89
Moivresche Formel 15
monoton 51,72

natürliche Logarithmen 13,71,82
Newtons Näherungsverfahren 193
Normalenvektor 45
Nullfolge 48,56
Nullstellen 72,85,193

Operator, Laplacescher 151
Orthogonalität 23,26

Parallelität 29
Partialbruchzerlegung 101
Partialsumme 52
partielle Ableitung 121
- Integration 94
partikuläre Lösung 155,164
Polarkoordinaten 12,136,147
Pole 64,71
Polynom 63,72
Potentialausdruck 151
Potenzfunktion 63
Potenzgesetze 13
Potenzreihen 67
Produktregel 80

Quotientenregel 80

rational 6,64
Realteil 10
reduziertes Gleichungssystem 43
reell 8
Regel von l'Hospital 118

Reihen 52,113
Reihenrest 55,115
Rekursionsformel 96
Richtungscosinus 26

Schmiegungspolynom 113
Schwingungsgleichung 168,171
Schranke 51
Sehnentrapezregel 107
Sekantensteigung 77
Simpsonregel 107
Skalar 19
Skalarprodukt 24,28
Spatprodukt 31,45
Stammfunktion 90,92
stetig 72
Substitution 87,96
Summenwert 52

Tangentensteigung 78
Taylor-Reihe 114
Teilsummen 52
totales Differential 128,138,144
trigonometrische Funktion 69,83

Überlagerungssätze 163
Umkehrfunktion 68,80
unabhängig, linear 164
unbestimmter Ausdruck 6,42,78,118
unbestimmtes Integral 90
Unstetigkeit 71
unvollständiges Differential 141
Unterdeterminante 39

Van-der-Waal 65,125
Variation der Konstante 157
Vektor 19
Vektorprodukt 23,28
Verträglichkeitsbedingung 44
Viètasche Wurzelsätze 75
vollst.Differential 128,138,144

Wertevorrat 59
Wronskische Determinante 165
Wurzelsätze von Vièta 75

Zahlenfolgen 47
zyklometrische Funktion 69,84
Zylinderkoordinaten 136

Uhde, K.
Spezielle Funktionen der mathematischen Physik
Band 1: 267 S. (Bd. 55)

Uhde, K.
Spezielle Funktionen der mathematischen Physik
Band 2: 211 S. (Bd. 76)

Valentine, F. A.
Konvexe Mengen
247 S. mit Abb. (Bd. 402)

Volkovyskii, L. I./Lunts, G./ Aramanovich, I.
Aufgaben und Lösungen zur Funktionentheorie
Etwa 250 S. mit Abb. (Bd. 195)

Wagner, K.
Graphentheorie
220 S. mit Abb. (Bd. 248)

Walter, W.
Einführung in die Potentialtheorie
174 S. (Bd. 765)

Walter, W.
Einführung in die Theorie der Distributionen
232 S. (Bd. 754)

Wanner, G.
Integration gewöhnlicher Differentialgleichungen
182 S. mit Abb. (Bd. 831)

Weyl, H.
Algebraische Zahlentheorie
222 S. (Bd. 136)

Wollny, W.
Reguläre Parkettierung der euklidischen Ebene durch unbeschränkte Bereiche
316 S. mit Abb. (Bd. 711)

Wunderlich, W.
Darstellende Geometrie
Band 1: 187 S. mit Abb. (Bd. 96)

Wunderlich, W.
Darstellende Geometrie
Band 2: 234 S. mit Abb. (Bd. 133)

Berichte aus dem Mathematischen Forschungsinstitut Oberwolfach

---

Barner, M./Schwarz, W.
Zahlentheorie
235 S. (M.F.O. Bd. 5)

Dörr, J./Hotz, G.
Automatentheorie und formale Sprache
505 S. (M.F.O. Bd. 3)

Hasse, H./Roquette, P.
Algebraische Zahlentheorie
272 S. (M.F.O. Bd. 2)

Klingenberg, W.
Differentialgeometrie im Großen
351 S. (M.F.O. Bd. 4)

Physik

Barut, A. O.
Die Theorie der Streumatrix für die Wechselwirkungen fundamentaler Teilchen
Band 1: 225 S. mit Abb. (Bd. 438)

Barut, A. O.
Die Theorie der Streumatrix für die Wechselwirkungen fundamentaler Teilchen
Band 2: 212 S. mit Abb. (Bd. 555)

Baumgärtner, G./Schuck, P.
Kernmodelle
267 S. mit Abb. (Bd. 203)

Bensch, F./Fleck, C. M.
Neutronenphysikalisches Praktikum
Band 1: Physik und Technik der Aktivierungssonden
234 S. mit Abb. (Bd. 170)

Bensch, F./Fleck, C. M.
Neutronenphysikalisches Praktikum
Band 2: Ausgewählte Versuche und ihre Grundlagen
182 S. mit Abb. (Bd. 171)

Bjorken, J. D./Drell, S. D.
Relativistische Quantenfeldtheorie
409 S. mit Abb. (Bd. 101)

Bjorken, J. D./Drell, S. D.
Relativistische Quantenmechanik
312 S. mit Abb. (Bd. 98)

Chintschin, A. J.
Mathematische Grundlagen der statistischen Mechanik
175 S. (Bd. 58)

Heilmann, A.
Antennen
Band 1: 164 S. mit Abb. (Bd. 140)

Heilmann, A.
Antennen
Band 2: 219 S. mit Abb. (Bd. 534)

Heilmann, A.
Antennen
Band 3: 184 S. mit Abb. (Bd. 540)

Isermann, R.
Theoretische Analyse industrieller Prozesse
Reihe: Theoretische und experimentelle Methoden der Regelungstechnik
Band 1: Identifikation
267 S. mit Abb. (Bd. 515)

Isermann, R.
Theoretische Analyse der Dynamik industrieller Prozesse
Reihe: Theoretische und experimentelle Methoden der Regelungstechnik
Band 2: Identifikation 1. Teil
122 S. mit Abb. (Bd. 764)

Klefenz, G.
Die Regelung von Dampfkraftwerken
Reihe: Theoretische und experimentelle Methoden der Regelungstechnik
229 S. mit Abb. (Bd. 549)

Klingbeil, E.
Tensorrechnung für Ingenieure
197 S. mit Abb. (Bd. 197)

Leonhard, W.
Einführung in die Theorie diskreter Regelsysteme
Etwa 220 S. mit Abb. (Bd. 523)

Lippmann, H.
Schwingungslehre
264 S. mit Abb. (Bd. 189)

MacFarlane, A. G. J.
Analyse technischer Systeme
312 S. mit Abb. (Bd. 81)

Mahrenholtz, O.
Analogrechnen in Maschinenbau und Mechanik
208 S. mit Abb. (Bd. 154)

Pestel, E.
Technische Mechanik
Band 1: Statik
284 S. mit Abb. (Bd. 205)

Pestel, E.
Technische Mechanik
Band 2: Kinematik und Kinetik 1. Teil
196 S. mit Abb. (Bd. 206)

Pestel, E.
Technische Mechanik
Band 2: Kinematik und Kinetik 2. Teil
227 S. mit Abb. (Bd. 207)

Pestel, E./Liebau, G.
Phänomene der pulsierenden Strömung im Blutkreislauf aus technologischer, physiologischer und klinischer Sicht
VIII, 124 S. (Bd. 738)

Piefke, G.
Feldtheorie
Band 1: 265 S. mit Abb. (Bd. 771)

Prassler, H.
Energiewandler der Starkstromtechnik
Band 1: 178 S. mit Abb. (Bd. 199)

Prassler, H./Priess, A.
Aufgabensammlung zur Starkstromtechnik
192 S. mit Abb. (Bd. 198)

Preßler, G.
Regelungstechnik
348 S. mit Abb. (Bd. 63)

Rößger, E./Hünermann, K.-B.
Einführung in die Luftverkehrspolitik
165, LIV S. mit Abb. (Bd. 824)

Sagirow, P.
Satellitendynamik
191 S. (Bd. 719)

Schrader, K.-H.
Die Deformationsmethode als Grundlage einer problemorientierten Sprache
137 S. mit Abb. (Bd. 830)

Schüßler, H. W.
Netzwerke und Systeme
Band 1: Analyse elementarer, linearer Systeme der Elektrotechnik
209 S. mit Abb. (Bd. 405)

Schultz-Grunow, F.
Elektro- und Magnetohydrodynamik
308 S. mit Abb. (Bd. 811)

B·I

Hochschultaschenbücher

Schwarz, H.
Frequenzgang- und Wurzelortskurvenverfahren
Reihe: Theoretische und experimentelle Methoden der Regelungstechnik
164 S. mit Abb. (Bd. 193)

Starkermann, R.
Die harmonische Linearisierung
Reihe: Theoretische und experimentelle Methoden der Regelungstechnik
Band 1: Einführung, Schwingungen, nichtlineare Regelkreisglieder
201 S. mit Abb. (Bd. 469)

Starkermann, R.
Die harmonische Linearisierung
Reihe: Theoretische und experimentelle Methoden der Regelungstechnik
Band 2: Nichtlineare Regelsysteme
83 S. mit Abb. (Bd. 470)

Stüwe, H.-P.
Einführung in die Werkstoffkunde
192 S. mit Abb. (Bd. 467)

Wasserrab, T.
Gaselektronik
Reihe: Physikalische Grundlagen der Energie-Elektronik
Band 1: 223 S. mit Abb. (Bd. 742)

Wasserrab, T.
Gaselektronik
Reihe: Physikalische Grundlagen der Energie-Elektronik
Band 2: Etwa 220 S. (Bd. 769)

Weh, H.
Elektrische Netzwerke und Maschinen in Matrizendarstellung
309 S. mit Abb. (Bd. 108)

Wolff, I.
Grundlagen und Anwendungen der Maxwellschen Theorie
Band 1: 326 S. mit Abb. (Bd. 818)

Wolff, I.
Grundlagen und Anwendungen der Maxwellschen Theorie
Band 2: 263 S. mit Abb. (Bd. 731)

Wunderlich, W.
Ebene Kinematik
263 S. mit Abb. (Bd. 447)

Astronomie

Becker, F.
Einführung in die Astronomie – Methoden und Ergebnisse
261 S. mit Abb. (Bd. 8)

Becker, F.
Geschichte der Astronomie
201 S. mit Abb. (Bd. 298)

Bohrmann, A.
Bahnen künstlicher Satelliten
163 S. mit Abb. (Bd. 40)

Bucerius, H./Schneider, M.
Vorlesungen über Himmelsmechanik
Band 1: 207 S. mit Abb. (Bd. 143)

Bucerius, H./Schneider, M.
Vorlesungen über Himmelsmechanik
Band 2: 262 S. mit Abb. (Bd. 144)

Giese, R.-H.
Erde, Mond und benachbarte Planeten
250 S. mit Abb. (Bd. 705)

Giese, R.-H.
Weltraumforschung
Band 1: Physikalisch-Technische Voraussetzung. 221 S. mit Abb. (Bd. 107)

Müller, R.
Astronomische Begriffe
186 S. mit Abb. (Bd. 57)

Schaifers, K.
Atlas zur Himmelskunde
(Bd. 308)

Schurig/Götz/Schaifers, K.
Himmelsatlas (Tabulae caelestes)
(Bd. 20)

Voigt, H.-H.
Abriß der Astronomie
Band 1: 258 S. mit Abb. (Bd. 807)

Voigt, H.-H.
Abriß der Astronomie
Band 2: 296 S. mit Abb. (Bd. 819)

Zimmermann, O.
Astronomische Übungsaufgaben
116 S. mit Abb. (Bd. 127)